JN441184

글로벌 자원순환(재제조) 동향과 쟁점

글로벌 자원순환(재제조) 동향과 쟁점

Global Circular Economy (Remanufacturing) Trends and Issues

글로벌순환경제센터 기획
김연규 외 지음

차례

서문

이 책은 정부와 산업계, 학계에서 주목받는 자원순환 및 재제조 산업의 글로벌 동향을 파악하고 현 시점에서 부각되는 각국의 주요 쟁점을 설명한다. 자원순환이란 각종 제품의 생산 공정에서 발생하는 공정스크랩이나 사용 후 제품을 재사용(reuse), 재제조(remanufacturing), 물질 재활용(material recycling)을 통해 산업원료나 부품, 제품으로 재생산하는 것을 말한다.

이 가운데 물질 재활용은 공정스크랩이나 사용 후 제품을 파쇄, 분쇄, 용해 등을 거쳐 소재 및 부품의 원료로 재생산하는 것으로, 재제조에 비해 에너지 소비가 많고 소요 비용이 높다는 단점이 있다. 반면 재제조는 사용 후 제품을 일련의 과정을 거쳐 신품의 성능 수준으로 복원하는 것으로, 물질 재활용에 비해 자원에너지 절감효과가 높고 환경부하가 작아 경제성과 환경성을 동시에 만족하는 고부가가치 자원순환방법이다. 재제조를 통한 자원순환은 최근 이슈가 되고 있는 자원수급 불균형, 일자리 부족 등의 문제를 해결하는 데에도 크게 기여할 수 있다.

이에 이 책에서는 자원순환을 재제조에 초점을 맞추어, 우리나라와 미국, 유럽, 일본, 중국 등 해외 주요국의 재제조 산업 현황, 기술 수준, 제도 등을 비교·

분석해서 문제점을 도출하고, 이를 바탕으로 국내 재제조 산업 활성화를 위한 발전 과제를 제시하고자 한다.

제1장과 제2장은 이 책의 주제를 여는 장으로, 전반적인 자원순환과 재제조에 대한 국내외 산업적 맥락을 중심으로 서술한다. 제1장 '글로벌 자원순환과 재제조 산업 현황'에서는 자원순환과 순환경제의 의미를 살펴본다. 자원순환과 순환경제라는 두 가지 개념과 탄소중립 간의 관계를 이해하면서, 경제성장 모델인 순환경제의 정책 수단으로 재제조가 필요하다는 것을 설명한다. 제2장 '우리나라 재제조 산업의 현황과 전망'에서는 우리나라의 재제조 시장 규모와 재제조 산업의 외적/내적 문제점을 조명한 후, 재제조 시스템 6단계에서 주요하게 다루어야 할 요소를 서술한다. 저자는 국내 재제조 산업을 활성화하기 위한 네 가지 과제를 제안하면서 장을 마무리한다.

제3장부터 제7장까지는 미국, 중국, 한국, 유럽, 일본 순으로 각 국가의 자원순환 정책과 재제조 사례를 살펴본다. 제3장 '미국의 자원순환과 재제조 산업 현황'에서는 배터리 부문을 조명하면서 2024년 미국 대선 이후의 변화를 전망한다. 제4장 '중국 친환경 재제조 산업 발전과 순환경제'에서는 중국의 전반적인 재조업 산업 현황을 살펴보면서 각 부문의 주요 쟁점을 제시한다. 제5장 '한국의 자원순환 현황과 쟁점'에서는 과거부터 지금에 이르기까지의 국내 자원순환 정책과 법제도를 환경 인식과 함께 살펴본다. 제6장 '유럽의 자원순환 동향과 쟁점'에서는 유럽 재제조 주요 영역의 사회적·경제적 측면을 분석한 후, 구체적인 사례를 토대로 시사점을 도출한다. 제7장 '일본의 재제조 산업 현황 및 정책'에서는 일본 내 재제조 및 자원순환 성공 사례를 면밀하게 분석하고 정책의 쟁점과 한계를 서술하면서 마무리한다.

2023년에 출간한 『전기차 배터리 순환경제』가 탄소중립 및 순환경제를 글로벌 전기차 배터리 공급망 차원에서 파악하고 한국의 배터리 순환 시스템을 구축하기 위한 시사점을 도출하는 데 이바지하고자 했다면, 2024년 기획한 이 책은 글로벌 자원순환의 현 쟁점을 재제조 산업 분야의 관점에서 파악하고자 한다는 데 차별성이 있다. 이 책은 최근 급부상하는 자원순환 및 재제조 분야의 글로벌 현황을 다루는 것으로, 독자들은 이 책을 통해 자원순환(재제조) 분야의 국제적 이슈와 자원순환이 한국에 미치는 영향을 함께 살펴볼 수 있을 것이다. 더 나아가 최근 세계 각국의 주요 논점인 탄소중립과 관련해 국제적인 차원에서 시사점을 도출할 수 있을 것이다.

제1장

글로벌 자원순환과 재제조 산업 현황

김연규·정예지

1. 글로벌 자원순환 현황과 동향

1) 국제적 스케일의 자원순환과 탄소중립

물질과 폐기물 관리(Materials and Waste Management)를 포함하는 개념으로 자원순환과 순환경제에 대한 국제적 논의가 본격적으로 시작된 것은 2000년대 초로 거슬러 올라간다. 국제사회는 2001년 OECD 환경전략을 채택하면서 자원관리에 주목하기 시작했다. 이후 OECD는 물질 흐름과 자원생산성에 주목하면서 기업들이 금속과 광물을 확보하고 구매를 결정할 때 책임 있는 광물 공급망을 구축하고 분쟁에 미칠 영향을 포함할 것을 규정했다. 유럽연합(EU)도 비에너지 자원과 광물에 대한 효율성, 재활용, 폐기물 처리에 관한 이니셔티브와 전략을 채택했다. UNEP 또한 2007년에 지속가능한 자원 관리에 대한 과학적 평가를 수행하는 패널을 설립했다. 이로써 국제적 논의가 과거부터 자원에 초점을 맞추고 있다는 것을 확인할 수 있다. 물질과 자원의 개념과 범주는 금속, 화석연료, 목재, 식량 등을 포함하는데(OECD, 2015: 48), 국제적 논의가 현재 그리고 미래까지도 자원에 주목하게 된 이유는 다음과 같다.

첫째, 원자재(raw material)는 세계 경제의 수요를 충족하는 데 필수적이기 때문이다. 저탄소 경제로 전환하고 인프라를 건설하고 깨끗한 에너지를 생산·운송하는 데에는 원자재 공급이 중요하다. 즉, 화석연료와 마찬가지로 광물은 재생 불가능하기 때문에 미래의 경제 발전은 원자재를 지속적으로 공급할 수 있는지 여부에 달려 있다.

둘째, 바이오매스를 포함한 다른 자원(금속과 광물, 화석연료)은 채굴되어 사용이 크게 증가했으며, 미래에도 사용량이 증가할 것으로 예상되기 때문이다. 국제 자원 패널 보고서에 따르면, 1990~2005년 사이 전 세계적으로 경제성장, 자원 투입, 소비가 동시에 증가해서 자원 사용이 급증했다(UNEP, 2010). 물질과 자원 효율성에 대한 보고서들은 지난 30년 동안 주요 산업용 금속(알루미늄, 구리, 철강 등)의 생산량이 특히 급격히 증가했다고 공통적으로 밝히고 있다.

급속한 경제성장이 이루어짐에 따라 OECD는 모든 지역에서 재료 사용량이 2060년까지 지속해서 증가할 것으로 예상했다(OECD, 2019). 또한 OECD는 소득이 높은 인구가 증가함에 따라 상품과 서비스에 대한 전 세계 수요가 크게 증가할 것이며, 결과적으로 이러한 성장을 뒷받침할 물질적 자원에 대한 수요도 증가할 것이라고 발표했다(OECD, 2019). 새로운 정책이 없다면 전 세계 재료 사용량은 2011년 79Gt에서 2060년 167Gt으로 두 배 이상 증가할 것으로 예상했다. 특히 모래, 자갈, 석회암과 같은 비금속 광물(non-metallic mineral)이 총 재료 사용량의 절반 이상을 차지할 것으로 예상했다.

셋째, 자원 사용은 기후변화에 크게 기여하기 때문이다. 온실가스(GHG) 배출의 상당 부분은 직간접적으로 자재 관리와 관련이 있다. 온실가스는 에너지용 화석연료 연소와 농업, 제조, 건설에서 발생한다. 더 나아가 자재 추출 및 사용 증가는 전 세계 온실가스 배출 증가에 기여한다. 2060년까지 총 배출량은 75Gt CO_2eq에 도달할 것으로 예상되며, 그중 자재 관리가 약 50Gt CO_2eq를 구성할 것으로 예상된다(OECD, 2019: 18).

배출되는 온실가스의 55%는 원자재 채굴 및 처리, 생산 공정에서의 물질 사용과 관련이 있다. 자원 채굴 및 처리 과정에서 생물 다양성 손실과 물 문제의 90% 이상이 발생한다. 이와 더불어, 이 과정에서 지구에서 발생하는 자원의 90% 이상이 낭비되고 있는데, 이는 연쇄적으로 새로운 자원에 의존하게 되어 여러 환경 문제를 유발한다(Fraser, Haigh and Soria, 2023).

이에 OECD는 1997년부터 자원생산성(resource productivity) 문제를 환경 문제와 더불어 경제적·사회적 문제로 여기기 시작해 핵심 논의사항으로 추진했다. 21세기에도 자원 관리·생산성 의제는 환경 전략 및 경제성장과 함께 논의되었다. 하지만 UNEP는 경제성장과 천연자원 소비 증가를 분리(decoupling)하지 않으면 2050년에는 필요로 하는 광물, 자원, 화석연료의 양이 세 배로 증가할 것이라고 경고했다(Preston, 2012). '감축하기 어려운 부문(harder-to-abate sectors)' 으로 알려진 이 영역은 아직도 대응 차원에서 사각지대로 남아 있는 산업 배출 영역이다.

지금까지 산업 배출을 감축하는 수단은 시멘트, 철강, 알루미늄, 플라스틱, 식품 등 주로 '생산' 공정에서 물, 금속 등 물질(materials)을 사용해 제품을 만드는 부문으로, 주로 공급 측면에만 치중했다. 플라스틱, 철강, 시멘트 제품 소비로 인한 온실가스 배출은 에너지전환 노력으로만 해결될 수 없다(2050 탄소중립위원회, 2022). OECD에서 발표한 공식적인 온실가스 배출량 데이터도 이 같은 맥락을 뒷받침한다. 〈그림 1-1〉은 IPAC 방법론으로, 생산으로 인한 CO_2 배출량(연한 회색)과 수요로 인한 CO_2 배출량(진한 회색)을 표시한 그래프이다. 그림에서 보는 바와 같이, 1995년부터 수요로 발생한 CO_2 배출량이 더 컸다. 이러한 추세에 맞춰, 최근에는 수요 측면(demand-side)을 강조하는 순환경제, 즉 생산에 투입되는 물질 사용의 감축과 재사용이 대두되고 있다.

코로나19로 인해 세계화와 국제기구들의 협력이 후퇴하는 현상이 가속화되면서, 국가 내부에서부터 경제적으로 취약한 부분이 무너지기 시작했다. 또한 세계 경제의 근간을 이루는 생산과 공급 과정이 역행하면서 에너지 자원과 기

〈그림 1-1〉 수요 및 생산으로 인한 CO_2 배출량

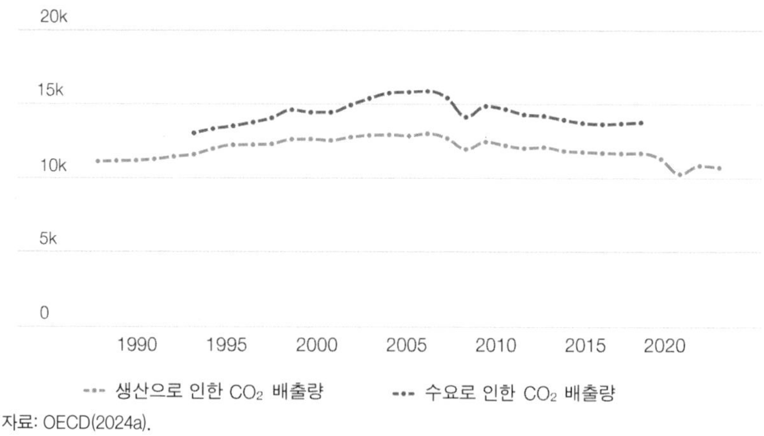

자료: OECD(2024a).

후문제에 대한 대응책이 바뀌었다. 따라서 각 국가는 자원순환에 대응하는 방안을 다중적인 차원에서 고민해야 한다.

앞선 국제적 흐름에서 주목된 '자원'은 환경 및 경제 문제와 연관 지어 논의되었다. 레이시·뤼비스트(2017)는 자원순환을 경제적 측면에서 순환경제로 정의하며, 자원순환과 순환경제의 관계를 정립했다. 글로벌 공급망 위기로 자원안보에 대한 우려가 높아지면서 최근 세계 경제의 패러다임은 선형경제구조에서 순환경제구조로 전환되고 있다. 순환경제구조란 자원을 제품 생산 과정에 투입하고 제품 수명이 다해서 폐기하는 것을 말한다. 다시 말해, 자원을 재사용하고 순환시킴으로써 자원과 에너지 투입을 최소화하는 새로운 경제 모델에 대한 관심이 높아진 것이다. 순환경제는 탄소중립으로 가기 위한 필수 경제로 논의되고 있다.

2) 선형경제에서 순환경제로의 전환

바이오매스, 화석연료, 금속 및 광물 같은 물질에 대한 전 세계 소비는 향후

40년 동안 두 배로 증가할 것으로 예상된다. 제3절에서 후술하겠지만, 2060년 자원의 예상 소비량은 계속해서 증가 곡선을 그리고 있다. 자원 소비와 함께 연간 폐기물 발생량도 2050년까지 70% 증가할 것으로 예상된다. 이처럼 우리가 현재 생산 및 소비하는 방식은 여전히 '채취-생산-폐기'로 이루어진 선형경제(Linear Economy)에 기반하고 있다(Preston, 2012: 3).

자원은 채굴, 처리되어 제품으로 사용되며 최종적으로 대부분 '폐기물'로 버려진다. 많은 양의 처리되지 않은 폐기물이 여전히 많은 개발도상국에서 무단으로 버려지고 있으며 선진국에서도 매립되거나 소각되고 있다. 전 세계적으로 볼 때 선진국에서는 폐기물 관리에서 어느 정도 효과가 나타나고 있지만 순환경제로의 전환은 아직 갈 길이 멀다(Preston, 2012). 최근에 각광 받는 순환경제(Circular Economy)란 무엇인가? UNEP 국제자원패널은 순환경제를 다음과 같이 정의했다.

> 순환경제란 제조업 제품 전 주기 각각의 단계에서 제품의 원료물질을 전 단계의 원료로 다시 투입함으로써 새로운 원료물질의 필요성을 줄이고 동시에 폐기물도 줄이는 것이다. (UNEP, 2018: 1)

선형경제와 순환경제의 차이는 자원 루프의 형태에 있다. 선형경제는 자원 루프가 열려 있어 지속가능하지 않지만, 순환경제는 대량의 자원을 재사용하기 때문에 자원 루프가 폐쇄되어 있다. UNEP에서 내린 정의와 같이, 순환경제는 원료를 '다시 투입'하기 때문에 자원 루프가 닫혀 있으므로 에너지 측면에서 선형경제보다 지속가능하다.

순환경제라는 개념은 2012년 엘런 맥아더 재단(Ellen MacArthur Foundation)에서 발표한 보고서를 통해 세상에 더욱 알려지게 되었다. 2012년 엘런 맥아더 재단은 환경 및 사회 지속가능성을 경제 개발에 통합하는 방안으로 순환경제를 제안하는 보고서를 발표했다. 순환경제에 대한 다양한 정의가 있지만, 이 글은 엘런 맥아더 재단이 제안한 정의를 출발점으로 삼는다(MacArthur and Heading, 2019: 1~71).

> 순환경제는 "생태계의 탄력성, 물질 흐름의 **순환적 사용**, 기술 혁신의 구현을 통한 **제품 수명의 연장**을 고려해 물질, 물, 에너지 사용의 효율성을 촉진하는 생산 및 소비 시스템, 행위자 간의 제휴 및 협력, 그리고 지속가능한 발전에 기반한 새로운 비즈니스 모델을 창출하는 경제"이다(Production and consumption systems that promote efficiency in the use of materials, water and energy, taking into account the resilience of ecosystems, the **circular use** of material flows and the **extension of useful life** through the implementation of technological innovation, alliances and collaborations between actors and the promotion of business models that respond to the foundations of sustainable development). (European Commission, 2020: 1~19) (강조는 필자 추가)

순환경제는 국가들이 겪고 있는 폐기물 발생 급증, 플라스틱 오염, 기후변화, 생물 다양성 손실 등의 문제를 '획기적으로' 개선할 수 있는 21세기의 경제 발전 이론이다. 단, 여기서 '완벽한' 순환경제는 자원이 낭비되지 않고 끝없이 재사용되고 재활용되는 경제로 해석한다. 서클 이코노미(Circle Economy)라는 기관은 전 세계 경제가 얼마나 순환적인지를 측정하는 보고서를 발행하는데, 2023 보고서에 따르면 세계 경제는 7.2% 순환성으로 측정되었다. 이는 2018년 9.1%, 2020년 8.6%에서 순환성 수치가 축소되었음을 보여준다. 하지만 2050년까지 철강 75%, 알루미늄 50%, 플라스틱 56%가 재자원화되고 생산 과정에 재투입되는 '순환경제'가 이행되면, 2050년까지 산업 부문의 탄소배출을 56% 감축할 수 있다. 감축 규모는 9.3Gt CO_2eq 정도인데, 이는 모든 운송 부문의 전체 탄소 감축량과 동일한 양이다.

〈그림 1-2〉 순환경제와 탄소중립경제의 관계도

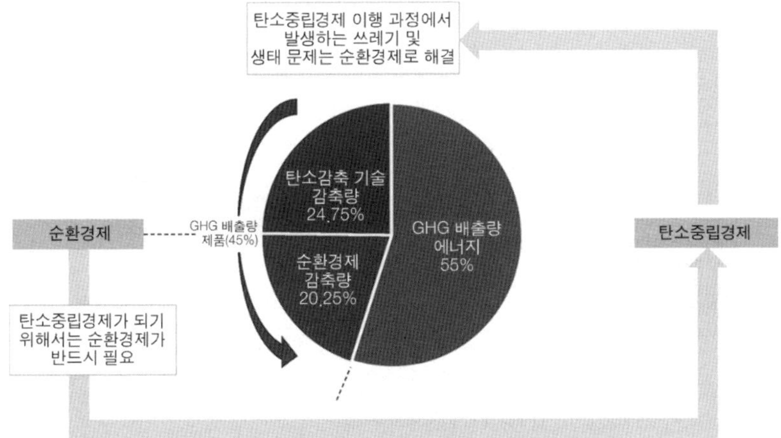

자료: Ellen MacArthur Foundation(2019); 2050 탄소중립위원회(2022)를 참조해 필자 작성.

요약하면 순환경제라는 개념은 세 가지 키워드로 정리할 수 있다. 순환경제란 ① 새로운 원료물질(자원 낭비)을 줄이기 위해 ② 폐기물을 순환적으로 사용하고 ③ 환경 문제를 고려해 획기적인 방법(기술 혁신)으로 제품 수명을 연장하는 경제 이론이다. 순환경제와 탄소중립의 관계는 〈그림 1-2〉와 같이 요약할 수 있다. 탄소중립경제를 이행하기 위해서는 발생하는 쓰레기 및 생태 문제를 순환경제로 해결해야 한다. 온실가스 배출량 중 45%는 제품(product)에서 배출되는데, 제품 배출량 중 45%(전체 배출량의 20.25%)는 2050년까지 순환경제로 감축 가능하다(Ellen MacArthur Foundation, 2019). 즉, 탄소중립경제가 되기 위해서는 순환경제가 반드시 필요하다.

국제적 스케일에서 순환경제는 개발도상국과 선진국이 자원 가격 충격에 대한 취약성을 줄이는 데 도움이 될 수 있으며, 기업에는 자원 가격이 높고 변동성이 큰 세계에 적합한 지속가능한 성장 모델이다(Preston, 2012). 2012년부터 엘런 맥아더 재단은 EU 제조업 부문에서 2025년까지 순자재비용을 연간 최대 6,300억 달러 절감할 것으로 예상했다. 김연규·김현태·조영주(2022)도 순환경

〈그림 1-3〉 분야별 순환경제 전략을 통한 온실가스 감축비용 예측

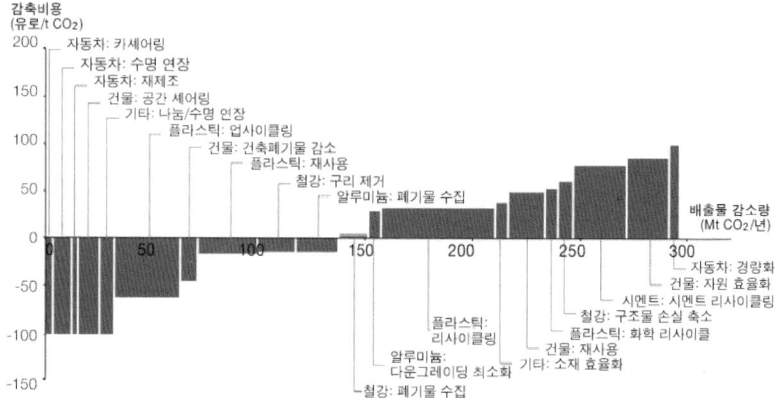

주: 분야별 순환경제 전략 도입으로 탄소 1톤 감소에 따른 비용
자료: 메리츠증권 리서치센터(2020), https://home.imeritz.com/index.jsp

제로 탄소를 감축하는 전략이 비용 대비 이익 측면에서 좋은 해결책이라고 분석했다. 최근 자료로 정리된 〈그림 1-3〉도 탄소배출을 1톤 감소시키는 데 소요되는 평균 비용이 50유로인 점과 더불어 순환경제가 폐기물 수집·재사용·리사이클링·재활용 산업에 경쟁력이 있음을 보여준다.

앞으로의 순환경제에서는 여러 가지 '폐기물'에 섞여 있는 플라스틱, 주요 핵심광물, 종이 등을 고품질로 처리·회수(waste treatment and recovery)해서 재자원화(valorization)하는 방법, 공유사업 모델, 빅데이터 및 디지털 기술 융합 업사이클링 기술 보유 여부가 핵심이 될 것이다.

지금까지 자원은 경제 발전과 긴밀하게 연결되어 있으며, 기후위기 시대에 대응하기 위해 오늘날 지구가 직면한 과제 중 하나는 폐기물 발생량을 줄이는 것임을 확인했다. 이를 달성하기 위해서는 세 가지 단계, 즉 순환 비즈니스 모델 적용(재활용·제품 수명 연장) 단계, 순환 우위 기술과 디지털 혁신 단계, 순환 역량 강화 및 가치 창출(순환 공급재) 단계가 필요하다. 다음 절에서는 폐기물 발생량을 줄이는 방법은 무엇인지, 그리고 폐기물 관리는 어떻게 이루어지고 있는

지, 추진 전략에 따른 산업으로는 무엇이 있는지를 논의한다.

2. 자원순환과 재제조 산업

1) 폐기물 발생과 폐기물 관리

국토 면적이 넓으면 대체로 자원도 풍부하다. 러시아, 캐나다, 미국, 중국, 브라질, 호주는 천연자원이 매우 풍부하며, 이러한 자원의 양과 생산력은 정치력이 된다. 하지만 우리나라는 1990년 이후 에너지 소비량이 네 배가 늘어났고, 세계에서 다섯 번째 석유 수입국이며, LNG는 세계 3위, 석탄은 세계 4위의 수입국이다(예긴, 2021). 대한민국은 천연자원이 제한되어 있으므로 에너지 안보 유지가 중요한 문제이다. 기후위기 속 한국의 미래와 현재에서는 세계 시장에서 공급망을 다각화하고 자원을 분배하는 것이 중요하다.

기술이 발전함에 따라 폐기물도 자원처럼 활용 가능해졌다. 폐기물은 무엇인지, 폐기물의 특성은 무엇인지 살펴보자. 폐기물에는 생활폐기물(household waste), 산업폐기물(industrial waste), 특수폐기물(special waste) 등이 있다. 우리나라의 경우, 폐기물은 생활폐기물과 사업장 폐기물로 나뉜다. 폐기물 중 가장 많은 비중을 차지하는 부문은 사업장 배출 시설 폐기물과 건설폐기물이다. 이 두 가지 폐기물(사업장 배출 시설 폐기물과 건설폐기물)은 사업장 폐기물의 항목으로 전체 폐기물 발생량 중 약 85%를 차지한다. 다시 말해, 일반 소비자가 가정에서 버리는 생활계 폐기물은 쓰레기 전체 규모로 보면 극히 일부에 불과하다. 이처럼 폐기물은 발생원, 속성, 지리적 위치에 따라 규정된다.

폐기물 발생(waste generation)과 관리(waste management) 형태는 국가와 지역에 따라 크게 다르다. 폐기물을 지속가능하게 관리하기 위해서는 폐기물의 양과 특성, 즉, 폐기물 '발생'을 이해하는 것이 중요하다. <표 1-1>은 과거부터

〈표 1-1〉 OECD 1인당 연간 생활폐기물 발생량 추이(1998~2018년)(단위: kg/명)

국가	1998	2003	2008	2013	2018	2003~2013 CAGR
덴마크	593	672	829	744	771	1.4%
미국	740	765	748	726	-	-0.5%
스위스	616	676	742	704	705	0.4%
이스라엘	-	613	632	629	675	0.3%
룩셈부르크	624	685	702	617	614	-1.0%
독일	652	608	597	611	614	0.0%
뉴질랜드	-	765	-	594	781	-2.5%
호주	-	-	614	589	-	-
오스트리아	495	563	599	573	576	0.2%
네덜란드	576	587	596	525	516	-1.1%
OECD 평균	543	552	543	521	525	-0.6%
프랑스	507	507	539	520	527	0.3%
아이슬란드	447	486	669	510	-	0.5%
노르웨이	649	406	492	496	736	2.0%
핀란드	465	464	520	493	551	0.6%
그리스	372	420	460	492	-	1.6%
이탈리아	473	522	551	492	498	-0.6%
영국	542	592	538	475	459	-2.2%
스페인	558	640	550	451	476	-3.4%
스웨덴	436	463	481	451	440	-0.3%
포르투갈	417	448	516	441	511	-0.2%
벨기에	450	463	477	436	409	-0.6%
리투아니아	444	389	426	425	464	0.9%
슬로베니아	583	419	538	413	485	-0.2%
터키	529	464	399	400	414	-1.5%
헝가리	484	463	456	380	384	-2.0%
한국	349	384	386	353	-	-0.8%
일본	422	424	374	350	-	-1.9%
라트비아	246	301	346	344	407	1.3%
체코공화국	292	279	305	305	350	0.9%
슬로바키아	322	280	312	303	413	0.8%
폴란드	307	258	318	296	329	1.4%
에스토니아	396	413	391	293	405	-3.4%
칠레	-	303	336	-	-	-
아일랜드	558	733	700	-	-	-
멕시코	318	319	339	-	-	-

자료: 한준(2020).

코로나 이전 기간까지(1998~2018년) OECD 1인당 연간 생활폐기물 발생량을 기입한 것이다. 경제성장이 한창 진행된 시기와 코로나라는 특수 상황을 제외한 기간을 살펴봄으로써 국가별 생활폐기물 변화량을 파악할 수 있다.

다음으로 국내 지표를 구체적으로 살펴보면 다음과 같다. 2023년 2월 환경부와 환경공단이 발표한 '2020년도 전국 폐기물 발생 및 처리현황'에 따르면, 2020년 국내 폐기물 발생량은 1억 9,546만 톤이다. 폐기물의 구성비를 살펴보면 건설폐기물 44.2%(8,644만 톤), 사업장 배출 시설계 폐기물 41.4%(8,087만 톤), 생활폐기물 8.9%(2,254만 톤), 지정폐기물 2.9%(561만 톤), 사업장 비배출 시설계 폐기물 2.7%(524만 톤)로 나타났다. 즉, 하루 평균 약 50만 톤의 폐기물이 발생하고 있다.

다음으로 폐기물 관리에 대해서 살펴보자. 지금까지 폐기물 관리는 다양한 폐기물 종류 가운데에서도 도시 고체폐기물(Municipal Solid Waste: MSW)에 특별한 관심을 가져왔다. MSW는 가정과 기업에서 발생하는 주요 폐기물이다. MSW는 폐기물 분류상 가장 이질적인 폐기물로 불리며, 음식물 쓰레기부터 수은이 들어간 폐기 배터리, 유해 폐기물까지 포함된다. 전 세계 MSW의 공통 구성요소로 플라스틱, 종이, 목재, 유리, 직물, 고무, 가죽 및 금속이 있다. MSW의 수거 책임 대상은 지자체, 지방 단체, 민간 기업이다. 미국 폐기물 관리에서 MSW는 가장 문제가 되고 있는 재활용 부문이다.

우리나라는 2050 탄소중립 선언 이후 폐기물 관리에 더 주목하게 되었다. 우리나라 정부는 2020년 10월에 2050 탄소중립을 선언한 이후 2021년 과학기술관계장관회의에서 탄소 감축을 위한 10대 핵심 분야를 선정했다. 선정된 10대 핵심 분야는 ① 재생에너지, ② 수소경제, ③ 전력네트워크 고도화, ④ 친환경 자동차, ⑤ 수요 관리 및 고효율화, ⑥ 산업 공정 혁신, ⑦ 탄소 포집·저장·활용, ⑧ 청정연료 및 자원순환, ⑨ 핵융합, ⑩ 적응 및 흡수 등이다. 우리나라도 자원순환 의제를 탄소중립의 핵심 의제로 파악한다.

폐기물 관리는 '원료(material) 채취 → 원료 가공 → 제품(product) 제조 → 제품 사용 및 유통 → 사용 후 제품(waste)' 과정에서 마지막 단계인 사용 후 제품에서의 관리가 어떻게 진행되느냐에 따라 자원순환의 개념이 달라진다. 사용 후 제품이 원료 가공 단계로 되돌아가면, '물질 재활용'이라고 불린다. 제품 제조 단계로 되돌아가면, '재제조'로 불린다. 다시 말해, 재활용은 waste에서 material로 순환하는 반면, 재제조는 waste에서 product로 순환하는 것이다.

우리나라에서 하루 평균 약 50만 톤의 폐기물이 발생하고 있으며, 이 가운데 약 87%가 '재활용'된다. 더 나아가, 순환경제를 기반으로 버려진 자원, 버려진 라이프 사이클(다른 사용자에게 쓸모가 있음에도 인위적으로 수명을 짧게 하거나 폐기하는 것), 버려진 역량(불필요하게 쉬고 있는 제품), 버려진 내재가치(폐기된 제품에서 회수되어 다시 사용할 수 있도록 처리되지 않은 물질)에 기반해 폐기물 관리가 이루어지도록 노력하고 있다. 아래에서는 자원순환 중 재사용과 에너지 회수를 제외한, 재활용과 재제조에 대해 살펴보고자 한다. 특히 경제성장 모델인 순환경제의 정책 수단으로 왜 재제조가 필요한지 서술한다.

2) 폐기물 재활용

산업적 측면에서 볼 때 순환경제는 재활용(recycling)과 재제조로 분류된다. 재활용기술이란 "사용 후 부품을 재제조할 수 없을 경우, 이 폐기물을 유가금속이나 석유화학 재생원료 및 연료 등으로 재생하는 것"을 말한다(김연규·김현태·조영주, 2022:4). 재활용에 따른 탄소저감 효과는 신품 대비 약 20~30%인 것으로 알려져 있다.

우리나라는 OECD 국가 가운데 생활폐기물 분야의 배출량이 비교적 적고 재활용률이 높은 편이다. 2013년 우리나라 1인당 연간 생활폐기물 배출량은 353kg으로 OECD 국가 가운데 27위를 차지했다. 2013년 기준 OECD 국가들 평균 재활용률이 24.1%이지만, 우리나라의 경우 재활용률이 58.7%로 가장 높았다. 우리나라의 재활용 세부 비율을 살펴보면, 사업장 폐기물이 90%, 생활계 폐기물이 약 60% 비율을 차지하고 있다.

이 책에서 살펴볼 주요 선진국 지역의 2017년 폐기물 재활용률은 일본(50%), EU(38%), 미국(25%) 순으로 높았다. 일본의 폐기물 재활용률이 2017년 이후 50%를 넘어섰다. 금속 스크랩이 90%, 폐플라스틱은 60% 수준으로 재활용의 비율을 높였다. EU의 재활용률은 38%로 매립(39%)보다 낮았으며, 그 외 에너지 회수가 5%로 조사되었다. 미국의 재활용률은 25%로 매립(52%)보다 낮았으며, 그 외 소각(13%)으로 조사되었다.

2017년 우리나라의 폐기물 회수율은 87.7%로, OECD 회원국 전체의 폐기물 회수율 55.4%에 비해 높은 수준이다. 폐기물 회수율이 90% 이상인 국가는 스위스(100.0%), 스웨덴(99.3%), 핀란드(99.2%), 덴마크(98.9%), 독일(98.2%), 호주(97.8%), 네덜란드(97.5%), 노르웨이(96.8%), 일본(94.2%)으로 조사되었다. 우리나라의 폐기물 회수율은 슬로베니아(87.0%), 아일랜드 (85.4%), 영국(82.2%) 등과 유사하다. 반면, OECD 평균을 하회하는 국가로는 미국(46.8%), 스페인(46.4%), 캐나다(28.7%), 이스라엘(23.8%), 그리스(21.6%) 등이 있다.

회수율이 낮다는 것은 반대로 처분율이 높다는 것을 의미한다. 폐기물을 처분하는 방식은 대부분 매립(landfilling)이었다. 한 예로 미국은 폐기물 발생량이 최상위이지만 폐기물 회수율이 46.8%로 평균보다 낮은데, 이것은 재활용 비중보다 매립의 비중이 높다는 것을 의미한다. 앞선 통계 지표에서 실제로 미국의 재활용률은 25%로 매립(52%)보다 낮았다는 것을 알 수 있다.

우리나라의 재활용률은 2019년 기준 86.5%로, EU 주요국이나 미국, 일본 등의 재활용률에 비해 매우 높은 수준이다. 폐기물 재활용은 자원순환적인 측면과 아울러 온실가스 감축의 측면에서도 매우 중요한 부문이다. 폐기물을 단순 소각하거나 매립 처리하는 것에 비해 재활용할 경우 온실가스 감축률이 65%에 달해 각국은 폐기물에 대한 물질 재활용 활성화 정책을 마련하고 있다.

폐기물은 가정 생활폐기물과 사업장 폐기물(제조업 산업폐기물)로 구분되는데, 이 중에서 건설폐기물과 산업폐기물이 높은 비중을 차지하고 있다. 사업장 폐기물은 폐기물 종류에 따라 재활용의 기술, 경제, 환경 측면이 다르다. 따라서 우리나라 사업장 폐기물의 재활용률을 높이기 위해서는 사업장 폐기물의 특성을 이해할 필요가 있다.

자원순환은 제품의 생산에서부터 제품의 사용, 제품의 폐기에 이르기까지 각 단계마다 탄소저감 효과가 각기 다르게 나타난다. 제품의 생산 단계에서는 제품 설계 및 소재로, 제품의 사용 단계에서는 재사용 및 재제조로, 제품의 폐기 단계에서는 물질 재활용 및 에너지 회수로 탄소를 저감하게 된다. 탄소저감 측면에서는 재사용 → 재제조 → 물질 재활용 순서로 탄소저감 효과가 크다. 이제부터 이 책의 핵심 개념인 재제조가 무엇인지에 대해 서술하고자 한다.

3) 재제조와 재제조 산업

순환경제 연구의 개념적인 전제는 순환경제가 폐기물 관리에서 출발한다는 것이다. 하지만 많은 국가의 산업은 물질이 대부분 폐기물로 버려지는 선형경제에 기반하고 있다. 이와 대비되는 순환경제의 수단은 무엇일까? 재자원화를 통해 얻은 2차 물질을 생산 공정에 원료로 재투입하는 것이다. 선진국들의 성공적인 폐기물 관리는 폐기물의 매립과 최종 폐기를 줄이고 재활용, 재자원화를 통해 폐기물을 생산 공정에 2차 물질로 다시 투입하는 것이다. 그다음으로, 폐기물을 원자재로 재사용하거나 폐기물을 자원 회수 및 에너지 생산하는 것이다.

지구의 지속가능성을 위해서는 자원순환에 관련된 제품을 생산하는 기업과 더불어 제품을 사용하는 사람의 노력도 중요하다. 이에 2050 탄소중립 실현을 가능하게 하는 대안으로 새로운 경제성장 모델로서의 순환경제와 그 정책 수단으로서의 재제조(remanufacturing)가 부상하고 있다. 탄소중립 의제에 맞춰, 우리나라 경제에서도 자원순환과 친환경 제품의 새로운 시장과 새로운 글로벌 경제 질서가 형성되고 있다. 순환경제로 전환하고 산업구조를 개편하라는 요구가 증대함에 따라, 70여 년의 역사를 가진 국내 제조업도 재제조 산업 방향으로의 전환을 시작하고 있다.

한국생산기술연구원(2007)은 재제조(再製造)를 "사용 후 제품을 체계적으로 회수하여 분해, 세척, 검사, 보수·조정, 재조립 등 일련의 과정을 거쳐 원래의 성능을 유지할 수 있도록 만드는 것"으로 정의했다. 2007년 발간된 보고서에서도 재제조는 적은 비용과 자원/에너지로 몇 번이든 제품 그 자체로서 녹이거나 파괴시키지 않고 순환시킬 수 있다는 점을 특징으로 꼽았다.

산업통상자원부(2021)는 재제조를 "사용 후 제품을 완전 분해 - 세척 - 검사 - 보수 - 조정/복원 - 재조립 등의 과정을 거쳐 원래 성능의 또는 원래 성능 이상의 제품으로 만드는 제조 공정"이라고 정의했다. 해당 공정은 순환경제를 수행하는 데 사용되는 공정으로 탄소절감 효과가 신품 대비 50~90%로 뛰어나 탄소중립 핵심 산업으로 평가 받고 있다.

김연규·김현태·조영주(2022)는 재제조를 "사용 단계의 부품이나 제품 또는 사용 후 부품이나 제품을 수집해 분해하고 세척한 후 진단하고 고장 난 부품은 복구해 재조립해 신품의 90% 이상 성능을 복원하거나 디지털 기술을 융합해 타 용도의 부품으로 전환"하는 것이라고 정의한다.

재제조 산업에서 사용 후 제품 중 재생이 가능한 제품을 '코어(core)'라고 부른다. 재제조 선행연구를 정리한 결과, 회수한 코어를 재-제조하는 공통된 절차는 다음과 같이 정리할 수 있다.

① 회수된 제품(코어)을 분류하고 적재해 분해한 후 합격 부품과 불합격 부품으로 분류

② 합격품은 세척

③ 단품 검사를 통해 합격과 폐기를 결정

④ 원제품 또는 신제품 수준의 성능을 갖도록 보수 및 조정

⑤ 합격된 모듈은 성능평가를 거쳐 품질인증을 통해 합격된 부품만으로 모듈

을 재조립하여 완성품을 재제조

재제조된 제품은 물류센터로 입고 후 출고가 이루어진다. 반면, 원제품 검사를 통해 불합격된 것은 다시 모듈 공정으로 보내진다. 이 같은 과정이 이루어지면 일련의 재제조 절차가 마무리된다. 절차를 살펴보면, 재제조의 정의에서 나타난 것처럼 재제조는 사용 후 제품이나 부품을 주원료로 하여 전문 공정을 거쳐 신품의 성능을 유지할 수 있는 상태로 만드는 산업 공정임을 확인할 수 있다.

재제조는 외관 세척에서부터 도장에 이르기까지 전 과정을 거쳐 제품이 생산된다는 점에서 재사용이나 수리와 차별점이 있다. 순환경제에서의 재제조는 물질 리사이클(Material Recycle)이나 3R(Reuse, Repair, Reduce)과 다르다. 물질 리사이클은 제품 사용 후 원료로 변환하기 위해 에너지 사용이 요구되며, 3R은 제품의 기대수명 연장에 제한점이 있다. 반면, 재제조는 제품의 기대수명을 연장해 자원 및 에너지 사용을 최소화한다는 장점이 있다. 다시 말해, 우리나라 제조업 부문의 자원순환을 통해 재제조 산업을 활성화하는 것은 탄소중립을 달성하고 순환경제로 전환하는 데 매우 중요하다.

〈그림 1-4〉는 우리나라의 재제조 기술 개발이 발전해 온 단계를 정리한 것이다. 재제조 발전 단계는 시기별로 태동기, 전환기, 확립기로 분류할 수 있다. 태동기는 주로 자동차 부품, 토너 카트리지 등 B2C 아이템을 중심으로 이루어져 왔다. 이후 전환기는 공작기계, 전력기자재 등 B2B로 발전했으며, 확립기는 핵심 기술을 중심으로 체계화되어 생산 단계에서부터 재제조를 고려해 제품을 설계하고 소재가 사용된다.

2021년부터는 국내 탄소중립을 실현하기 위한 재제조 산업화가 시작되었다. 산업통상자원부는 2021년 6월 7일 재제조 기업의 질적 성장과 산업 활성화를 위한 '재제조 기업 맞춤형 성장 지원사업' 신규 기업 35개사를 선정해 발표했다. 이와 함께 '재제조 기반 제품 서비스 신사업 발굴·실증사업'을 새롭게 추진한다고 밝혔다. 특히 4개 산업, 즉 ① 자동차 분야, ② 전기·전자제품 분야

〈그림 1-4〉 우리나라의 재제조 기술 개발 발전 단계

태동기(2005~2017년)	전환기(2018년 이후)	확립기(미래 전망)
B2C 아이템 중심	B2B로 이루어짐	핵심 기술 중심으로 체계화

자료: 김연규·김현태·조영주(2022)를 참조해 필자 작성.

(토너 카트리지 등), ③ 산업기계 분야, ④ 건설기계 분야의 재제조 제품 생산과 관련된 기업에서 재제조 기반 제품의 서비스 신사업을 개발하고 실증화하는 데 착수했다.

기존 아이템을 중심으로 하는 태동기와 다르게, 전환기는 제품의 전 과정에서 요구되는 서비스 부문을 제품과 융합하면서 소비자의 편의성을 증대하고, 제품의 이용효율을 제고하며, 환경오염 저감 목표를 구축했다는 특이점을 지니고 있다. 하지만 우리나라는 태동기에 활성화된 자동차 부품(30여 개 품목)과 토너 카트리지에 아직도 국한되어 있다는 제약점도 지니고 있는 것으로 분석되었다. 그 외에 전기·전자제품, 화학 촉매 등이 있다. 전 세계적으로도 자동차 부품 재제조가 가장 활성화되어 있으며, 자동차 부품 외에 토너 카트리지, 전기·전자, 의료, 군수용품 등 121개 품목이 있다(한국산업건설기계재제조진흥회, http://kra2021.sinobsys.co.kr/page/?pid=remanu; 한국생산기술연구원 자원순환기술지원센터, 2016). 〈표 1-2〉는 재제조 주요 사업 분야와 해당 분야에 선정된 국내 기업을 소개한 것이다.

재제조 산업은 부가가치가 높고 일자리 창출에 기여한다는 강점이 있다. 재제조 산업은 수작업으로 이루어지는 노동집약적 산업인 제조업과 비교할 때 매출 10억 원당 고용 창출 효과가 약 세 배이다(한국생산기술연구원 자원순환기술지

〈표 1-2〉 재제조 주요 산업 분야 및 제품, 국내 선정 기업

산업 분야	주요 제품	국내 선정 기업
자동차 부품	- 자동차 엔진, 변속기, 시동기 - (EU) ELV 규제와 연계해 재제조 주요 분야로 육성 - (미국, EU) 원제조업자가 재제조에 적극 참여	1) ㈜카런: 디젤 차량 전문 차량정비 및 터보차저, 디젤 인젝터 등 재제조 2) ㈜부학산업: 시동전동기 재제조 공정라인 및 설비 구축·운영 3) 김포서비스: 디젤엔진 재제조를 위한 자체적인 원료 코어 회수 시스템, 재제조 공정·설비, 완성품 검사·시운전 시스템 운영
전기·전자제품* IT 장비 (토너 카트리지)	- 휴대폰, 카메라, TV, 세탁기, 냉장고 등 - (EU) WEEE 등 관련 규제와 연계해 재제조 산업을 주요 분야로 육성 - 컴퓨터 HW, 통신장비, 프린터, 토너 카트리지 등의 재제조	1) 현우종합상사: 사용 후 토너 카트리지 및 부품 회수·수입 및 재제조 2) (사)한국장애인 정보화협회 오에이사업장: 사용 후 토너 카트리지, 드럼(부품) 수입 및 재제조
중장비**	- 엔진, 터빈(자동차, 항공기용 제외), 건설장비, 임업 및 농기계, 광업 및 채석장비 - (EU) 산업용 장비 재제조가 OEM에 집중되어 있음	1) 서구상사: 건설기계용 주행감속기 재제조 2) 신세계중공업: 건설기계 생산·정비 및 폐유압 실린더 재제조
산업용 기기	- 산업용 밸브, 터빈, 공구, 컴프레서 재제조	
철도부품	- 기관차 모터 및 부품의 재제조	
화학촉매	- SCR 탈질촉매의 재생, 탈황촉매 등 공정촉매에 대한 재제조	
의료기기	- 영상기기 및 일회용 기기 - (일본) 약사법에 따라 재제조되거나 리퍼된 의료장비를 판매하기 위해 OEM의 사전 승인을 받고 있으며, 재제조 시장이 작은 규모로 형성됨	
가구	- 가구, 라미네이터 바닥, 천갈이 의자의 재제조	
항공	- 엔진, 기체, 기타 부품 - (일본) 엔진부품 제조업체, 항공기 이용업체들이 부품의 수리, 재제조 시도 - (일본) 항공운항법상 비OEM이 부품 일부에 대한 수리를 실행하지 않도록 제한 → OEM 업체들과 OEM 업체로부터 허가 받은 일부 업체만 수리 가능 - (싱가포르) 항공우주산업의 아태지역 MRO 거점으로 발전시키기 위해 정부 차원의 연구 프로젝트를 수행하고 있음. 일부 부속을 수리·제조할 수 있는 수준	

주: 음영으로 표시한 부분은 산업통상자원부에서 선정한 분야임.
* 산업통상자원부 발표에서 전기·전자제품으로 통합한 분야를 세분화함.
** 산업통상자원부 발표에서 산업·건설기계로 통합한 분야를 세분화함.
자료: 김연규·김현태·조영주(2022); 산업통상자원부(2021)를 참조해 필자 작성.

원센터, 2016). 추가로 재제조는 대기업과 중소기업 간에 기술, 품질관리 등에서 상호 협력할 수 있어 동반 성장이 가능하다. 한 사례로 대기업인 제록스(Xerox)

사는 토너 카트리지 재제조업체인 파크 엔터프라이즈(Park Enterprises)와 협력해 브랜드 이미지를 제고하는 동시에 소비자의 신뢰도 구축할 수 있었다.

2008년식 포르테 등속조인트(자동차 부품)는 신제품의 경우 6만~7만 원이지만, 같은 모델의 재제조품은 대부분 2만~3만 원으로 신품 대비 30~60%의 가격 수준을 형성했다. 이에 소비자의 제품 선택폭을 넓히고 지출비용을 줄여 내수 활성화에 이바지할 수 있을 것으로 전망된다. 또한 국산품 소비와 순환 활성화를 통해 원자재 수입을 줄임으로써 무역수지를 개선할 수 있다.

3. 주요국의 재제조 산업 동향 비교

1) DMC와 자원 사용량

국가경쟁력과 경제생산성은 물질생산성(material efficiency)에 대한 국가역량이 얼마나 높은지에 따라 결정될 것이다. 물질생산성이란 한 경제에서 생산되고 수입되는 물질을 얼마나 효율적으로 소비하는지를 뜻한다. OECD 회원국들은 2010년경부터 탄소집약도나 에너지집약도와 별개로 물질생산성 통계를 환경 평가 보고서에 발표해 왔다. 물질생산성 지표를 통해 한 국가의 경제의 물질과 폐기물 관리 수준을 예측할 수 있기 때문이다. 국가별 지표로는 DMC(Domestic Material Consumption) 지표가 있다. 국내 자재 소비량(DMC)은 한 경제에서 사용되는 자재(중량 기준)의 양을 의미한다(OECD Data, 2019).

DMC = 경제에서 사용하는 국내 원자재 추출 + 물리적 무역 수지

= 경제에서 사용하는 국내 원자재 추출 + (원재료·제조 제품 수입 − 원재료·제조 제품 수출)

DMC 생산성 = 생성되는 GDP의 양 / 사용된 재료의 단위

예를 들어, 물질생산성이 높은 국가는 폐기물 배출 자체도 줄어들며, 자원을 재활용·폐기물에서 재자원화하는 비율이 광산에서 채굴하거나 해외에서 원자재로 수입하는 비율보다 높다. 반면, 물질생산성이 낮은 국가는 점점 늘어나는 폐기물 배출로 온실가스가 증대될 것이다. 개발도상국은 물질생산성이 낮고 폐기물 관리에 심각한 문제를 지닌 대표적인 국가들이다. 폐기물 배출 감축이 아닌 자원에 초점을 둘 경우 다음과 같이 정리할 수 있다.

$$\text{물질생산성이 높은 국가} = \frac{\text{자원 재활용} + \text{폐기물에서 재자원화}}{\text{광산에서 채굴} + \text{원자재로 수입}} > 1$$

분모 요소인 자원을 지역별로 분석하면 <그림 1-5>와 같다. OECD의 경우 2060년까지 상대적으로 완만하게 증가해 사용량이 40Gt 이하로 예상되며, 브릭스(BRICS)는 75Gt으로 다른 지역보다 사용량이 높다. 상승 곡선의 기울기가 제일 가파른 지역은 OECD와 브릭스를 제외한 국가이다.

분자는 폐기물 관리 방안으로 폐기물의 발생과 처리(재사용, 재활용, 처분 등을 포함)를 의미한다. EU와 OECD 국가들, 그리고 한국은 폐기물 관리에서 세계 선두 그룹이다. 2000년에서 2010년대에는 산업폐기물, 생활폐기물, 도시 고체폐기물에서 관리가 이루어져, 일부 국가의 경우 폐기물 배출의 80%가 줄어들었다(OECD, 2018). 2017년 기준 EU의 도시 고체폐기물은 47%가 재활용(재자원화) 되거나 퇴비화되었다.

<그림 1-6>은 2019년 OECD DMC 지표이다(OECD Data, 2019). 해당 데이터는 금속, 비금속 광물(건설 광물, 산업용 광물), 바이오매스(목재, 식품) 및 화석 에너지 운반체를 포괄하며, 단위는 1인당 톤으로 측정된다. 2019년 OECD 지역의 1인당 물질 소비량은 17.8톤으로 측정되었다. 대한민국의 경우, 리투아니아와 같은 19톤으로 측정되었다.

OECD 평균 지표는 세계 다른 지역에 비해 여전히 높은 수준(1인당 연간 17.7톤)을 유지하고 있다(OECD, 2022). 선진국과 개도국이 폐기물 관리에서 보이는

〈그림 1-5〉 전 세계 지역별 자원 사용량 예측(단위: 10억 톤)

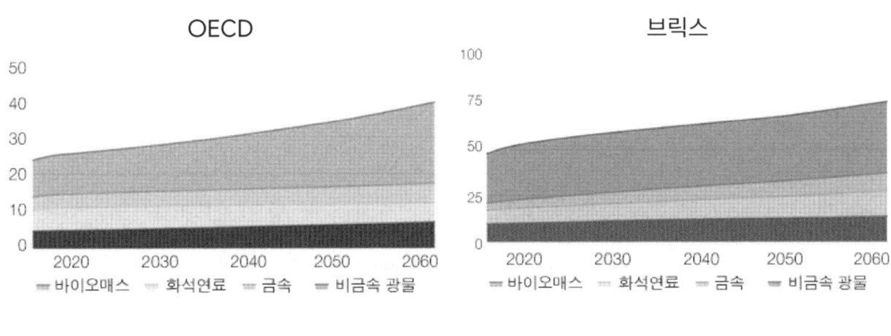

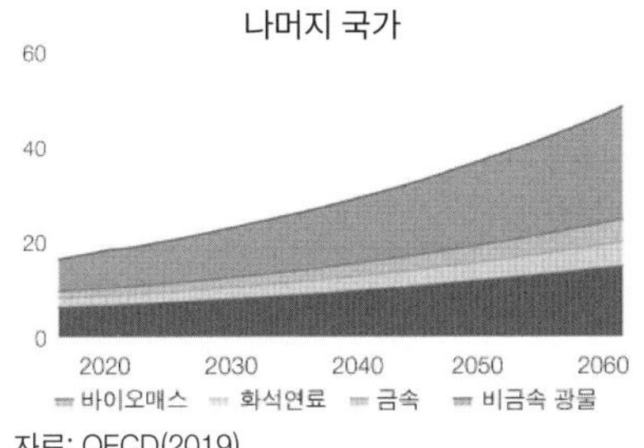

자료: OECD(2019).

〈그림 1-6〉 2019년 OECD DMC(단위: 톤/명)

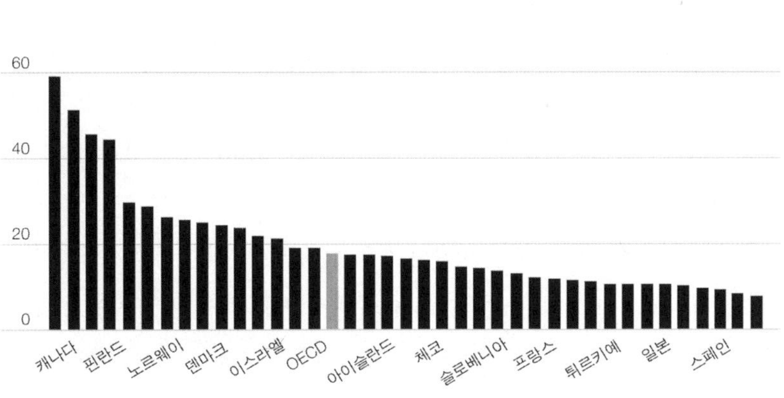

자료: OECD Data(2019).

가장 큰 차이점은 선진국은 폐기물 관리가 재활용 중심이고 개도국은 단순 매립 또는 소각 중심이라는 것이다. 선진국에서 재활용이 활성화된 이유는 폐기물의 발생과 관련한 자세한 통계를 구축해 놓았기 때문이다. 신뢰성 있는 재활용 통계는 효율적인 재활용을 위한 정책 수립, 시행 및 평가의 기초가 된다.

이상적인 폐기물 관리는 폐기물 발생을 완벽하게 사전 억제(Waste Zero)하는 것이다. 하지만 이것은 현실적으로 실현 불가능하므로 폐기물 최소화(Waste Minimization)가 실질적으로 가장 우선시되는 관리방법이다. 그에 대한 방안은 제품의 생산 공정과 생산 프로세스를 개선함으로써 제조과정에서 폐기물의 발생을 억제하거나 감축하거나 제거하는 것이다.

2) 주요국의 재제조 산업 비교

재제조 산업에서는 표준화와 제품 품목별 품질인증이 필수적이다. 우리나라는 국민이 최소한의 안전을 보장받고 환경보호를 받을 수 있도록 2005년에 국가표준규격을 개정했다. 국내 재제조 표준화는 "친환경적 산업구조로의 전환촉진에 의한 법률 개정"으로 자동차 부품의 10개 품목에 대해 시행되었다. 2005년 12월 개정 이후 2015년도까지 품목의 수가 증가했다. 근래에는 일정한 자격을 갖춘 기업이나 기관이 자체적으로 품질인증을 수행하거나, 공공성을 갖춘 협회 등을 중심으로 단체표준화하고 있다. 이러한 경향은 품목에 대한 표준화 과정이 개방되고 있음을 보여준다.

재제조 시장이 가장 활발한 미국의 경우 재제조품에 대한 정보 제공을 법률적으로 의무화하고 있으며, 연구기관에 의한 민간 품질평가를 실시하고 있다. 해외의 대표적인 재제조 전문 연구기관으로는 미국의 C3R, 싱가포르의 ARTC, 독일의 프라운호퍼, 일본의 AIST가 있다. 해당 기관은 재제조와 관련된 전반적인 기술을 확보하고 있으며 재제조 기업에 기술을 지원하고 있다(각 기관의 세부적인 내용은 〈표 1-3〉 참조).

〈표 1-3〉 주요국의 재제조 전문 연구기관

기관	내용
C3R (미국)	- 산업계, 학계 및 정부 간 파트너십으로 1991년 설립 - 재제조 산업을 위한 국제적으로 인정되는 연구개발센터 - 주요 연구 분야는 컨디션 평가, 재료 수명 연장 및 복원, 제품 전 과정 엔지니어링, 통합 건강 모니터링, 지속가능한 설계방법론, 효율적·친환경적·경제적인 재제조 프로세스 개발, 테스트 및 배치 수행 - C3R은 The Center for Remanufacturing and Resource Recovery의 약자임
ARTC (싱가포르)	- 싱가포르 과학진흥청(A*STAR)과 싱가포르 난양공대가 2015년 공동 설립한 민관 협력 기관으로, 아시아 최초의 재제조 기술 연구개발센터임. 연구기관 및 학계의 기술 지원으로 보완된 공급망에서 강력한 파트너십을 기반으로 구축된 플랫폼 - 2016년 말 기준으로 롤스로이스(Rolls-Royce), 지멘스(Siemens), 매킨지(McKinsey), SAESL 등 민간 기업 42개사가 참여하고 있으며, 기계설비 등 6대 분야에서 재제조 기술을 개발 - 중점 기술 분야는 수리 및 복원 기술, 표면 처리 기술, 로봇 공학, 제품 검증 기술, 적측 가공 기술 등임
프라운호퍼 (독일)	- 프라운호퍼(Fraunhofer)는 2만 3,000명 이상의 직원을 보유한 유럽 최대의 연구공동체로, 2006년 설립됨. 바이로이트 대학교에서 연구원 40여 명이 근무하고 있으며, 100개 이상의 산업체와 다수의 연구 프로젝트를 수행 - 주요 연구 분야는 재제조, 생산관리, 기술관리, 자원 효율성 - 제조 기술 및 혁신 분야의 지식을 결합한 광범위한 연구 및 산업 프로젝트에서 맞춤형 솔루션 개발

자료: 각 기관 사이트.

앞서 〈표 1-2〉에서는 재제조 주요 산업 분야와 관련된 제품을 소개했는데, 산업 특성에 따라 적용할 수 있는 재제조 기술이나 국내외 산업 및 기술 개발 동향이 다르기 때문에 국내 재제조 산업이 경쟁력을 확보하기 위해서는 이에 준하는 표준화와 기술 이해가 필요하다. 다양한 재제조 산업 중에서도 자동차 분야가 국내외로 활발한데, 여기서는 자동차 분야 가운데 전기차의 재제조 표준명을 예시로 살펴보자. 사용 후 배터리는 국내외적으로 재제조 산업에서 가장 활발한 분야이자 핵심 산업이다. 폐배터리 재제조 과정은 폐배터리 배출, 분리, 보관, 회수, 성능검사 후 재제조 공정 순으로 이루어진다. 일련의 과정이 진행되기 위해서는 '표준화'가 이루어져야 한다.

2014년 이후 한국, 일본, 독일, 스페인은 ESS(에너지 저장장치) 분야에 7건을 신규 제안했다. 이차전지를 다루고 있는 국제 표준화 조직으로는 IEC/TC 21,

〈표 1-4〉 재제조 ESS 분야의 표준명

제안국	표준명
일본	Secondary high temperature cells and batteries
일본	Secondary cells and batteries containing alkaline or other non-acid electrolytes - Safety requirements for secondary lithium cells and batteries for use in electrical energy storage systems
일본	Secondary cells and batteries containing alkaline or other non-acid electrolytes - Safety requirements for secondary lithium batteries for use in road vehicles not for the propulsion
한국	Nickel-metal hydride battery system use in battery energy storage system
독일	Safety requirements for secondary batteries and battery installations Part-5 : Lithium-ion batteries for stationary applications
독일	Safety requirements for secondary batteries and battery installations - Part - 6 : Lithium-ion batteries for traction applications
스페인	Flow battery systems for stationary applications - Part 1 : General Aspects, Terminology and Definitions

IEC/TC 21/SC 21A, ISO/TC 22/SC 37/WG 3이 있는데, 이 중 IEC/TC 21에서는 타입이나 적용 분야에 상관없이 모든 이차전지 및 시스템에 대한 제품 규격을 다루고 있다(김연규·김현태·조영주, 2022).

최근에는 이차전지 안전성, ESS, 차세대전지(플로전지, NaS전지)에 대한 관심이 증대되고 있으며, ESS 분야에서는 2012년 IEC/TC120이 신설되었다. 이처럼 시기에 따라 국가에 따라 사용 후 배터리 재제조 제품의 표준명은 상이하다. 〈표 1-4〉는 독일, 일본, 스페인, 한국이 사용하고 있는 재제조 제품에 대한 표준명을 정리한 것이다.

기업 수를 보면 규모가 큰 미국은 7만 3,000여 개이고, 유럽은 2만 4,300여 개이다. 반면 최상위 특허 출원국 가운데 하나인 일본은 기업 수가 1,500여 개이며, 대한민국은 일본보다 조금 많은 1,600여 개이다. 하지만 고용 인원을 보면 일본은 1.8만 명, 우리나라는 1.1만 명으로, 우리나라는 일본보다 기업은 많지만 고용 인원은 적다(〈표 1-5〉 참조).

〈표 1-5〉 주요 선진국의 재제조 시장

	미국	유럽	일본	한국
연간 매출액	63.5조 원	21.2조 원	1.4조 원	0.75조 원
업체 수	7만 3,000여 개	2만 4,300여 개	1,500여 개	1,600여 개
고용 인원	48만 명	16만 명	1.8만 명	1.1만 명

자료: 한국생산기술연구원 자원순환기술지원센터(2016).

4. 우리나라 재제조 산업의 시사점

1) 국내 기후변화와 재제조 산업

에너지 시장의 판도를 뒤집고 세계 지정학을 새롭게 정립한 셰일 혁명은 미국 경제성장에 밑거름이 되었다. 이처럼 에너지 문제는 전 세계적으로 연결된 산업이다. 에너지 문제는 전 세계적인 공급과 흐름 안에서 일어나는 다양한 변화를 반영하는데, 여기에는 일련의 사건이 서로 긴밀하게 얽혀 있다. 최근에는 다양한 변화 중 하나로 기후문제에 대한 도전과 변화가 중요해졌다. 기후문제에는 다양한 원인이 복합적으로 작용하는데, '자원'을 채굴해서 우리가 사용하는 상품으로 제조, 폐기하는 과정에서 온실가스가 배출된다.

순환 경제로의 전환을 촉진하기 위해서는 채굴 및 추출 활동에서 공급되는 원재료의 사용 현황을 파악하는 것이 중요하다. 모든 국가에서 비금속 광물이 사용되는 원재료의 대부분을 차지한다. 그러나 재료의 사용은 국가마다 다른데, 특히 개발 수준에 따라 다르다. 경제 규모와 인프라 구축을 위한 건설 자재 수요를 고려할 때, 중국은 자재 사용량이 많은 국가이다. 〈그림 1-7〉을 보면 중국 및 개발도상국의 자원 강도가 높다는 것을 확인할 수 있다.

우리나라의 자재 수요를 온실가스 배출량과 연관해서 살펴보면 다음과 같다. 제조업 및 건설업(1.A.2)은 철강, 비철금속, 화학, 펄프 및 제지, 식음료품 및 담

〈그림 1-7〉 전 세계 자원 집중도(단위: Gt/tln USD)

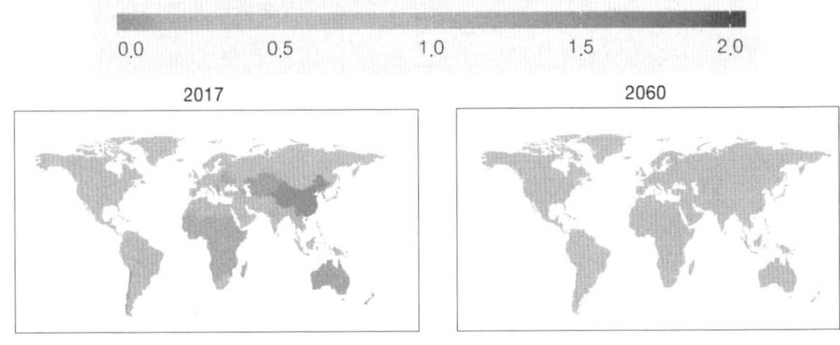

자료: OECD(2019).

배, 기타(비금속, 조립금속, 나무 및 목재, 건설, 섬유 및 가죽, 기타제조) 부문이 있다. 산업 공정 분야에 따라 온실가스의 종류가 다르지만, 「2023 국가 온실가스 인벤토리 보고서」는 제조업 부문에서 화석연료 소비에 따라 직접 배출되는 CO_2, CH_4, N_2O를 산정한다. 2017년에서 2021년 동안 제조업 부문에서 CO_2 배출량이 꾸준히 증가하고 있다. 특히 철강 산업이 제일 많은 비중을 차지하고 있다(세부적인 내용은 〈표 1-6〉 참조).

앞서 사용 후 자원을 다시 자원으로 사용하여 탄소중립에 이바지하는 수단으로 재제조가 필요하다는 것을 이해했다. 재제조의 순환경제가 이루어지기 위해서는 코어 수급과 유통이 안정적이어야 한다. 하지만 현재 우리나라는 원제조업계의 참여가 미흡해 고품질의 재제조 부품 생산으로 이어지기 힘든 상황에 처해 있다. 또한 폐가전제품, 폐차에서 발생하는 부품 등은 주로 재활용업자를 통해 처리되고 있으며 해외 반출도 빈번해 재제조업체의 코어 수급이 불안정하다. 더 나아가 안정적인 유통망이 형성되어 있지 않아 재제조업체의 개별 노력으로 코어를 확보해야 하고 수출입업자가 폐차장에 상주해 현금거래로 코어의 매입 유출을 차단해야 하는 등 여러 이해관계자가 뒤섞여 있는 상황이다.

국내 상황이 이렇다 보니 자원과 물질을 대부분 해외 원자재 수입에 의존해

〈표 1-6〉 제조업 및 건설업 부문의 온실가스 배출량(2017~2021년)(단위: 1,000톤CO_2eq)

구분		2017	2018	2019	2020	2021
1A2a 철강		100,663	96,499	96,437	93,137	96,946
1A2b 비철금속		2,631	2,989	2,857	2,881	3,348
1A2c 화학		40,627	45,953	46,363	47,014	54,276
1A2d 펄프, 제지 및 인쇄		645	662	696	717	722
1A2e 식음료품 가공 및 담배 제조		1,832	1,955	1,901	1,991	2,051
1A2f 기타		41,358	39,991	39,356	35,971	37,005
	비금속 광물	11,975	11,065	12,194	10,536	10,995
	조립금속	4,460	4,975	4,938	4,914	5,155
	나무 및 목재	75	123	69	70	80
	건설	2,212	2,170	2,137	2,095	1,992
	섬유 및 가죽	873	706	672	560	565
	기타 제조	21,763	20,951	19,346	17,796	18,217
합계		187,756	188,049	187,609	181,711	194,348

자료: 환경부 온실가스 종합정보센터(2023).

야 해서 자원 안보에 취약하고 공급망 위기에 노출되고 있다. 개발도상 국가들은 광물과 자원부존이 풍부해 광물자원 채굴과 수출에 의존한다. 하지만 선진 자원 수입국들이 점점 물질 효율적이고 순환적 경제(a resource-efficient and circular economy)로 전환함에 따라 자원 수출에 의존하는 경제 발전 모델은 중장기적으로 큰 위기에 봉착하게 되어 있다.

시대적 흐름으로는 순환경제가 필수적인 환경이 조성되었지만, 국내 원제품 업체는 신제품 시장의 소비 감소와 기술 유출 등을 우려해 소극적인 입장을 보이고 있다.

2) 재제조 산업을 활성화하기 위한 전략

기후 위기를 극복하기 위해서는 국가 정책, 제품을 생산하는 기업, 제품을 사용하는 사람 모두 함께 환경에 관심을 갖고 노력해야 한다. 순환경제는 탄소중립경제로 가기 위해 필수적인 경제 개념으로 강조되고 있다. 국내 순환경제를 달성하기 위해서는 ① 재생 원료를 기반으로 ② 물질 수요 관리(생산 효율, 재사용, 공유 경제), ③ 공정 탈탄소화가 함께 이루어져야 한다(2050 탄소중립위원회, 2022). 여기서는 이 세 가지 부문에서 재제조 산업을 활성화하기 위한 전략을 제언하고자 한다.

지속가능한 재제조 산업을 실행하기 위해서는 원료에 대한 환경적 이해가 필요하다. 물질적 자원마다 특성이 다르고 추출, 관리, 사용에 따라 환경에 잠재적으로 미치는 영향이 다르기 때문이다(OECD, 2019: 184). OECD(2015)는 여섯 가지 자원에 대해 환경에 미치는 영향을 제시했다. 필자는 재제조와 관련이 큰 화석 에너지, 금속, 산업용 자원, 건설용 자원이 환경에 미치는 영향을 제시했다. 다음으로 OECD(2019)는 플라스틱에 대해 조명했다. 플라스틱의 생산과 사용은 2050년까지 네 배로 증가할 것으로 예상되는 만큼(EMF, 2017: 6), 재제조 산업에서 살펴봐야 할 품목이다. <표 1-7>은 미래까지 주목해야 할 재생원료가 환경에 미치는 영향을 정리한 것이다.

일곱 가지 주요 금속(철, 알루미늄, 구리, 아연, 납, 니켈, 망간)에 대한 환경영향평가를 보면 광범위한 재료 추출, 가공 및 사용과 관련된 환경적 결과를 강조한다. 이러한 영향에는 산성화와 기후변화에 대한 중대한 영향이 포함된다. 구체적인 영향으로는 '누적 에너지 수요, 부영양화, 인체 독성, 토지 사용, 광화학 산화, 수생 및 육상 생태 독성' 등이 있다. OECD(2019) 조사에 의하면, 철, 구리, 니켈은 킬로그램당 환경에 미치는 영향이 가장 큰 금속이다. 재생원료의 유해성 문제와 안정성 여부를 판단하기 위해 각국의 화학물질관리제도를 파악하는 작업이 시급히 요구된다.

다음으로 자원의 재활용도를 높임으로써 신제품을 만들 때 필요한 자원을 절감할 수 있다. 특히 플라스틱의 활용도에 주목하고자 한다. 2015년 전 세계 플라스틱 생산량은 407Mt에 달해, 종이(400Mt), 어류(200Mt), 알루미늄(57Mt)보다 높다(WWF, 2018; World Bank, 2018; USGS, 2016). 플라스틱 오염은 전 세계

〈표 1-7〉 자원이 환경에 잠재적으로 미치는 영향

자원	환경 영향
화석 에너지 (Fossil energy carriers)	대기 오염, CO_2 배출, 서식지 변화, 과부하, 독성 화학 물질의 처리, 물 사용
금속 및 금속 광석 (Metals and metal ores)	비가역적 생태계 변화(엔트로피 생성), 독성, 서식지 변화, 채굴 과부하, 대기 배출, 물 사용량, 광미(tailings), 방사능
산업용 광물 (Industrial minerals)	비가역적 생태계 변화(엔트로피 생성), 독성, 서식지 변화, 채광 과부하, 대기 배출, 폐수, 광미
건설용 광물 (Construction minerals)	생물 다양성 손실, 서식지 변화, 토양 압축, 시멘트 제조 시 배출되는 CO_2, 운송 강도, 토지 면적의 밀봉, 토양 압축
플라스틱, 화학제품 (Plastic, Chemical)	에너지 이외의 용도로 사용하는 경우에는 환경 시스템 오염, 독성 오염

자료: OECD(2015: 2); OECD(2019)를 참조해 필자 작성.

모든 주요 해양 유역에서 발생하며, 매년 5억~13억 톤이 추가로 유입되고 있다(Jambeck et al., 2015: 7). 따라서 플라스틱은 생태계와 인체 건강에 피해를 미칠 가능성이 크다. 해양 환경이 플라스틱에 오염됨으로써 발생하는 어업 감소, 관광 감소, 해변 청소 비용과 시간 등의 경제적 비용은 보수적으로 산출하더라도 연간 130억 달러로 추정된다(UNEP, 2014). 따라서 폐기물방지 전략을 추진해야 하고(예: 재사용 가능한 플라스틱 제품 도입), 환경에 덜 해로운 물질로 대체해야 하며(예: 특정 생분해성 플라스틱 사용), 보다 효과적인 폐기물 수거 및 처리 시스템을 개발해야 하고, 비교적 쉽게 재활용할 수 있는 플라스틱을 설계해 재제조의 새로운 자원 가치를 조명해야 한다. 최근 OECD의 연구는 재활용 플라스틱 시장의 역할에 초점을 맞추어 플라스틱 수거율과 재활용률을 높이는 데 주력하고 있다(OECD, 2018). 더 나아가, 앞으로는 플라스틱 오염의 확산을 줄이면서 플라스틱의 유익한 측면을 재제조 산업에서도 활용해야 할 것이다.

마지막으로 이 연구에서 주목한 것은 제품 생산에 필요한 에너지를 절감하고 생산 공정에서 발생하는 CO_2 발생량을 절감하는 방안이다. 디지털·첨단소재·엔지니어링 기술이 발전하면서 자원순환기술과 융합되었고 이로 인해 자원순환 활동이 더욱 용이해졌다. 생산 공정 과정에서 사용되는 에너지 자원을 절감하면 탄소배출을 약 85% 줄일 수 있다. 하지만 국내 CEO 중 85%는 국내에 명확한 정책과 시장의 신호가 필요하다고 요구하고 있다. 순환경제 비즈니스 모델을 채택하는 데 있어 정책이 방해 요인이 아닌 촉매 역할을 하기 위해서는 저탄소 기술과 보다 명확한 규제를 도입해야 한다.

현재 EU는 순환경제를 통해 2050년에는 탄소배출량을 지금의 45%로 감축하려고 계획하고 있다. 순환경제로의 전환을 통해 탄소배출을 감축하는 '순환경제 액션플랜'을 수립함에 따라, 순환경제는 유럽 그린딜의 핵심요소로 자리매김했다. EU는 순환경제를 통해 2030년까지 유럽의 자원생산성을 30% 향상하고, 연간 6,000억 유로의 비용을 절감하며, 1조 8,000억 유로에 달하는 기타 경제적 혜택을 창출할 것으로 기대하고 있다. 우리나라도 순환경제로의 전환을 통해 그에 준하는 효과를 창출할 수 있으리라 기대한다.

참고문헌

김연규·김현태·조영주. 2022. 『재제조 산업 특론』. 다해.

산업통상자원부. 2021. 「탄소중립 실현을 위한 '재제조' 사업화 지원 본격 추진」(2021.6.7).

예긴, 대니얼(Daniel Yergin). 2021. 『에너지, 기후, 지정학이 바꾸는 새로운 패권지도, 뉴맵』, 우진하 옮김. 리더스북.

레이시, 피터(Peter Lacy)·제이콥 뤼비스트(Jakob Rutqvist). 2017. 『순환경제 시대가 온다』. 최경남 옮김. 전략시티.

한국생산기술연구원 자원순환기술지원센터. 2016. 「재제조산업 현황 및 정책」(2016.2.29).

한국생산기술연구원. 2007. 「연구기획 보고서, 재(再)제조산업 동향 및 발전전략」(2007.11).

한준. 2020. 「국내 생활폐기물 분야 플라스틱 비재활용처리량 요인분해 연구」. ≪환경정책≫ 제28권 제2호.

환경부 온실가스 종합정보센터. 2023. 「2023 국가 온실가스 인벤토리 보고서」.

2050 탄소중립위원회. 2022. 탄소중립을 위한 순환경제 전략: 시민대토론회.

Ellen MacArthur Foundation. 2012. "Towards the Circular Economy: Economic and Business Rationale for an Accelerated Transition." www.thecirculareconomy.org.

_______. 2019. "Completing the picture: How the circular economy tackles climate change." 2019.9.

EMF. 2017. *Rethinking the future of plastics and catalysing action*, https://www.ellenmacarthurfoundation.org/assets/downloads/publications/NPECHybrid_English_22-11-17_Digital.pdf.

European Commission. 2020. "A New Circular Economy Action Plan: For a Cleaner and More Competitive Europe." pp.1~19.

Fraser, M., L. Haigh and A. C. Soria. 2023. *The circularity gap report 2023*.

Jambeck, J. et al. 2015. "Marine pollution. Plastic waste inputs from land into the ocean." *Science*(New York), Vol. 347/6223, pp.768~771, http://dx.doi.org/10.1126/science.1260352.

MacArthur, Ellen and Heading Heading. 2019. "How the circular economy tackles climate change." Ellen MacArthur Foundation. Vol.1. pp.1~71.

OECD Data. 2019. "Material consumption." https://www.oecd.org/en/data/indicators/material-consumption.html?oecdcontrol-9202e3bf52-var3=2019(검색일: 2024년 8월 25일).

OECD. 2015. *Material Resources, Productivity and the Environment*. Paris, France: OECD. p.48.

_______. 2018. "*Improving Markets for Recycled Plastics: Trends, Prospects and Policy Responses*. Organization for Economic Cooperation and Development.

_______. 2019. "Global Material Resources Outlook to 2060: Economic Drivers and Environmental Consequences." OECD Publishing, Paris. https://doi.org/10.1787/9789264307452-en.

_______. 2022. "Material resources", OECD Environment Statistics(database), https://doi.org/10.1787/data-00695-en.

_______. 2024a. "2024. climate-action." https://www.oecd.org/en/data/dashboards/climate-action-dashboard/emissions.html?oecdcontrol-b6f4cdd2d9-chartId=1a90eaf9d2(검색일: 2024년 10월 23일).

_______. 2024b. “material resource.” https://www.oecd.org/en/topics/sub-issues/material-resources.html(검색일: 2024년 8월 25일).

Preston, Felix. 2012. “Global Redesign? Shaping the Circular Economy.” Chatham House Briefing Paper, March 2012.

UNEP. 2010. “Assessing the environmental impacts of consumption and production: priority products and materials.” The International Resource Panel.

_______. 2014. “Valuing Plastics: The Business Case for Measuring, Managing and Disclosing Plastic Use in the Consumer Goods Industry”, http://www.gpa.unep.org.

_______. 2018. “Redefining value—The manufacturing revolution: Remanufacturing, refurbishment, repair and direct reuse in the circular economy.”

USGS. 2016. “Aluminum Legislation and Government Programs.” https://minerals.usgs.gov/minerals/pubs/commodity/aluminum/myb1-2015-alumi.pdf.

World Bank. 2018. Total fisheries production (metric tons) | Data, https://data.worldbank.org/indicator/ER.FSH.PROD.MT.

WWF. 2018. Pulp and paper | WWF, http://wwf.panda.org/about_our_earth/deforestation/forest_sector_transformation/pulp_and_paper/.

제2장

우리나라 재제조 산업의 현황과 전망

목학수

1. 우리나라 재제조 산업의 문제점

1) 재제조 산업

제품을 생산하는 기업과 제품을 사용하는 사람은 모두 지구의 영속성과 지속 가능성을 위해 자원의 순환에 많은 관심을 가지고 노력해야 한다. 한편 지구에 있는 자원의 재활용도를 높여야 신제품을 만들 때 필요한 자원을 절감할 수 있고, 제품 생산에 필요한 에너지를 절감할 수 있으며, 생산 공정에서 발생하는 CO_2를 줄일 수 있다.

자원의 순환에는 물질 순환과 부품 및 제품의 순환이 있다. '물질 순환'은 사용한 제품의 구성요소에서 재사용이 가능한 부품을 분리해, 부품을 만드는 소재로 만들어서, 새로운 제품을 만들 때 활용하는 것이다. 이것에 비해 '부품 및 제품의 순환'은 사용한 제품에서 제품을 구성하는 부품 및 조립군을 본래의 기능 혹은 다른 용도로 재사용하는 것이다.

선진 공업국에서는 자원순환의 일환으로 제품의 재사용도를 높이기 위해 제품의 재제조에 대해 많은 연구를 하고 있다. 기업에서 생산되는 제품들이 사용된 후 회수되어 다시 제품의 기능을 발휘시키는 제품의 재제조(remanufacturing)에 대한 관심이 점차 커지고 있다.

제품을 재제조하는 이유는 같은 기능을 가진 제품을 '다시' 얻기 위해서이다. 제품을 재제조하게 되면 새로운 소재를 사용해 신제품을 생산하는 데 소요되는 것보다 에너지가 적게 소요되므로 에너지를 절약할 수 있으며, 자원 재활용으로 자원의 소비를 줄일 수 있다. 이를 통해 자연환경을 파괴하지 않고, 지구의 생태환경을 지속가능하게 할 수 있다. 유럽이나 미국에서도 자원순환을 위한 재제조 산업을 위해 많은 노력을 기울이고 있다(목학수 외, 2010: 58~65; 목학수 외, 2011: 38~44).

사용한 제품을 재제조하기 위해서는 다섯 가지 기능이 필요하다. 즉, 사용한 제품의 해체(disassembly), 세척(cleaning), 검사(test), 복원(reconditioning), 그리고 재조립(reassembly)이다(스타인힐퍼, 2005: 40~57).

재제조 산업을 활성화하기 위해서는 가장 먼저 오래된 제품 혹은 사용하기 힘든 제품을 회수해야 한다. 즉, 재제조의 시작은 오래된 제품을 회수하는 데서부터 시작된다고 할 수 있다. 따라서 어떤 방법으로 회수할지에 대한 체계적인 연구, 즉 역물류(Reverse Logistics)에 대한 연구가 필요하다.

사용한 제품에서 재제조가 가능한 대상을 '코어(core)'라 하는데, 코어가 될 수 있는 대상을 어떻게 확보하느냐 하는 것이 재제조 산업을 성공적으로 이끄는 중요한 요인이다. 대학과 연구소에서는 회수된 코어의 재사용 여부를 결정하는 것과 더불어 코어에 남아 있는 잔류 수명을 예측하기 위한 연구도 함께 진행해야 한다.

재제조를 할 수 있는 대상에는 제한이 없다. 인류가 만들어 사용하는 모든 제품이 재제조 대상이 될 수 있다. 예를 들어, 자동차, 의료기기, 선박, 가전제품, 항공기, 군용장비, 자동판매기, 공작기계, 산업기계, 건설장비, 인쇄용 프린터, 토너 카트리지 같은 제품을 재제조할 수 있다. 이들 제품을 재제조해서 얻을 수 있는 경제적인 효과는 제품에 따라 다르다.

재제조를 수행할 때는 사용한 부품들을 재사용하는 것이 중요하며, 재사용이 불가한 부품들은 교체가 필요하다. 사용한 부품들은 품질 검사를 통해 재사용 가능 여부를 결정해야 한다. 재제조 산업을 할 때에는 재제조 대상의 특징, 보유하고 있는 재제조의 단위 기술, 재제조 제품의 시장성에 대해 면밀히 분석해야 한다.

2) 우리나라의 재제조 시장 규모

우리나라의 재제조 시장 규모에 대해서는 여러 가지 보고서에서 언급되고 있지만, 많은 차이가 있다. 이것은 신제품이 시장에 출시되고 난 후 언제 코어로 회수되는지 알 수 없으며, 재제조 시장에 들어오는 코어의 수량, 코어의 품질 수준, 재제조 공정을 통해 재제조되는 제품의 품질 수준, 재제조 제품의 판매 수량, 재제조 제품의 판매 가격 등에 대한 전체적인 자료가 정확하지 않기 때문이다. 또한 재제조 시장의 규모를 추정할 때 여러 가지 사항을 가정해서 산정하고 있기 때문이기도 하다.

신제품의 판매 수량이 증가함에 따라 코어로 회수되는 수량이 증가하고 재제조 제품의 수요도 증가하기 때문에, 우리나라 재제조 시장의 규모는 매년 증가하고 있다.

한국자동차부품재제조협회에서 2018년에 국내 재제조 산업 실태를 조사한 결과에 따르면 우리나라 전체 재제조 시장의 규모는 〈그림 2-1〉과 같다(한국자동차부품재제조협회, 2018). 이 조사에서는 우리나라 전체 재제조 시장 규모가 약 1조 원인 것으로 파악되었다.

또 다른 자료에서는 현재 우리나라가 자동차 부품의 재제조를 통해 얻을 수 있는 시장 규모가 연간 1조 4,000억 원 정도가 된다는 기사(≪무등일보≫, 2024. 5.30)도 있지만, 이것은 여러 가지 사항에 대한 가정과 재제조가 가능한 대상에

〈그림 2-1〉 국내 재제조 산업의 매출 규모 및 분야별 비율(2017년 기준)

분야	매출액(100만 원)
자동차 부품	787,409
토너 카트리지	120,196
건설기계·부품	76,948
공작기계	3,072
화학촉매	587
전기·전자제품	13,860
합계	1,002,072

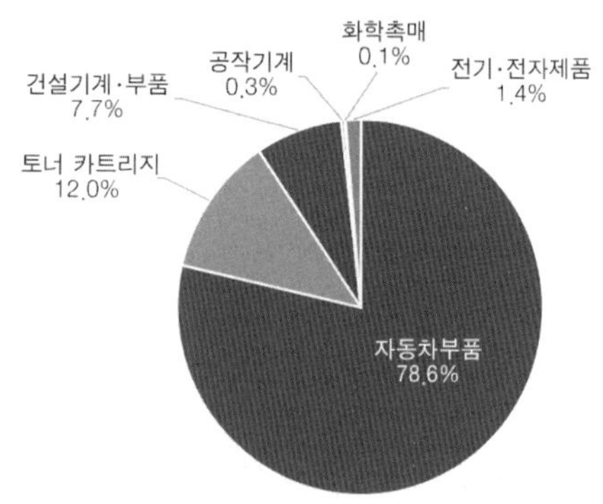

자료: 한국자동차부품재제조협회(2018).

포함시키는 항목에 따라 달라지는 추정값이다.

예를 들어, 자동차 부품의 재제조 시장 규모는 다음과 같은 자료를 통해 추정할 수 있다.

- 시장 규모를 추정하고자 하는 연도의 폐차 대수
- 재제조 대상: 한 제품 속에 들어 있는 조립군(자동차의 경우, 엔진, 트랜스미션, 얼터네이터, 스타트 모터, CV 조인트, 도어, 헤드램프 등)
- 각 재제조 대상의 신품 가격

이런 정보를 토대로 재제조를 통해 얻을 수 있는 시장 규모를 추정할 때는 다음과 같은 사항을 가정할 수 있다.

- 가정 1: 재제조에 사용되는 코어로 사용 가능한 대수를 폐차 대수의 40%로 가정함
- 가정 2: 재제조 대상의 가격은 신품 가격의 30%를 받을 것으로 가정함

이러한 사항들을 기초로 자동차 부품의 재제조를 통한 시장 규모를 다음과 같은 식으로 표현할 수 있다.

[전체 자동차 재제조 시장 규모] =
∑[{(당해년도 대상 차량의 폐차 대수) × 0.4} ×
{∑(재제조 대상의 신품 가격)} × 0.3]

예를 들어, 2023년 기준 그랜저 승용차를 재제조할 경우 얻을 수 있는 시장 규모는 다음과 같이 추정할 수 있다.

[2023년 기준 그랜저 재제조의 시장 규모] =
{(2023년 그랜저 폐차 대수) × 0.4} ×
[{(그랜저 엔진 신품 가격) + (그랜저 트랜스미션 신품 가격) +
(그랜저 얼터네이터 신품 가격) + (그랜저 CV 조인트 신품 가격) +
(그랜저 클러치 신품 가격) + (그랜저 도어 신품 가격) +
(그랜저 헤드램프 신품 가격) + …… } × 0.3]

위와 같이 재제조하고자 하는 자동차 종류에 따라 추정하고자 하는 연도의 폐차 대수를 조사하고, 폐차에서 재제조에 사용되는 코어의 수량을 몇 퍼센트로 할지를 가정한다. 그리고 재제조 대상의 신품 가격을 조사하고, 재제조되었을 때 소비자로부터 받을 수 있는 가격을 신품의 몇 퍼센트로 할지를 가정한다. 이를 통해서 알고자 하는 연도에 자동차 부품을 재제조해서 얻을 수 있는 시장 규모를 추정할 수 있다.

이 같은 방법으로 자동차 외 재제조 대상이 될 수 있는 다른 것에 대해서도 시장 규모를 추정할 수 있다. 즉, 우리나라에서 생산하거나 구매할 수 있는 코어의 수량을 예측하고, 원제품 가격의 몇 퍼센트를 받을 수 있을지를 가정함으로써,

우리나라 전체 재제조 제품의 시장 규모를 추정할 수 있다. 따라서 우리나라 재제조 시장 규모는 다음과 같이 나타낼 수 있다.

[우리나라 전체 재제조 시장 규모] =
[{자동차 부품 재제조 시장 규모} + {의료기기 부품 재제조 시장 규모} +
{선박 부품 재제조 시장 규모} + {가전제품 부품 재제조 시장 규모} +
{항공기 부품 재제조 시장 규모} + {군용장비 부품 재제조 시장 규모} +
{자동판매기 부품 재제조 시장 규모} + {공작기계 부품 재제조 시장 규모} +
{건설기계 부품 재제조 시장 규모} + {인쇄용 프린터 부품 재제조 시장 규모} +
{토너 카트리지 재제조 시장 규모} + ……]

3) 우리나라 재제조 산업의 문제점

우리나라 재제조 산업의 문제점은 크게 생산 외적 문제점과 생산 내적 문제점으로 나눌 수 있다(<그림 2-2> 참조). 생산 외적 문제점이란 재제조 산업을 할 때 재제조 생산을 둘러싸고 있는 제도적·사회적 조건이 체계적으로 갖추어지지 못해 발생하는 문제점을 뜻하며, 생산 내적 문제점이란 실제 재제조 생산 현장에서 재제조 공정이 원활히 수행되는 것을 어렵게 만드는 요소를 뜻한다.

(1) 재제조 생산 외적 문제점

우리나라의 재제조 생산 외적 문제점에는 여러 가지가 있다. 우선 생산된 재제조 제품의 품질인증제도가 잘 구축되어 있지 않다. 재제조 제품에 대한 소비자의 구매 의욕을 높이기 위해서는 국가나 공인 단체가 재제조 제품의 품질을 인증하는 제도를 도입해야 한다. 그래야 소비자가 재제조 산업에서 생산된 재제조 제품의 품질을 신뢰할 수 있다. 이를 위해서는 재제조 제품의 품질 수준을 객관적으로 알 수 있는 재제조 제품 품질인증제도를 전체 재제조 제품에 적용

〈그림 2-2〉 우리나라 재제조 산업의 문제점

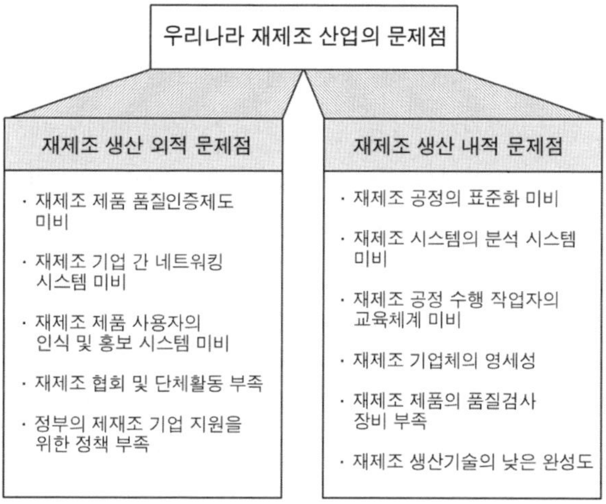

해야 한다.

한편 재제조에 필요한 코어를 얻기 위해서는 코어가 나오는 업체들 간에 네트워킹을 구축해, 어디에 어떤 코어가 있는지 실시간으로 파악할 수 있어야 한다. 그리고 재제조된 제품이 어느 재제조 기업체에 보관되어 있는지를 쉽게 파악할 수 있는 네트워킹도 구축해야 한다.

재제조 산업을 활성화하려면 재제조 제품에 대한 소비자의 인식을 먼저 개선해야 한다. 이를 위해서는 소비자가 재제조 제품에 쉽게 접근할 수 있도록 접근성을 확보해야 하며, 재제조 제품에 대한 특성값을 제공해야 한다. 재제조 제품의 가격뿐만 아니라 재제조 제품의 품질 수준, 소비자에게 배달되는 방법 및 포장 방법 등에 대한 정보도 제공할 수 있는 홍보 시스템이 필요하다.

우리나라 재제조 산업의 활성화를 어렵게 만드는 요소 중의 하나는 재제조 기업체를 회원사로 둔 재제조 협회들의 활동이 체계적이지 못하다는 것이다. 우리나라에서는 재제조 기업체에 재제조와 관련된 새로운 기술을 소개하는 활동과 재제조 제품의 품질 수준을 향상하기 위해 재제조 공정에 적용할 수 있는 기술 정보를 공유하는 활동이 적은 편이다.

우리나라에는 재제조 산업을 활성화하기 위해 노력하는 협회들이 있다. 한국자동차부품재제조협회, 한국산업·건설기계재제조산업진흥회, 한국카트리지재활용협회, 한국공작기계산업협회, 한국의료기기산업협회 등에서는 관련 제품의 재제조업체들의 권익을 향상하기 위해 많은 노력을 하고 있다. 이들 협회는 회원사들의 매출 증대와 재제조 제품의 품질 향상을 위해 노력하고 있지만, 재제조 제품의 공통 관심사를 해결하기 위한 노력은 아직 부족한 실정이다.

재제조 협회들의 궁극적인 목표는 회원사들 간에 기업 정보를 공유하고, 회원사들의 매출을 증대하며, 재제조 제품의 품질 수준을 향상하기 위해 공동으로 대응할 수 있는 체계를 갖추고, 재제조 제품의 품질인증제도를 도입하는 것이다.

우리나라에는 재제조 산업을 지원하는 정책 및 법규가 제대로 정비되어 있지 않다. 자동차 부품의 재제조를 예로 들면, 유럽에서 추진하고 있는 재제조업체와 원제조사 간의 관계를 정립해야 하고, 재제조 제품의 품질 향상과 재제조 제품의 품질 안정을 위해 원제조사의 역할을 정의한 'BER(Block Exemption Regulation)' 법규(EUR-Lex, 2024)를 분석해야 한다. 미국에서도 자동차 부품 재제조 제품의 품질과 관련해 소비자의 권리를 보호해야 한다는 '수리권(Right to Repair)'이라는 법규(NCSL, 2024)를 여러 주에서 제정해 실시하고 있다. 그렇지만 우리나라에서는 이들 법규를 분석하고 우리나라에 도움이 되는 내용을 적용하려는 활동이 미약한 편이다. 따라서 우리나라에도 선진국인 유럽과 미국의 관련 법규를 분석해 우리나라 실정에 맞는 법규를 정비해야 한다.

우리나라에서는 재제조 산업을 육성하기 위한 정부나 지자체의 경제적·제도적 지원이 적은 편이다. 정부에서는 재제조 산업의 기술 개발을 위한 연구비를 증액해야 하며, 재제조 기업체의 작업 환경을 개선하고 재제조 제품의 품질 수준을 향상하기 위한 정책 및 제도를 마련해야 한다(목학수 외, 2009: 120~129).

(2) 재제조 생산 내적 문제점

우리나라 재제조업체의 가장 큰 문제점 중 하나는 재제조 공정이 표준화되어 있지 않다는 것이다. 재제조 공정을 표준화하기 위해서는 가장 먼저 재제조 단위 공정을 정의해야 하고, 이를 수행하는 메커니즘을 확립해야 하며, 재제조 단위 공정에 필요한 공작기계 및 보조 장치들을 분석해야 한다.

우리나라에는 재제조 시스템을 객관적으로 평가할 수 있는 체계가 구축되어 있지 못하다. 따라서 재제조 시스템의 구성요소를 분석하고 재제조 시스템을 객관적으로 평가할 수 있는 평가 기준을 정해야 한다.

재제조 시스템을 정량적으로 평가하는 과정에서 현재 우리나라 재제조 시스템이 지닌 문제점이 무엇이며 이를 개선하기 위해서는 무엇이 필요한지를 알 수 있다.

우리나라에서는 재제조 산업이 아직 3D 업종으로 인식되어 고급 인력이 재제조업체에 취업하기를 꺼리고 있다. 이 문제를 타파하기 위해서는 재제조 산업의 경제적 가치를 높여야 하며, 재제조업에 종사하는 사람들에게 자긍심을 줄 수 있어야 한다. 이를 위해서는 대학이나 연구소에서 재제조 산업에 종사하는 인력의 교육 및 연수 프로그램을 개발해 재제조 제품의 품질 수준을 높여야 한다. 재제조업에 종사하는 기술자의 실력과 경험이 결국 재제조 제품의 품질을 향상시키기 때문이다.

또한 우리나라 재제조업체들의 영세성을 지적하지 않을 수 없다. 자동차 부품 재제조업체를 예로 들면, 5인 미만의 재제조업체가 전체 재제조업체의 대부분을 차지하고 있으며, 재제조 공정에 필요한 공작기계와 검사 장비가 제대로 갖추어져 있지 않다.

우리나라는 재제조 기술, 즉 재제조 단위 공정인 제품의 해체, 부품의 세척, 부품의 품질 검사, 부품의 원상으로의 복원, 재제조 제품의 조립에 필요한 기술 축적이 부족한 상태이다. 재제조에 대한 새로운 기술을 도입하기 어려우며, 오랫동안 재제조 기업체에서 수행한 재제조 단위 기술이 체계적으로 정리되어 있지 않다. 정리되고 축적된 재제조 기술 위에 새로운 기술이 더해져야 생산성이 높은 재제조 기술의 발전이 이루어질 수 있다.

2. 재제조의 단계별 주요 고려 요소

우리나라 재제조 산업을 활성화하기 위해서는 재제조 시스템을 구성하는 많은 요소를 검토해야 한다. 재제조의 정의에 따르면 재제조는 5단계로 구성되어 있지만, 여기서는 코어 회수 단계를 추가해 '광의의 재제조 시스템 6단계'로 분석하며(<그림 2-3> 참조), 각 단계에서 주요하게 다루어야 할 요소를 살펴본다.

1) 코어 회수 단계

재제조에 사용되는 코어는 다양한 곳에서 수집된다. 예를 들어, 자동차 부품의 코어는 자동차 폐차장, 자동차 수리센터 등에서 얻을 수 있으며, 공작기계의 코어는 중고 공작기계 수리업체, 중고 공작기계 거래협회, 공작기계를 사용하던 회사에서 직접 매입해서 얻을 수 있다.

회수된 코어에 대해서는 재제조 공정을 수행해서 재제조 제품을 만들 가치가 있는지 평가해야 하는데, 이를 위해서는 다음과 같은 요소를 파악해야 한다.

- 원제품의 국가 및 지역별 판매 분포도
- 회수된 코어의 분포도
- 회수 가능한 코어의 수량
- 회수한 제품의 재제조 가능성 및 가치 분석
  - 코어 외형에 의한 판단
  - 코어 이력이 표기된 자료

〈그림 2-3〉 재제조 단계별 주요 고려 요소

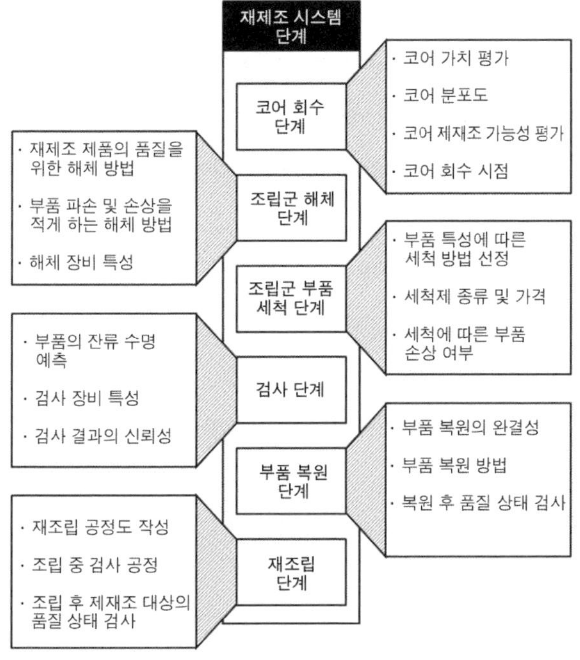

• 코어 회수 시점

회수된 코어에 관한 정보로부터 제품의 종류와 수량에 따라 경제적으로 코어를 회수하기 위한 전략을 수립해야 한다. 즉, 어떤 방법으로 회수할 것인지, 현재 코어는 어디에 있는지, 코어의 가격은 얼마인지, 회수를 위해 이동해야 할 거리는 얼마인지, 언제 코어를 회수해서 어떻게 보관할 것인지, 회수하고자 하는 제품의 종류는 무엇인지, 코어의 수량은 얼마인지 등을 고려해 재제조 기업에 이익을 줄 수 있는 방법을 찾아야 한다.

2) 해체 단계

회수된 코어는 재제조에 사용될 수 있는 가능성을 높이기 위해 가능한 한 현재 코어의 품질 상태를 유지하는 해체 방법을 선택해서 활용해야 한다. 이를 위해서는 해체 단계에서 다음과 같은 요소들을 파악해야 한다.

- 조립군(코어) 간의 조립된 방법에 따른 해체 방법 조사
- 체결 요소의 종류 및 현재 체결 상태
- 해체될 부품의 재질
- 해체 시 파손을 최소화할 수 있는 해체 방법 선정
- 해체에 필요한 장비 특성
- 해체 공정 중 발생할 수 있는 부품의 손상 특징
- 해체에 필요한 시간
- 해체 시 사용되는 지그(Jig)의 종류 및 수량
- 해체 경비

재제조에 사용할 부품이므로 제품을 해체할 때 부품의 품질을 더 이상 훼손해서는 안 된다. 따라서 부품의 해체 순서를 연구해야 한다(손우현·박상진·목학수: 2019: 591~598). 이와 함께 코어를 해체하는 방법을 조사해야 한다. 즉, 물리적인 외력에 의한 해체 방법(역나사작업, 해머에 의한 해체, 가위에 의한 절단 등)을 선택하든지 화학적인 해체 방법(물에 의한 접착 소재 해체, 용접으로 녹임을 통한 해체, 용제에 의한 해체 등)을 분석해야 한다.

이러한 분석 자료로부터 재제조를 통해 생산되는 제품의 품질 수준을 유지할 수 있는 최적의 해체 방법을 결정할 수 있다.

3) 세척 단계

재제조를 실행하기 위해서는 재제조 작업장에 들어온 고품(old product, used product) 혹은 코어의 표면에 묻어 있는 이물질을 제거해야 한다. 세척이란 부품의 원래 소재가 드러날 수 있도록 소재에 묻은 이물질, 즉 오염된 먼지, 기름, 혹은 소재의 산화에 의해 생겨난 녹을 제거하는 것이다. 재제조에서 중요한 기능 중의 하나가 세척 공정이다. 부품의 세척 정도에 따라 재제조 제품의 품질 수준이 좌우되는 경우가 많다(박상진 외, 2020: 381~392). 즉, 재제조 공정에 투입할 수 있는지 부품의 특성을 검사하기 위해, 그리고 재제조의 마지막 단계인 조립에 부품을 투입할 수 있는지를 파악하기 위해서는 세척 공정이 이루어져야 한다.

사용한 제품의 재제조를 위해서는 3단계의 세척이 필요하다. 즉, 고품의 외형에 있는 이물질을 제거하기 위한 세척(1단계 세척), 고품으로부터 해체된 조립군의 외부 세척(2단계 세척), 조립군을 해체한 후 조립군을 구성하는 부품 세척(3단계 세척)이다.

따라서 세척 단계를 위해서는 다음과 같은 요소들을 분석해야 한다.

- 세척 대상의 특징: 제품의 종류, 생산 연도
- 제품을 사용했던 환경
- 제품의 현재 상태
- 세척 방법: 기술적인 세척 / 화학적인 세척 / 열에 의한 세척 / 진동에 의한 세척 / 물의 압력에 의한 세척 / 공기압에 의한 세척
- 세척을 위한 세제의 종류 및 세제의 물성 특성
- 세척에 필요한 세제의 가격
- 세척에 의한 제품 혹은 부품 손상 여부
- 세척 시간

• 세척에 소요되는 경비
• 세척 장비 특성
• 세척에 의한 환경오염 발생 가능성
• 폐유/폐수 처리 장치의 필요성

이렇게 분석된 자료들로부터 경제적이고 환경친화적이며 재제조될 부품에 적합한 세척 시스템을 설계할 수 있을 것이다.

4) 검사 단계

세척 후에는 부품의 기능과 품질 상태를 검사해야 한다. 부품의 길이와 형상이 변형된 특성뿐만 아니라 부품의 재질 특성까지 검사해야 한다. 재제조에 사용될 부품이므로 검사 공정 중 부품의 외형이나 재질을 훼손해서는 안 된다. 부품의 외형와 재질을 검사하기 위해서는 여러 종류의 검사 장비가 필요하며, 검사 결과에 따라 검사가 이루어진 부품을 재제조에 투입할 수 있는지 여부를 결정할 수 있다.

따라서 재제조를 위한 부품을 검사하는 단계에서는 다음과 같은 요소들을 분석해야 한다.

• 부품의 외형과 재질에 대한 품질 검사 방법
• 부품의 검사 결과를 활용해 재제조에 사용 가능한지 여부 평가
• 검사에 필요한 장비 특성
• 검사에 걸리는 시간
• 검사에 필요한 경비
• 검사 방법 1: 육안 검사
  - 품질 검사 전문가에 의한 육안 검사로 외형 변형 및 변색 검사

• 검사 방법 2: 비파괴 검사

  - 재제조를 해야 하는 대상이므로 파괴 검사는 할 수 없음
  - 부품 소재의 재질 상태 분석

이처럼 부품의 검사 단계에서 얻은 검사 결과를 토대로 부품이 재제조에 사용 가능한지 여부를 결정할 수 있다.

5) 복원 단계

사용한 부품에 부분적으로 마모가 일어났거나 크랙이 발생한 경우, 본래 부품의 형태로 만들기 위한 복원 공정을 거쳐야 한다. 예를 들어, 부품의 마모된 부분에 대해서는 3D 프린터나 용접으로 소재를 덧붙인 다음, 본래 부품의 치수와 형태대로 가공하는 공정을 수행해야 한다.

제품이 오래전에 생산되었다면 제품이나 부품에 대한 도면이 없을 수 있는데, 이때에는 같은 부품이 사용된 제품으로부터 혹은 남아 있는 한쪽 편의 부품 형상 정보로부터 본래 부품의 정보를 생성해서 도면 작업을 해야 한다.

부품의 복원 단계에서는 다음과 같은 요소들을 파악해야 한다.

• 부품의 치수 및 표면 거칠기 정보
• 부품의 변형 정도
• 부품의 마모 정도
  - 본래 부품의 치수 정보 필요
  - 마모된 양만큼 복원 후 연마 공정 실시
• 복원된 부위 검사 방법
• 복원 후 부품 품질 상태 검사 방법
• 복원에 필요한 시간

• 복원에 소요되는 경비

여러 종류의 복원 방법을 분석해 부품의 재질 및 형상을 복원하는 데 적합한 방법을 선택해야 한다.

• 복원 방법 1: 3D 프린팅 활용, 적층 방법(Rapid Prototyping)
• 복원 방법 2: 용접으로 마모된 양만큼 녹여 붙임
• 복원 방법 3: 열처리(변형에 대한 조치), 반복 충격 하중
• 복원 방법 4: 접착(Bonding)

이렇게 파악된 복원 공정 정보로부터 경제적인 복원 방법과 복원 시스템을 결정할 수 있을 것이다.

6) 재조립 단계

재제조의 마지막 단계인 재조립에서는 여러 가지 요소를 파악해야 한다. 재조립에는 세 가지 부품(코어 해체로 얻은 부품을 세척한 후 바로 사용이 가능한 부품, 복원 공정을 통해 재사용이 가능한 부품, 새로 투입되는 교체된 원부품)이 작업장에 투입되는데, 이렇게 투입되는 부품을 사용해 재제품의 성능을 발휘할 수 있도록 조립 공정이 이루어진다.

재조립 공정이 진행되는 동안 조립 중간 단계에서는 조립군에 필요한 검사 공정을 함께 실시해야 한다.

재조립 단계에서는 다음과 같은 주요 요소들을 파악해야 한다.

• 재조립 공정에 투입되는 부품 및 체결 요소의 특성
• 원제품 조립 시 사용된 조립 방법 조사

- 조립 공정 중 검사 공정의 특성
- 조립 및 검사 장비의 특성
- 조립 공정 수행 시 필요한 지그 특성
- 조립 시간 및 경비
- 조립 후 재제조된 제품의 품질, 성능검사, 장비 특성

재조립으로 완성된 재제조 제품의 품질 수준을 검사해 얻은 검사 결과를 활용해서 경제적인 재조립 시스템을 구축할 수 있어야 한다. 즉, 재조립 단계에서 얻은 조립 정보를 활용해서 재조립 공정 중 취약 공정을 줄일 수 있고, 조립 생산성이 높은 재조립 시스템을 구축할 수 있다.

3. 재제조 산업의 활성화를 위한 과제

우리나라 재제조 산업이 성공적으로 이루어지기 위해서는 다음 네 가지 과제를 체계적으로 수행해야 한다(<그림 2-4> 참조).

- 과제 1: 재제조를 위한 안정적인 코어 확보
- 과제 2: 재제조 제품의 품질 수준 확보
- 과제 3: 재제조 제품의 홍보체계 구축
- 과제 4: 재제조 기업체 간 네트워킹 구축

과제 1: 재제조를 위한 안정적인 코어 확보

재제조를 위해 가장 우선적으로 필요한 것은 재제조 산업에 필요한 코어를 안정적으로 확보하는 것이다. 코어는 사용된 제품 혹은 사용 중인 제품의 고장

〈그림 2-4〉 재제조 산업의 활성화를 위한 네 가지 과제

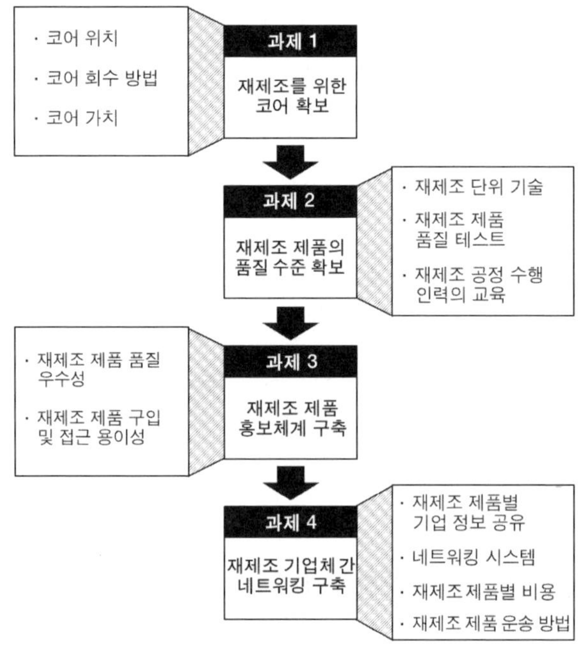

으로 더 이상 사용할 수 없는 제품에서 해체된 조립군 또는 부품을 뜻하는데, 이러한 코어를 안정적으로 확보하는 것은 재제조 산업의 생산성 향상을 위해 매우 중요하다.

우선 재제조에 필요한 코어를 국내에서 확보할 것인지, 아니면 해외에서 확보할 것인지를 결정해야 한다. 확보하려는 코어가 어디에 있는지, 확보 가능한 코어의 수량이 얼마인지 예측하기 위해서는 국내나 해외의 어느 지역에, 어떤 제품이, 어느 정도의 수량으로 분포되어 있는지를 알아야 한다. 이를 위해서는 원제품의 판매 실적을 분석함으로써 재제조 대상으로서의 코어에 대한 현황을 파악할 수 있다.

재제조 산업을 시작하려는 기업은 재제조하려는 제품의 코어를 확보하는 문

제를 우선 해결해야 한다. 이와 함께 코어 회수에 대한 정책을 세부적으로 세워야 한다. 즉, 필요한 코어의 수량을 안정적으로 보유하고 있거나, 필요한 시점에 코어를 수급할 수 있어야 재제조 산업을 지속할 수 있다.

코어의 품질 상태는 재제조 공정을 수행하고 난 후 얻는 재제조 제품의 품질을 좌우할 정도로 중요하다.

회수되는 코어에 대한 이력을 알 수 있는 자료를 보유한 경우도 있지만, 많은 경우 코어의 이력을 알 수 없다. 이때에는 회수된 코어의 현재 상태를 보고 코어의 사용 여부를 결정해야 하는데, 코어의 재제조 사용 가능 여부를 결정하는 것은 매우 중요하다. 코어의 외형뿐만 아니라 코어가 수행 가능한 기능을 기준으로 코어의 상태를 평가해야 한다.

재제조에 사용할 가치가 있는 코어인지를 쉽게 파악하기 위해서는 코어를 평가한 후 반드시 현재의 코어 상태를 정리해서 코어의 특성치를 알 수 있도록 체크리스트나 테이블을 만들어 함께 보관해야 한다.

이와 함께 코어의 특성에 따른 분류 기준을 작성해 코어를 체계적으로 분류해야 하며, 적절한 코드를 부여할 수 있도록 코딩 시스템을 구축해야 한다.

회수된 코어를 보관하는 것도 중요한 문제이다. 회수된 코어는 우선 세척 공정을 거칠지, 세척 후 건조 공정을 거칠지, 건조 공정을 거친 후 포장할지를 결정해야 하며, 실내에 보관해야 하는지 아니면 실외에 보관해도 되는지도 결정해야 한다.

재제조에 사용되는 코어의 가치(core value)는 다음과 같이 코어의 조직적 특성과 기술적 특성에 따라 좌우될 수 있다. 따라서 코어의 특성에 따른 분류 체계 및 코딩 시스템을 구축해서 코어를 보다 체계적으로 관리해야 한다.

코어의 조직적 특성 요소

- 코어의 생산 연도
- 코어의 위치 및 회수 용이성

• 코어의 예상 구입 가격
• 코어의 이송 방법

코어의 기술적 특성 요소
• 코어의 기능 수행 정도
• 코어가 사용된 조건(온도, 습도 등)
• 코어의 구성요소 상태
• 코어의 변형 상태

코어 특성에 따른 코딩 시스템 구축
• GT(Group Technology)를 활용한 코어의 분류 체계
• 코어의 종류(제품의 종류)
• 코어의 기능 및 품질 상태
• 코어 구성요소의 특성
  - 구성요소의 재질
  - 구성요소의 가공 방법

과제 2: 재제조 제품의 품질 수준 확보

재제조 산업의 성공 여부는 재제조 제품의 품질 수준을 확보하는 데 달려 있다. 재제조 제품의 품질 수준을 확보하기 위해서는 다음과 같은 사항이 갖추어져야 한다.

• 재제조 단위 공정에 필요한 기술
• 재제조 단위 공정의 표준화
• 재제조 공정을 수행하는 작업자의 기술 수준

• 재제조 제품의 품질 검사 장비 보유
• 선진 재제조 기술 활용

재제조 제품의 품질을 확보하기 위해서는 원제조사로부터 제품의 보수·유지 방법과 품질 기준값을 받을 수 있는 체계를 구축하는 것이 무엇보다 중요하다. 처음 제품이 설계되어 생산될 때는 제품의 본래 기능을 발휘할 수 있는지를 검사하기 위해 많은 성능실험을 거친다. 여기에서 얻은 성능검사 자료는 재제조 단위 공정을 수행할 때도 재제조 제품의 품질 기준으로 사용할 수 있어야 한다.

재제조가 가능한 제품은 회수된 후 해체 공정을 거치는데, 해체 공정에서 코어를 훼손하는 일이 없어야 한다. 즉, 재제조에 활용할 수 있는 코어를 얻기 위해 해체 공정에서는 최대한 현재 상태를 유지할 수 있는 해체 기술을 활용해야 한다.

재제조를 위해 회수된 고품 및 코어는 세척 공정을 수행할 때 세척되는 부품의 재질과 표면에 나쁜 영향을 미치면 안 되기 때문에 세척 방법과 세척제를 신중히 선택해야 한다. 세척 공정을 수행한 후에는 조립군 혹은 부품의 재질 변형을 막기 위해 건조 공정을 실시해야 한다. 부품의 특성에 따라 자연 건조 방법 또는 건조로 등의 강제 건조 방법을 선택해야 한다. 건조 방법에 따라 부품의 특성에 문제가 발생하면 안 된다.

세척과 건조를 거친 부품은 품질 검사를 실시해야 하는데, 이를 위해서는 부품의 치수 검사, 변형 검사, 소재의 피로 검사 등을 거쳐야 한다. 이는 재제조 제품의 신뢰성을 확보하기 위해 매우 필요한 절차이다.

부품이 마모되었을 경우 마모된 치수와 형상만큼 복원 작업을 해야 한다. 또한 부품에 일부 크랙이 있는 경우 크랙을 제거할 수 있는 방법을 찾아야 한다.

재제조의 마지막 공정은 조립 공정인데, 재제조 제품의 조립 공정에는 세 가지 부품이 투입된다. 즉, 코어 해체 공정에서 나온 부품 가운데 세척 공정만 거친 후 다시 사용될 수 있는 부품, 마모된 부품이나 크랙이 있던 부품을 복원한 부품, 그리고 변형 등으로 더 이상 사용할 수 없는 부품을 위해 새로 교체된 부품이다.

재제조를 위한 조립 공정은 신제품을 조립할 때의 공정을 순서대로 따라야 한다. 단위 조립 공정뿐만 아니라 검사 공정도 모두 수행해야 한다. 이를 통해 재제조 제품의 품질 수준이 신품과 같은 수준을 유지할 수 있다. 이러한 과정을 통해 재제조 제품을 사용하는 소비자에게 신뢰를 줄 수 있어야 재제조 제품의 사용이 증가할 것이다.

과제 3: 재제조 제품의 홍보체계 구축

재제조 산업이 성공하려면 재제조된 제품을 많은 소비자가 사용해야 한다. 이를 위해서는 재제조 제품 판매를 증대시킬 수 있도록 재제조 기업들이 협회나 단체를 구성해 재제조 제품에 대한 홍보 시스템을 체계적으로 구축해야 한다. 이를 통해 소비자들이 재제조 제품을 생산한 기업, 재제조 기업에서 생산된 재제조 제품의 품질 수준, 재제조 제품의 가격, 재제조 제품의 보증 기간, 재제조 제품의 A/S 등을 알 수 있도록 해야 한다. 또한 재제조 제품이 필요한 소비자들이 재제조 제품에 쉽게 접근할 수 있도록 해야 한다.

한편 재제조협회나 단체를 통해 재제조 제품의 품질인증 체계를 갖추어야 한다. 또한 우리나라에서 제품 품질 기준을 관장하는 기술표준원과 함께 재제조 제품의 품질인증에 대해 준비해야 할 것이다. 국가기관이 재제조 제품에 대한 품질인증을 보장하는 사례도 있지만, 재제조 협회 등에서 재제조 제품의 품질 인증을 보장하는 체계를 갖추는 것도 좋은 방법이다.

재제조 제품을 홍보하는 체계를 구축하면 재제조 제품의 품질 수준에 따른 가격을 소비자에게 정확하고 투명하게 알릴 수 있다.

과제 4: 재제조 기업체 간 네트워킹 구축

재제조 산업을 활성화하기 위해서는 재제조 기업 간에 정보를 공유할 수 있는 체계를 구축해야 한다. 이를 통해 재제조 기업에서 생산하는 재제조 제품의 종류, 재제조 제품의 품질 수준, 재제조 공정을 수행하는 작업장에서의 어려운 점 등을 공유함으로써 문제를 해결하는 방법을 공동으로 찾을 수 있다. 재제조 기업체 간에 정보를 공유하는 것은 대외 경쟁력을 높이는 방법 가운데 하나일 것이다.

기업 간에 정보를 공유하기 위해서는 같은 종류의 재제조 제품을 생산하는 업체들이 공동 협의체를 구축해서 재제조 제품에 관한 정보나 기업 정보를 공유할 수 있는 네트워킹을 구축해야 한다. 이를 기초로 소비자가 접근하기 쉬운 네트워킹 시스템을 구축해야 한다.

재제조 제품이 필요한 소비자에게는 재제조 제품의 종류, 품질 상태, 가격, 현재 보관된 장소, 배송에 걸리는 시간, 배송 방법(육로, 선박, 항공), 포장 방법 등의 정보가 열려 있어야 한다.

우리나라의 재제조 산업에서 가장 필요하고도 중요한 과제 중 하나는 재제조 업체 간에 제품 및 코어 보유에 대한 정보를 공유하는 것이다. 재제조 제품은 국내외 소비자들이 접근할 수 있도록 국제적인 네트워킹 체계를 구축해야 한다. 이러한 시스템을 구축할 때에는 국제적으로 필요한 코어 회수 체계에 대한 네트워킹 시스템과 재제조된 제품의 판매에 대한 네트워킹 시스템을 함께 구축해야 하며, 〈그림 2-5〉와 같은 사항을 고려해야 한다.

국제적인 코어 회수 체계 네트워킹

- 코어 회수를 위한 국내외 기업체
- 국내 및 해외에서 제공되는 코어 정보
- 국내외 코어의 위치(국가, 도시)

〈그림 2-5〉 재제조 산업 활성화를 위한 네트워킹 시스템

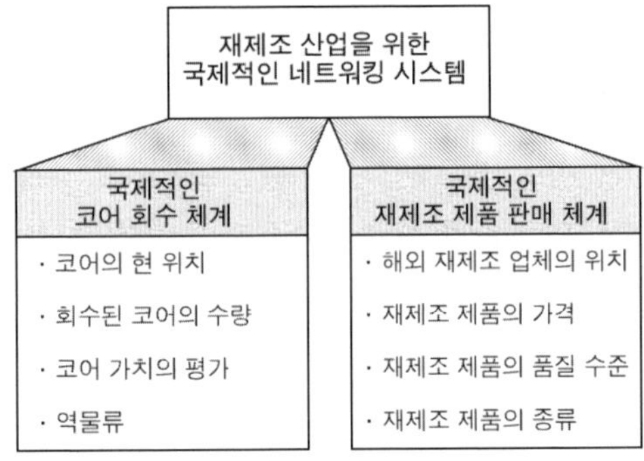

- 국내외에서 수집할 수 있는 코어 혹은 수집된 코어의 수량
- 수집된 코어들의 특성값(제품의 품질 상태 등)
- 국내외의 다양한 코어 가격

국제적인 재제조 제품 판매 네트워킹

- 국내외 재제조 제품에 따른 재제조 기업체
- 국내외 재제조 기업체가 보유하고 있는 재제조 제품의 종류
- 국내외 포장 및 운송을 포함한 재제조 제품별 가격
- 국내 및 해외 재제조 기업이 보유하고 있는 재제조 제품의 품질 수준

현재 국제화되어 있는 제품 시장에서는 수출과 수입이 매우 활발하다. 제품과 재제조 제품, 그리고 이를 필요로 하는 소비자들 간에는 정보를 공유하는 체계가 매우 필요하다. 즉, 국내외적으로 재제조 기업과 재제조 제품을 사용하는 소비자에게는 코어의 회수 및 재제조 제품에 대한 기업 간 네트워킹 시스템이 반드시 필요하다. 국제적으로 재제조 기업에 대한 정보와 재제조 제품에 대한 정보(품질 및 가격)는 재제조 산업이 성공하는 데 가장 중요한 요소가 될 것이다. 이러한 네트워킹 시스템을 활용하면 우리나라 재제조 산업의 대외 경쟁력을 강

화하기 위해 무엇을 준비해야 하는지 알 수 있다.

4. 우리나라 재제조 산업의 활성화를 위한 전략

우리나라 재제조 산업을 활성화하기 위한 전략을 수립하고자 할 때에는 우선 우리나라 재제조 산업의 문제점을 파악해야 한다. 그 후 파악된 세부 문제점을 해결하는 데 필요한 인력, 자본, 방법 등을 분석해야 한다. 이와 함께 재제조 산업이 성공하기 위해 준비해야 하는 사항이 무엇인지 조사해야 하며, 이러한 조사 내용을 기초로 우리나라 재제조 산업에 적합한 세부 전략을 세워야 한다.

1) 재제조 산업의 성공을 위한 준비 체계

재제조 산업이 성공한다는 것은 재제조 산업을 통해 지구 환경이 건강해진다는 것이자, 품질이 우수한 재제조 제품으로 소비자에게 만족을 준다는 것을 뜻한다. 이를 통해 지구가 보유하고 있는 자원을 보호하고, 사용된 자원의 재활용률을 높이고, 각종 산업에서 발생하는 CO_2를 줄이고, 제품을 생산하는 데 필요한 에너지 소모를 줄일 수 있다(강홍윤·정남훈·황용우, 2022: 14~16).

우리나라에서 재제조 산업을 성공적으로 완성하기 위해서는 재제조 기업에서 발생하는 여러 가지 사항에 대한 준비 체계를 갖추어야 한다(목학수, 2024: 37~41). 이를 위해서는 재제조 기업 외적으로 준비해야 할 사항과 재제조 기업 내적으로 준비해야 할 사항이 있다.

(1) 재제조 기업이 기업 외적으로 준비해야 하는 사항

재제조 산업을 수행하려는 기업은 재제조 공정을 둘러싼 외부의 사회적인 환경과 관련된 요소를 준비해야 한다. 이를 준비함으로써 재제조 산업을 수행할 때 생겨나는 어려움을 헤쳐 나갈 수 있을 것이다.

준비 1. 재제조 산업의 필요성에 대한 인식 제고
- 재제조 산업을 통해 얻을 수 있는 경제적인 효과
- 재제조 제품의 사용으로 지구 환경을 보호하는 효과
- 재제조 기업에서 생산한 재제조 제품의 가치 창출

준비 2. 재제조 제품의 시장성 분석 체계
- 재제조 제품의 국내외 판매 시장의 규모 및 경쟁력 분석
- 코어 회수 및 재제조 제품 판매를 위한 네트워킹 구축
- 재제조 제품의 품질 향상을 위한 투자의 크기

준비 3. 재제조 산업과 관련된 국내외 자료 수집 체계
- 재제조에 관한 국내외 기술 수준 분석 및 논문 수집
- 재제조 제품의 경제성 분석 방법 및 자료 수집
- 재제조 산업에 필요한 핵심적인 선진 기술 수준 파악

(2) 재제조 기업이 기업 내적으로 준비해야 하는 사항

재제조 산업을 수행하려는 기업은 재제조 공정 수행에 따른 여러 가지 사항에 대해 준비 체계를 갖추어야 한다. 재제조 공정을 수행할 때에는 재제조 생산성을 높여야 할 것이며, 재제조 제품이 시장에서 높은 경쟁력을 갖기 위해서는 재제조 제품의 품질 수준을 유지해야 할 것이다.

준비 4. 재제조 대상 선정
- 재제조를 통해 얻을 수 있는 기대 효과가 큰 제품
- 재제조에 필요한 코어 회수에 문제가 없는 제품

• 재제조의 핵심 세부 공정을 보유했는지 여부

준비 5. 기업 내 재제조 산업을 위한 준비팀 구성

• 재제조 산업을 수행할 인력
• 재제조의 세부 기능에 관한 연구 인력
• 재제조 단위 공정을 담당할 기술 인력
• 재제조 제품의 품질 수준을 높일 수 있는 인력

준비 6. 코어의 재제조 가능성 및 재제조 시스템의 평가 체계 구축

• 재제조 시스템의 정량적인 평가 방법
• 재제조 가능성 평가를 위한 기준 설정
• 다양한 제품에 적합한 유연한 재제조 시스템 설계

준비 7. 재제조 세부 기능 중 가장 자신 있는 기술 분야

• 재제조 세부 기능을 수행할 핵심 기술
• 기업에서 보유한 재제조 산업에 활용할 수 있는 핵심 기술

준비 8. 재제조 시스템을 위한 투자 능력

• 재제조 시스템을 위한 투자의 크기
  - 재제조 공정의 자동화 정도 및 유연성 정도
  - 재제조 단위 공정의 작업 환경
• 예상되는 재제조 제품의 생산 수량
• 재제조 제품의 품질 수준 유지 능력
• 재제조 공정에 투입할 인력 충원 계획
• 재제조 공정에 투입할 인력을 위한 교육 계획

〈그림 2-6〉 우리나라 재제조 산업 활성화를 위한 전략

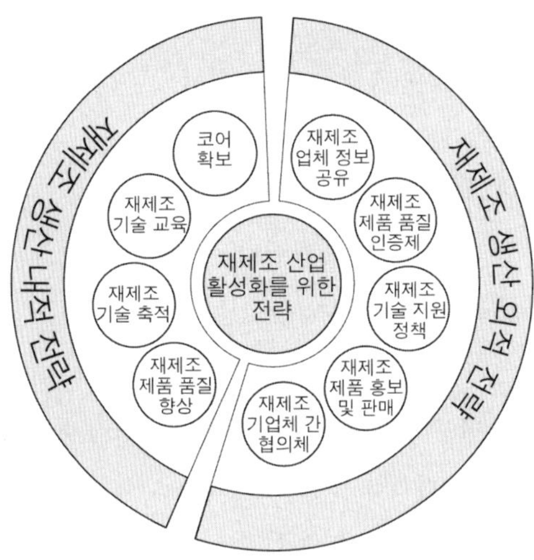

2) 재제조 산업 활성화를 위한 추진 전략

우리나라에서도 재제조 산업을 활성화하기 위해 대학과 연구소, 그리고 재제조 기업에서 많은 활동을 하고 있다. 이러한 노력이 재제조 산업을 통해 지구 환경의 실질적인 개선과 경제적인 효과로 나타나야 한다.

우리나라 재제조 산업을 활성화하기 위해서는 세부적인 전략을 수립해야 한다(목학수 외, 2013: 81~90). 이를 위해서는 생산 외적 전략과 생산 내적 전략으로 나누어 전략을 수립하고 추진해야 한다(〈그림 2-6〉 참조).

(1) 재제조 생산 외적 전략

우리나라의 재제조 산업을 활성화하기 위해서는 다음과 같은 생산 외적 전략이 필요하다.

• 재제조 기업체가 정보를 공유하는 체계 구축

• 재제조 제품의 품질인증

• 재제조 기술을 지원하는 정책 개발

• 재제조 제품의 홍보 및 판매

• 재제조 기술 협의체 구성

생산 외적 전략 1: 재제조 기업체 간 정보 공유 체계 구축

• 재제조 기업체 간에 필요한 기술 정보를 공유할 수 있는 네트워킹 시스템을 구축한다.

• 코어 회수 체계 및 재제조 제품 판매를 위한 재제조 기업체 간 네트워킹 시스템을 구축한다.

• 재제조 제품을 필요로 하는 소비자에게 재제조 제품을 생산하는 기업, 품질 수준, 가격 정보, 보증기간 등을 전달할 수 있는 체계를 구축한다.

생산 외적 전략 2: 재제조 제품의 품질인증 체계 구축

• 우리나라에서 생산되는 재제조 제품의 품질을 인증해 주는 기관을 독립적으로 설치 및 운영한다.

• 재제조 제품의 품질인증 절차를 개발해 국내 재제조업체에 홍보한다.

• 재제조 제품의 등급에 대한 기준을 설정한다.

• 표준화된 품질인증 기준을 구축한다.

• 재제조 제품의 품질을 검사하는 검사 장비를 개발하기 위해 정부와 지자체로부터의 지원 정책을 개발한다.

생산 외적 전략 3: 재제조 기술을 지원하는 정책 개발

• 재제조 기술을 개발하는 연구과제를 수행하는 데 필요한 연구비 지원 로드맵을 제시한다.

• 재제조 제품별로 필요한 핵심 기술을 개발하는 지원 방향을 구축한다.

• 재제조 산업을 활성화하기 위한 재정적·경제적 지원 정책을 지속적으로 개발한다.

• 재제조 제품의 품질을 향상하고 품질인증에 필요한 기술 수준을 높이기 위해서는 정부가 유럽의 BER 법규나 미국에서 추진하고 있는 수리권 같은 법의 내용을 분석해 우리나라에서 재제조 제품을 사용하는 소비자의 권익을 보호하는 법규를 만들어야 한다.

생산 외적 전략 4: 재제조 제품의 홍보 및 판매

• 재제조 제품의 품질과 가격을 홍보하는 체계를 구축한다.

• 우리나라에서 생산된 제품이 해외로 수출되기도 하고 해외 제품이 국내로 수입되는 경우도 많기 때문에 재제조 제품의 홍보 및 판매 전략을 세워야 한다.

• 우리나라 재제조 기업의 사정을 고려해 새로운 재제조 시장을 개척하기 위한 방안을 강구한다.

생산 외적 전략 5: 재제조 기업체 간 협의체 구성

• 우리나라 재제조 제품의 품질을 높이기 위해 우선 원제조사와 재제조업체 간에 협의체를 설립한다.

• 원제조사에서는 재제조 기업체에 재제조 공정에 필요한 제품 생산 정보, 검사 정보, 검사 장비에 대한 특성을 제공하고 제품 보수·유지에 필요한 정보도 함께 제공한다.

• 원제조사에서 제공하는 정보는 재제조 공정을 수행할 때 필요한 표준 작업의 내용으로 활용한다.

• 원제조사에서 새로운 제품이 출시될 때마다 재제조 공정에 필요한 생산 정보를 재제조 기업체에 제공할 수 있도록 제도화한다.

(2) 재제조 생산 내적 전략

우리나라 재제조 산업을 활성화하기 위해서는 다음과 같은 생산 내적 전략이 필요하다.

- 안정적인 코어 확보
- 재제조 기술에 대한 교육 확대
- 재제조 관련 기술 축적
- 재제조 제품의 품질 향상

생산 내적 전략 1: 안정적인 코어 확보

- 재제조에 필요한 코어를 국내 및 해외에서 확보할 수 있는 체계를 구축한다.
- 회수된 코어에 대해 재제조 가능성과 관련한 가치를 정량적으로 평가할 수 있는 시스템을 구축한다.
- 재제조 기업체의 생산성을 높이기 위해 적절한 수준의 코어 수량과 가격을 안정적으로 확보할 수 있는 방법을 찾는다.

생산 내적 전략 2: 재제조 기술에 대한 교육 확대

- 재제조 생산에 투입되는 인력의 기술 수준을 향상하기 위해 교육기관, 특히 대학에서 재제조를 교육하는 관련 학과 및 계약학과를 설립한다.
- 대학에 설립되는 재제조 학과의 교육과정은 반드시 재제조 공정을 실습할 수 있도록 재제조 강좌를 팀 티칭(Team Teaching)으로 구성하고 이론과 실습을 교수에게 맡긴다.
- 재제조 기업이 보유하고 있는 재제조 기술의 수준에 따라 교육과정을 결정하는 체계를 구축한다.
- 새로운 제품(예를 들어, 전기자동차)에 대해 재제조 산업을 실행할 때 새로운

재제조 기술 개발에 대한 투자를 늘린다.

생산 내적 전략 3: 재제조와 관련된 기술 축적

• 현재 우리나라에 있는 재제조 기업을 파악하고, 각 기업체가 보유하고 있는 재제조 단위 공정의 기술 수준을 체계적으로 수집한다.

• 수집된 재제조 기술 수준의 완성도를 평가해서 완성도가 높은 재제조 기술을 재제조 기업에 적용한다.

생산 내적 전략 4: 재제조 제품의 품질 향상

• 우리나라 재제조 기업체에서 생산되는 재제조 제품의 품질을 균일화하기 위한 생산 및 검사 장비를 구축한다.

• 재제조 제품의 품질을 향상하기 위해 재제조 단위 공정을 표준화한다.

• 재제조 제품의 신뢰성을 확보하기 위해 재제조 기술 개발을 지속적으로 수행할 수 있는 연구기관을 설립한다.

3) 재제조 산업의 문제점을 해결하기 위한 전략

재제조 제품을 생산할 때 발생하는 문제점을 해결하기 위해서는 여러 가지 세부 전략을 수립해야 한다. 세부 전략을 수립할 때는 재제조 기업이 보유한 인적 자원과 재제조를 위한 생산 설비, 투자할 수 있는 자본의 크기 등을 고려해야 한다. 이러한 요소를 고려할 때는 재제조 기업의 목표, 즉 재제조 기업의 연도별 매출, 재제조 생산성의 향상, 재제조 제품의 품질 수준 증대 등을 함께 검토해야 한다.

〈그림 2-7〉은 재제조 산업의 세부 전략과 재제조 산업의 문제 간의 관련성을 정리한 것이다. 재제조 산업의 문제를 해결하기 위해서는 다양한 접근 방법을 복합적으로 활용해야 한다.

〈그림 2-7〉 재제조 산업의 세부 전략과 재제조 산업의 문제 간 관련성

● 관련성이 매우 높음
○ 관련성이 있음

		재제조 생산 외적 전략					재제조 생산 내적 전략			
		재제조 기업 간 정보 공유	재제조 제품 품질인증제	재제조 기술 지원 정책	재제조 제품 홍보 지원	재제조 기업 간 협의체	코어 확보 체계	재제조 기술 교육	재제조 기술 축적	재제조 제품 품질 향상
재제조 생산 외적 문제점	재제조 제품 품질인증제 미비	○	●	○	○	●		○	○	●
	재제조 기업 간 네트워킹 미비	●	○	○	●	●	●	○		○
	재제조 제품 사용자 인식 및 홍보 미비	○	●	●	●	○				●
	재제조 협회 활동 부족	●	●	○	●	●	○	●	●	○
	정부 및 지자체 차원 정책 부족	○	●	●	○	●	●	○		
재제조 생산 내적 문제점	재제조 공정의 표준화 미비	○	●	●		●		●	●	●
	재제조 시스템 분석 미비	●	○	○		●	○	○	●	○
	재제조 교육체계 미비		○	●		●		●	●	○
	재제조 기업의 영세성	●		●		○		●	○	○
	재제조 제품 품질 검사 장비 부족		●	○		●		○	○	●
	재제조 제품 생산 기술의 낮은 완성도	○	○	●		○	○	●	●	○

예를 들어, 재제조 제품의 품질인증제가 아직 제대로 실시되지 않는 상황을 해결하기 위해서는 품질인증제에 대한 기준을 구축해야 한다. 이를 위해서는 재제조 기업체 간, 특히 제품의 원제조사와 여러 재제조 기업체 간의 협의체를 구축해서 품질인증제 시행에 필요한 지침서를 만들어야 한다. 이와 함께 재제조업체들이 정보를 서로 공유할 수 있도록 해야 하며, 재제조 기술을 향상하기 위한 지원 정책을 개발해야 한다.

세부 전략을 성공적으로 적용하기 위해서는 재제조 산업을 수행하는 기업에서 어려워하는 문제점을 분석하고, 이러한 문제점을 해결하기 위해 재제조

기업, 정부 및 지자체, 대학과 연구소가 재제조에 대한 공동 연구를 수행해야 한다.

5. 결론

우리나라 재제조 산업을 활성화하기 위한 과제는 다음과 같이 요약할 수 있다.

1. (재제조 현장 중심의 문제 파악) 우리나라 재제조 산업을 활성화하기 위해서는 우리나라 재제조 기업체가 안고 있는 문제점을 재제조 생산 현장 위주로 파악해야 한다.
2. (재제조 교육) 재제조 단위 공정의 기술 수준을 높이기 위해서는 재제조 관련 학과나 계약 과정을 대학에 설립해야 한다.
3. (원제조사와 재제조 기업체 간 기술 협의체) 재제조 제품의 품질 수준을 높이기 위해서는 제품의 원제조사와 재제조 기업체 간 협의체를 구성해야 하며, 신제품이 출시되었을 때 원제조사는 재제조 기업체에 신제품의 품질 검사 표준값, 검사 방법, 검사 장비 특성을 알려야 한다.
4. (정부 지원책) 정부나 지자체에서는 재제조 산업을 활성화하기 위한 정책을 개발해야 하고, 재제조 기술을 개발하기 위한 연구비를 지속적으로 배정해 우리나라 재제조 기업의 기술력을 증진하는 데 노력해야 한다.
5. (재제조 연구기관) 재제조 기술을 개발하기 위한 재제조 전문 연구기관을 설립 및 운영해야 한다.
6. (재제조 법규) 재제조 산업 육성을 위한 선진 공업국의 법규를 지속적으로 분석해야 하며, 이를 기초로 우리나라 재제조 산업 활성화를 위한 제도를 구축해야 한다.
7. (재제조 기술 지원) 우리나라 재제조 기업을 위해 재제조 공정 기술을 지원

할 수 있는 재제조 기술 지원 협의체를 구축해야 한다.

8. (재제조 기업의 자긍심) 재제조 산업은 지구 환경 보존과 지구의 지속가능성 및 자원순환을 위해 매우 중요한 과제임을 인식해야 하고, 재제조 산업에 종사하는 구성원들에게 자긍심을 심어주어야 한다.

참고문헌

강홍윤·정남훈·황용우. 2022. 『재제조 공학』. 예작기획, 14~16쪽.

목학수 외. 2009. 「자원순환을 위한 재제조산업의 활성화 방안」. ≪한국자동차공학회논문집≫ 17(1), 120~129쪽.

_______. 2010. 「미국의 재제조산업에 관한 연구」. ≪한국정밀공학회지≫ 27(3), 58~65쪽.

_______. 2011. 「유럽의 자동차 부품 재제조산업에 관한 연구」. ≪한국자동차공학회논문집≫ 19(1), 38~44쪽.

_______. 2013. 「재제조 산업의 활성화를 위한 제도의 기본 원칙」. ≪자원리싸이클링≫ Vol.22, No.3, 81~90쪽.

목학수. 2024. 『제조 중소기업의 힘』. 대진문화사, 37~41쪽.

≪무등일보≫. 2024.5.30. "자동차 부품 재제조 시장 규모 1조 4천억 예상." https://www.mdilbo.com/detail/c3QycN/721432(검색일: 2024년 6월 19일).

박상진 외. 2020. 「차량용 스타트모터를 활용한 재제조 세척방법 평가」. ≪한국산업융합학회지≫ Vol.23, No.3, 381~392쪽.

손우현·박상진·목학수. 2019. 「ELV에서 재제조 부품을 회수하기 위한 해체 우선순위」. ≪한국산업융합학회지≫ Vol.22, No.6, 591~598쪽.

스타인힐퍼, 롤프(Rolf Steinhilper). 2005. 『재제조(Remanufacturing)』. 한국생산기술연구원 국가청정생산지원센터 옮김. 산업자원부. 40~57쪽.

한국자동차부품재제조협회. 2018. 「국내 재제조 산업 현황」. 국내 재제조 산업 실태 조사 결과 보고서.

EUR-Lex. 2024. 유럽 자동차 부품 재제조 관련 법규. BER. Regulation-2022/720-EN-EUR-Lex(europa.eu)(검색일: 2024년 6월 26일).

NCSL. 2024. 미국 자동차 부품 재제조 관련 법규. Right to Repair 2023 Legislation(ncsl.org)(검색일: 2024년 6월 26일).

제3장

미국의 자원순환과 재제조 산업 현황

안상욱

1. 들어가며

재제조 산업이란 사용 중이거나 수명이 다한 제품을 분해, 세척, 검사, 보수, 조정, 재조립하는 과정을 거쳐 새 제품과 동일하거나 더 나은 성능을 갖춘 상태로 만드는 것을 의미한다. 이 과정은 신제품에 비해 투입되는 에너지와 재료 등의 자원이 절감되는 효과가 매우 높아 친환경적이다.

현재 전 세계 자동차 분야의 재제조 산업은 시장 규모가 2022년 기준 6조 780억 달러이며, 2030년에는 12조 6,420억 달러로 성장할 것으로 예상되고 있다. 특히 자동차 부품 재제조 산업의 경우 미국 시장 규모만 71억 달러이다.

미국 정부는 일찍부터 재제조 산업에 관심을 기울였다. 미국 국제무역위원회(United States International Trade Commission: USITC)는 2012년 10월 「재제조 제품: 미국 및 세계 산업, 시장, 무역 현황(Remanufactured Goods: An Overview of the U.S. and Global Industries, Markets, and Trade)」이라는 제목의 보고서를 발간했다. 이 보고서에서는 재제조 산업에 대해 다음과 같이 평가했다.

재제조는 수명이 다한 제품을 원래의 작업 상태로 복원하는 산업 공정이다. 미국은 세계에서 가장 큰 재제조업체이며, 2009~2011년 사이에 미국의 재제조 생산 가치는 최소 430억 달러로 15% 증가해 미국의 정규직 일자리 18만 개를 창출했다. 미국에서 재제조 활동의 대부분을 차지하는 재제조 집약적인 부문은 항공우주, 소비재, 전기 장치, 중장비 및 오프로드 장비, 정보 기술 제품, 기관차, 기계, 의료 장치, 자동차 부품, 사무용 가구, 식당 장비, 재생 타이어 등이다. 2011년 미국의 재제조 제품 수출액은 총 117억 달러로, 이 중 40% 가량이 미국의 자유무역협정 체결국가로 수출되었다. 미국에 투자한 외국 재제조업체는 미국의 재제조 제품과 코어(Core, 재제조 산업에서 사용 후 제품 가운데 재생이 가능해 재제조 대상이 되는 부품 또는 제품) 무역에서 약 1/6의 비중을 차지하고 있다. 현재 미국과 유럽이 재제조 활동과 관련 무역의 대부분을 차지하지만, 다른 국가들도 자체적으로 재제조 산업을 발전시키고 있다. 해외 시장에서는 규제 장벽, 수입 금지, 재제조 제품에 대한 공통된 정의의 부재 등이 재제조 제품과 코어의 무역을 제약하고 있다.

미국의 재제조 산업은 다양한 분야에서 빠르게 성장하고 있다. 특히 자동차, 항공기, 중장비, 의료기기, 군수장비, 로봇 등 첨단 및 고부가가치 산업 분야로 재제조 영역이 확대되고 있다.

또한 미·중 경쟁이 첨예해지고 있는 상황에서 미국은 공급망에 대한 의존을 줄이려 하고 있는데, 이는 미국에서 순환경쟁이 확산되는 계기 중 하나가 되었다. 대표적인 사례가 '인플레이션 감축법(Inflation Reduction Act: IRA)'의 섹션 13401(Section 13401)에 규정된 핵심광물 조건이다. 이 조건에 따르면 북미에서 재활용된 광물은 원산지와 상관없이 '인플레이션 감축법'의 혜택을 받을 수 있다.

또한 미국을 중심으로 소비자가 제품을 수리해 쓸 수 있는 권리인 수리권(Right to repair)이 발전하고 있다. 수리권이란 소유자로 하여금 제품을 고쳐서 쓸 수 있도록 하는 권리로, 미국에서 자동차, 농기구, 전자기기, 의료기기 등 다양한 제품으로 확대되고 있다. 이를 통해 소비자는 구입한 제품에 대해 공식업체 외에서 수리 선택권을 확보할 수 있고, 공식 수리업체보다 저렴한 가격에 사용하고 있는 제품을 수리할 수 있다. 이러한 여건하에 미국의 재제조 산업은 발전할 수 있었다.

이 글에서는 미국 공급망 재편 정책과 자원순환, 배터리와 핵심광물 분야의 경제안보 입법, 미국 내 재제조 산업의 발전, 2024년 미국 대선과 자원순환 정책 변화 전망을 중심으로 살펴볼 것이다.

2. 미국 공급망 재편 정책과 자원순환

중국은 2001년 11월 10일 WTO에 가입했고, 한 달 뒤 WTO의 143번째 정식 회원국이 되었다. 이후 중국이 세계 무역에서 차지하는 비중은 비약적으로 증가했다. 중국의 수출이 전 세계 수출에서 차지하는 비중은 1990년에는 1.86%에 불과했지만, 2021년에는 15.27%로 정점을 찍었고, 2023년에는 14.71%를 차지했다. 중국은 2013년 미국을 제치고 세계 1위의 무역대국이 된 이후 현재까지 그 지위를 유지하고 있다. 또한 2023년 기준 중국은 한국을 포함해 전 세계 120개국 이상에서 최대 무역상대국으로 자리매김하고 있다. 또한 중국의 경제 발전에 힘입어 2010년 중국은 일본을 제치고 세계 제2의 경제대국으로 부상했다.

그러나 이와 같은 중국의 부상에 대해 미국은 경계하기 시작했다. 2011년 오바마 정부는 '아시아 회귀(Pivot to Asia) 전략'을 채택하고 미일동맹 강화와 중국의 부상에 대한 재균형(rebalancing) 정책을 추진했다. 오바마 대통령은 미국이 환태평양경제동반자협정(TPP)을 주도하면서 중국에 무역 패권을 양보하지 않겠다고 공공연하게 언급했다. 오바마 대통령은 2015년 2월 21일 라디오 연설에서 "중국이 21세기 무역질서를 새로 쓰려고 하는데 그렇게 되면 미국의 노동자와 기업이 큰 피해를 보게 된다. 중국이 아니라 미국이 21세기 무역질서를 새로 써나가야 한다"라고 언급했다. 그리고 2015년 10월 7일, 미국, 일본, 호주, 캐나다, 페루, 베트남, 말레이시아, 뉴질랜드, 브루나이, 싱가포르, 멕시코, 칠레가 TPP 협정을 맺었다. 그러나 TPP는 미국 노동자 계층의 반발에 직면했고, 오바마 후임인 트럼프 대통령은 2017년 1월 23일 TPP 탈퇴를 공식선언하는 행정명령에 서명했다.

오바마 대통령이 아시아-태평양 파트너 국가들과 미국 주도의 역내 무역질서를 세우려고 했다면, 트럼프 대통령은 중국에 대한 직접적인 관세부과를 통해 중국의 부상을 견제했다. 트럼프 전 대통령은 집권 중이던 2018년과 2019년 당시 '무역법 301조' 등을 적용해 중국산 제품에 25%의 고율 관세를 부과했다. 그리고 중국산 제품에 대한 고율 관세부과 결정에 대해 중국이 미국과의 무역합의를 지키지 않았기 때문이라며 정당성을 주장했다. 트럼프 행정부 시기에는 중국뿐만 아니라 미국의 동맹국을 포함한 모든 국가에 무역장벽을 강화했으므로 동맹국의 반발을 초래하기도 했다. 대표적인 사례가 2018년 3월 모든 국가에서 수입되는 철강과 알루미늄에 관세를 부과한다고 발표한 것이었다. 이에 EU, 일본, 한국 등 미국의 동맹국들도 반발했다.

바이든 행정부는 특정 제품과 국가에 직접적인 관세를 부과했던 트럼프 행정부의 방식과는 다르게, 인도-태평양 경제 프레임워크(Indo-Pacific Economic Framework for Prosperity: IPEF)와 같은 인도-태평양 지역의 경제안보 플랫폼과 '반도체법(CHIPS Act of 2022)', '인플레이션 감축법' 등의 입법절차를 통해 중국을 견제하고 있다.

미국 바이든 행정부는 인도-태평양 지역 공급망에서 중국을 견제하기 위해 2022년 5월 23일 인도-태평양 지역의 경제안보 플랫폼인 IPEF를 출범시켰다. IPEF는 관세 인하, 부분적인 규제 철폐에 방점을 두었던 다자/양자 FTA보다 더 범위가 넓은 경제협력체를 지향하고 있다. 우선 미국은 현재 IPEF를 통해 무역 촉진, 디지털 경제와 기술 표준 정립, 공급망 회복력 달성, 탈탄소화와 청정

에너지 발전, 인프라 구축, 노동 표준화 등 여섯 가지 주요 분야에서 합의안을 만들어내려고 한다. 이는 궁극적으로 인도-태평양 지역 내 파트너 국가들과 미래 산업과 산업 정책의 국제 표준까지 정립하겠다는 것으로, 바이든 행정부는 인도-태평양 지역을 일종의 거대한 경제 플랫폼으로 묶어낸다는 구상을 배경으로 놓고 IPEF를 출범시켰다. IPEF는 인도-태평양 지역에서의 경제적 연대를 통해 공급망 재편, '더 나은 세계 재건' 구상(B3W) 등 바이든 정부의 대중국 견제를 위한 구상들을 구체화할 것으로 전망되고 있다.

미국의 바이든 행정부는 중국을 견제하고 공급망에서 중국에 대한 의존도를 줄이기 위해 '인플레이션 감축법', '반도체법' 등 자국우선주의에 기반한 입법을 통해 글로벌 공급망을 구축하려 하고 있다. 2022년 8월에 통과된 '인플레이션 감축법'은 미국 내 물가 상승 억제와 기후변화 대응을 목적으로 제정된 법으로, 전기자동차 세액공제 조건 규정을 담고 있다. 특히 북미에서 최종 조립된 전기차가 아닐 경우, 그리고 일정 비율 이상의 광물과 부품이 북미 지역에서 생산된 배터리를 사용하지 않을 경우 사실상 보조금 효과를 갖는 전기차 세액공제 대상에서 배제되기 때문에 전기차 주요 생산-수출국인 EU와 한국 기업에 큰 파장을 초래하고 있다.

이와 같이 미국은 자국 중심의 공급망을 구축함으로써 미국 내 반도체 생산 시설에 투자하는 기업에 혜택을 주고 중국 내 신규 투자를 제한하려 하고 있는데, 이 같은 노력은 중국을 배제하고 미국 내 반도체 생산능력을 확대하고자 하는 '반도체법'에서도 나타나고 있다. '반도체법'은 인센티브를 받은 기업은 중국, 러시아, 이란, 북한 등 미국 상무부, 국방부, 외교부 등이 미국의 국가안보 또는 대외정책에 해를 입히는 국가로 지정한 국가들에 향후 10년간 반도체 시설을 짓거나 기존 시설에 추가로 투자하는 것을 금지하는 '가드레일 조항'을 포함하고 있다.

3. 배터리와 핵심광물 분야의 경제안보 입법

2010년 5월 10일, 오바마 대통령은 2015년까지 100만 대의 전기자동차를 보급하겠다는 야심찬 계획을 발표했다. 이에 미국 에너지부(DOE)는 2011년 2월 8일에 오바마 대통령의 전기자동차 보급계획에 대한 방안을 제시했다. 즉, 전기자동차와 배터리에 경기부양 예산을 활용하고 연료효율 기준을 활용해 전기자동차에 보다 많은 인센티브를 제공한다는 것이었다(U.S. Department of Energy, 2011).

오바마 행정부는 경기부양 패키지를 통해 차세대 자동차 산업을 육성하고자 했다. 따라서 3개의 전기자동차 공장에 34억 달러의 융자를, 30개의 배터리, 모터, 기타 부품 공장에 30억 달러의 재원을 지원한다고 발표했다. 이와 관련해 2011년 말까지 5만 개의 자동차 배터리를 제조할 수 있는 역량을 갖추고 2014년까지 연간 50만 개로 생산 역량을 확대하기로 했다.

오바마 행정부 시기에는 미국의 전기자동차 구매 보조금이 주로 세제 혜택을 통해 이루어졌다. 2010년부터 시행된 연방 정부의 세액공제는 배터리 용량에 따라 최소 2,500달러에서 최대 7,500달러까지 지원되는데, 배터리 전기자동차(BEV)의 경우는 대부분 최대 지원 금액인 7,500달러가 지원되었다.

미국에서는 개인용 차량이나 리스용 차량에 한해 보조금을 지급했고, 미국 내에서 제조사별로 20만 대가 세제 혜택을 받으면 그 이후로는 세액 감면 혜택이 단계적으로 줄어들었다. 또한 주에 따라 연방정부 차원의 세제 혜택과는 별도로 추가적인 세제 혜택을 제공했다. 그러나 트럼프 행정부로 정권이 교체된 후 미국 정부의 전기자동차 정책에 큰 변화가 발생했다. 우선 연방정부 차원의 세제 혜택과는 다르게 주별로 이루어지던 세제 혜택이 감소되었다. 이는 트럼프 행정부가 '미국 우선 에너지 계획(America First Energy Plan)'을 통해 기존의 온실가스 감축을 위한 친환경적인 에너지 정책에서 화석연료(석탄, 석유, 가스) 자원의 개발 및 생산을 확대하는 정책으로 탈바꿈했기 때문이다.

또한 트럼프 행정부는 2018년 정부 예산에서 친환경 연방 프로그램을 축소했고, 전기자동차 개발지원을 중단했다. 이는 트럼프 행정부가 자동차 연료 효율화와 관련된 예산을 삭감한 데 따른 것이었다.

게다가 2018년 12월 3일에는 래리 커들로(Larry Kudlow) 백악관 국가경제위원회(NEC) 위원장이 전기자동차에 대한 보조금을 폐지하기를 바란다고 밝혔다. 블룸버그와 로이터통신은 커들로 위원장이 기자들에게 "우리는 이들 보조금을 모두 끝내기를 원한다"라며 "재생에너지 등 오바마 행정부 때 도입된 다른 보조금들도 끝낼 것"이라고 말했다고 보도했다. 이 같은 발언은 미국 최대 자동차 제조업체 제너럴모터스(GM)에 대한 보조금 삭감 계획에 관한 질문에 커들로 위원장이 답변하는 가운데 나온 것이었다. 테슬라, GM 등은 전기자동차 보조금 지원에 대해 제조사별로 20만 대로 한정된 상한선을 높이거나 없애달라고 의회에 로비해 왔다(Reuters, 2018.12.4).

물론 트럼프 행정부가 원하는 바와 같이 전기자동차 보조금 제도를 완전히 폐지하려면 의회의 승인을 받아야 했다. 그러나 2018년 11월 중간선거에서 민주당이 하원의 다수당 지위를 차지하면서 의회의 승인을 받기 어려워졌다.

바이든 행정부에서 추진된 '인플레이션 감축법'에 따라 미국 내에서 전기자동차에 세제감면 혜택이 확대되면서 미국 내 전기자동차 시장이 최근 급성장하고 있지만, 트럼프는 본인이 2024년 미국 대선에서 재집권할 경우 바이든 행정부의 전기자동차와 배터리에 대한 보조금을 전면 철폐할 것이라고 공약했다(CNN, 2012.9.29).

2021년 상반기에 비해 2022년 상반기에는 배터리 전기자동차와 플러그인 하이브리드 자동차(PHEV)의 전 세계 판매가 62% 증가했다. 배터리 전기자동차와 플러그인 하이브리드 자동차를 합산했을 때 중국의 BYD가 1위를 차지했고, 그 뒤를 미국의 테슬라가 잇고 있다(안상욱, 2022: 11).

전기자동차 시장이 확대됨에 따라 세계 시장에서 전기자동차의 핵심 부품인 배터리에 대한 수요도 급증하고 있다. 전 세계 전기자동차 판매는 BYD와 같은

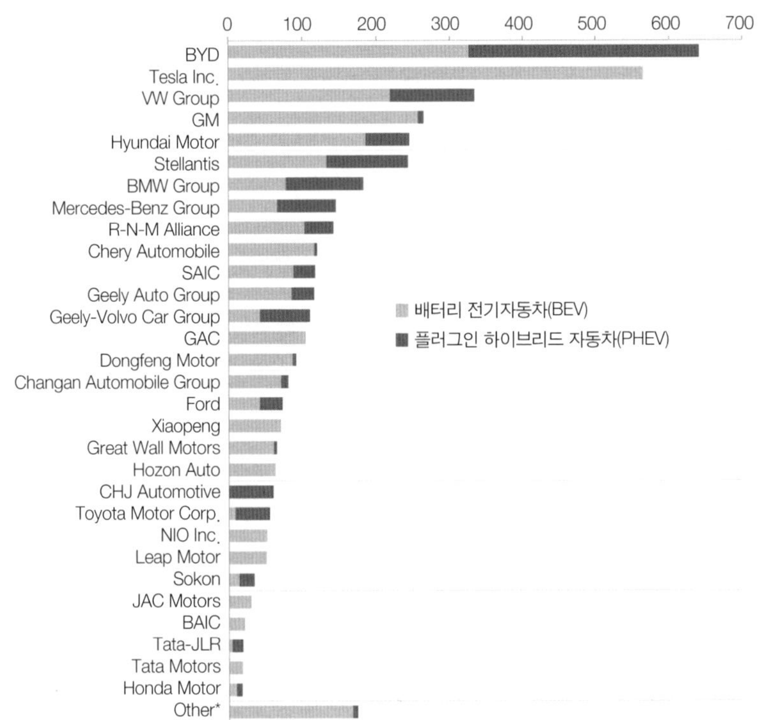

자료: ev-volume.com, "Global EV Sales for 2022 H1," https://www.ev-volumes.com/(검색일: 2024년 6월 30일).

중국 자동차 기업, 테슬라와 같은 미국 자동차 기업, 폭스바겐과 같은 유럽 자동차 기업과 한국 자동차 기업인 현대자동차가 주도하고 있다. 반면에 전 세계에 공급되는 전기자동차 배터리는 대부분 CATL과 같은 중국 기업, LG에너지솔루션과 같은 한국 기업, 파나소닉과 같은 일본 기업이 주도하고 있다(안상욱, 2022: 13).

전기자동차 배터리 수요는 전기자동차 시장 규모와 마찬가지로 지역별로 차이가 있다. 세계 최대 전기자동차 시장인 중국이 전기자동차 배터리 시장에서도 1위를 차지하고 있고, 그 뒤를 전기자동차 시장 규모와 마찬가지로 유럽과

〈표 3-1〉 연간 누적 글로벌 전기차용 배터리 사용량(단위: GWh)

순위	제조사명	2020년 1~12월	2021년 1~12월	성장률	2020년 점유율	2021년 점유율
1	CATL	36.2	96.7	167.5%	24.6%	32.6%
2	LG에너지솔루션	34.3	60.2	75.5%	23.4%	20.3%
3	파나소닉	27.0	36.1	33.5%	18.4%	12.2%
4	BYD	9.8	26.3	167.7%	6.7%	8.8%
5	SK온	8.1	16.7	107.5%	5.5%	5.6%
6	삼성SDI	8.5	13.2	56.0%	5.8%	4.5%
7	CALB	3.4	7.9	130.5%	2.3%	2.7%
8	고션	2.4	6.4	161.3%	1.7%	2.1%
9	AESC	3.9	4.2	7.8%	2.7%	1.4%
10	SVOLT	0.6	3.1	430.8%	0.4%	1.0%
기타		12.5	26.0	107.1%	8.5%	8.8%
합계		146.8	296.8	102.3%	100.0%	100.0%

자료: 비즈니스포스트(2022.2.7). SNE 리서치 재인용.

미국이 잇고 있다. 2020년 대비 2021년의 배터리 수요는 중국이 140% 증가했고, 미국은 두 배가 증가했으며, 유럽은 70% 증가했다. 2021년 전 세계 시장점유율로 볼 때, 전 세계 10대 배터리 생산 기업은 CATL, LG에너지솔루션, 파나소닉, BYD, SK온, 삼성SDI, CALB, 고션(Gotion), AESC, SVOLT 등이었다(안상욱, 2022: 14).

이 중 중국에 본사를 두고 있는 기업은 CATL, BYD, CALB, 고션, SVOLT 등이다. 그리고 한국에 본사를 두고 있는 기업은 LG에너지솔루션, SK온, 삼성SDI 등이다. 일본에 본사를 두고 있는 기업은 파나소닉, AESC 등이다. 그런데 2018년 닛산이 AESC의 지분 대부분을 중국의 에너지기업인 인비전 그룹(Envision Group)에 매각해 현재 닛산은 AESC 지분의 20%만 보유하고 있으므로 AESC의 중요한 의사결정이 일본에서 이루어지고 있다고 보기는 힘들다(안상욱, 2022: 13).

따라서 전 세계 배터리 산업은 중국 기업이 주도하고 있다고 볼 수 있다. 2021

년 전 세계 시장 점유율을 보면 한국의 배터리 3사인 LG에너지솔루션, SK온, 삼성SDI가 30.4%를, 일본 기업인 파나소닉이 12.2%를 차지하고 있으며, 나머지는 대부분 중국 기업이 주도하고 있다.

이와 같은 상황에서 2022년 8월에 통과된 '인플레이션 감축법'은 미국뿐만 아니라 전 세계 전기자동차 및 배터리 공급망에 큰 영향을 끼쳤다. '인플레이션 감축법'은 미국 내 물가 상승 억제와 기후변화 대응을 목적으로 제정된 법으로, 전기자동차 세액공제 조건에 대한 규정을 담고 있다. 특히 북미에서 최종 조립된 전기자동차가 아니면, 그리고 일정 비율 이상의 광물과 부품이 북미 지역에서 생산된 배터리를 사용하지 않으면 사실상 보조금 효과를 갖는 전기차 세액공제 대상에서 배제되기 때문에 전기자동차 주요 생산-수출국인 EU, 한국, 일본의 기업들에 매우 큰 파장을 주었다.

'인플레이션 감축법'은 바이든 대통령이 취임한 이후 1년 넘게 추진되던 2조 달러 규모의 '더 나은 재건(Build Back Better)' 법안을 수정·축소한 것이다. '더 나은 재건' 법안이 과다한 예산 규모 등의 이유로 미국 의회의 반대에 부딪히자 미 행정부는 최근 전 세계적 현안인 인플레이션 대응을 명분으로 내세워 에너지 안보 및 기후위기, 헬스케어 등의 부문으로 지출 범위와 예산 규모를 축소한 '인플레이션 감축법' 법안을 미국 의회에 새롭게 제출했고, 이 법안은 2022년 8월 7일과 8월 12일 각각 상원과 하원을 통과한 후 바이든 대통령이 서명한 8월 16일에 최종 발효되었다. '인플레이션 감축법'에서는 총 재정 투입의 84.4%에 이르는 3,690억 달러의 예산이 에너지 안보 및 기후변화 대응 부문에 편성되었다는 점에 주목할 필요가 있다. 세부적으로 보면 청정 전력 부문 세액공제, 친환경 제조업·차량·연료 관련 세액공제, 개인 대상 청정에너지 인센티브 제공 등을 골자로 하며, 미국의 기후 대응 리더십 회복, 자국 내 투자·생산 확대를 통한 에너지 안보 강화의 의도를 지닌 것으로 보인다. 이 밖에도 일명 '오바마 케어'라고도 불리는 '건강보험개혁법(ACA)' 지원 연장(2025년까지)과 서부지역 가뭄 대응 역량 강화에도 각각 640억 달러, 40억 달러의 예산이 편성되었다(산업연구원, 2022: 8).

'인플레이션 감축법' 법안 중 전기자동차 및 배터리와 관련해 특히 주목해야 할 조항은 섹션 13401이다. 섹션 13401에는 미국에서 판매되는 전기자동차의 세액공제 적용 조건이 명시되어 있다. 특히 미국의 '인플레이션 감축법'은 2022년 8월 9일 발효된 '반도체와 과학법(Chips and Science Act)'과 더불어 미국 중심의 공급망을 구축해 반도체, 전기차, 이차전지 등의 첨단산업 분야에서 중국의 부상을 견제하겠다는 미국 행정부의 의도가 입법을 통해 명확히 드러난 결과로 볼 수 있다.

'인플레이션 감축법' 섹션 13401의 핵심 내용을 요약하면, 전기차 세액공제 혜택을 적용받기 위해서는 ① 최종 조립 조건, ② 배터리 핵심광물 조건, ③ 배터리 부품 조건 등 '인플레이션 감축법'상 규정된 조건을 충족해야 한다는 것이다. 첫째 조건인 '최종 조립 조건'은 최종 조립(final assembly)이 북미에서 이루어진 전기차에만 세액공제 혜택이 주어진다는 것을 의미한다. 이 조건은 '인플레이션 감축법' 발효 즉시 적용되었다. 즉, 2022년 8월 16일 이후에는 미국에서 판매되는 전기자동차 중에서 북미에서 제조된 전기자동차만 세액공제 혜택을 받을 수 있었다.

'인플레이션 감축법'에서 배터리 산업과 연관된 주요 항목은 '배터리 핵심광물 조건'이다. 이는 전기자동차에 탑재된 배터리에 핵심광물(critical minerals)을 사용할 때 미국이나 미국의 FTA 체결국에서 채굴되거나(extracted) 가공된(processed) 광물 또는 북미에서 재활용된(recycled) 광물을 일정 비율 이상 사용한 경우에 한해서만 3,750달러 상당의 전기차 세제 혜택을 받을 수 있다는 것을 의미한다. '인플레이션 감축법'이 규정한 해당 핵심광물의 비율은 2023년 40%, 2024년 50%, 2025년 60%, 2026년 70%, 2027년 이후부터는 80%로 고정된다.

'인플레이션 감축법'에서 배터리와 관련된 또 다른 주요 내용은 '배터리 부품 조건'이다. 이는 전기자동차에 탑재된 배터리 부품 중 일정 비율 이상이 북미에서 제조(manufactured) 또는 조립된(assembled) 경우에 한해 3,750달러 규모의 세금 혜택을 받을 수 있음을 의미한다. 배터리 부품조건에 따르면, 전기자동차 탑재 배터리 부품은 2023년 50%, 2024년과 2025년에는 60%, 2026년 70%, 2027년 80%, 2029년 이후부터는 100% 전량 북미에서 제조 또는 조립이 이루어져야 한다.

한편 '인플레이션 감축법' 섹션 13401은 배터리 관련 추가 규정을 2개 더 두고 있다. 첫째 조건은 전기차에 탑재된 배터리에 해외우려집단(Foreign Entity of Concern)으로부터 채굴, 가공 또는 재활용된 광물이 조금이라도 포함되어 있으면 세제지원 대상에서 제외된다는 것이다. 이 규정은 2025년 1월 1일부터 적용된다. 둘째 조건은 해외우려집단으로부터 공급받은 부품이 일부라도 포함된 배터리가 탑재된 전기차 역시 지원 대상에서 배제된다는 것으로, 2024년 1월 1일부터 도입되었다.

이 밖에도 '인플레이션 감축법'을 실시한 이후 새로운 세액공제 차량 가격 상한 및 구매자 소득 상한 조건이 2023년부터 적용되었으며, 업체당 20만 대까지만(누적 판매 대수 기준) 세액공제 혜택을 주었던 오바마 행정부 때 도입된 규정은 2023년 1월 1일부터 해제되었다. 이에 따라 20만 대 이상의 전기자동차를 판매한 관계로 오바마 정부 때 도입된 전기자동차 보조금 기준에 따라 전기자동차 보조금 혜택 수혜의 제약을 받았던 테슬라와 GM도 다시 보조금 혜택을 받을 수 있게 되었다.

미국의 '인플레이션 감축법' 섹션 13401에서는 EU의 배터리 규정과는 다르게 재활용 광물에 대한 이용 비중을 따로 명시적으로 언급하지 않고 있다. 그러나 배터리업체에서 원료물질인 광물자원에 대한 중국 공급망 의존도가 높은 상황이므로 배터리 핵심광물 조건은 광물자원 분야에서 대외의존도를 낮추려는 측면에서 미국 내 배터리 순환경제를 발전시키는 데 중점을 두고 있다.

미국 '인플레이션 감축법'의 조항에 따라 기업들은 북미 지역에서 전기자동차 배터리 순환경제를 위해 노력하고 있다. 그 결과 북미 지역의 배터리 재활용

〈그림 3-2〉 세계 리튬 배터리 재활용 현황(2021년)(단위: 톤)

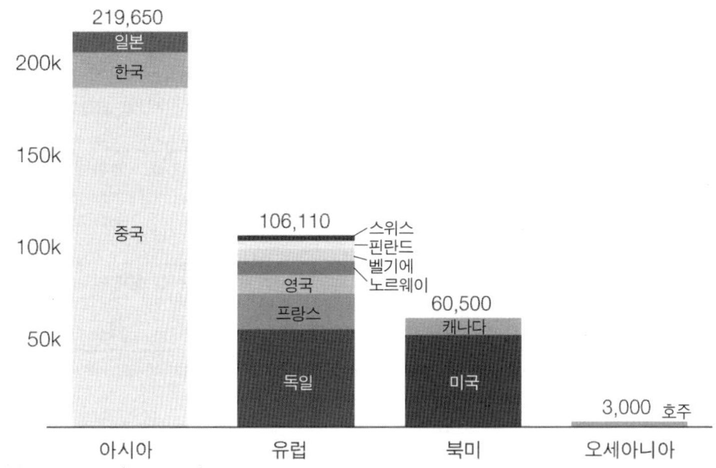

자료: Canary Media(2022.6.17).

업체들은 관련 분야에서 지배력을 지닌 중국 기업과의 글로벌 경쟁에서 최전선에 서게 되었다.

'인플레이션 감축법'에는 미국에서 재활용된 EV 배터리 재료를 배터리 재료의 원산지에 관계없이 미국산으로 자동 인증해 '인플레이션 감축법' 보조금 지급대상이 될 수 있도록 하는 조항이 포함되어 있다. 이와 같은 조항으로 인해 자동차업계는 미국 연방정부가 제공하는 세금공제 혜택을 받기 위해 미국에서 생산된 전기자동차에 미국산 재활용 배터리 재료 사용을 늘리게 되었다.

2021년 말 기준으로 중국은 미국보다 리튬이온 배터리 재활용 용량이 세 배 이상 많다. 미국이 배터리 순환경제를 활성화하려는 이유는 폐배터리를 폐기할 때 발생하는 환경적인 문제를 해결할 수 있을 뿐만 아니라 배터리 생산에 필요한 광물자원과 관련한 대외의존도도 줄일 수 있기 때문이다. 폐배터리에서 핵심광물(특히 리튬, 코발트, 구리, 니켈)을 회수할 수 있는 국가는 외국 자원에 대한 의존도를 줄이고 잠재적으로 배터리 원료조달 비용을 절감할 수 있다.

미국의 '인플레이션 감축법'에 따르면 미국 및 미국과 FTA를 체결한 국가 이

〈표 3-2〉 전기자동차 배터리 순환경제 모델

분류	대상	처리 방법
재사용 (reuse)	잔존 수명 80% 이상	- 교체용으로 전기차에 사용하거나 ESS(에너지 저장장치)에 적용하는 사업 - 배터리팩 자체를 활용하기 때문에 해체, 재조립 공정이 필요 없어 추가 비용이 발생하지 않음
재제조 (remanufacturing)	잔존 수명 65~80%	- 모듈 단위로 성능·안전성 평가를 진행한 후, 모듈 수준에서 재구성해 다른 제품에 사용 - 다양한 배터리를 사용하는 제품 전체에 적용 가능하며 제조 원가를 절감할 수 있음
재활용 (recycling)	잔존 수명 65%	- 재사용 및 재제조가 불가능한 배터리를 폐기물로 처리하기 전에 배터리에 함유된 희소금속을 추출하는 산업 - 코발트, 니켈, 구리, 망간, 리튬 등의 금속을 회수할 수 있음

자료: KDB 미래전략연구소, "국내 전기차 사용 후 배터리 산업 현황과 의미", https://eiec.kdi.re.kr/policy/domesticView.do?ac=0000169146(검색일: 2024년 6월 30일).

외에서 채굴된 소재는 보조금 지급대상에서 제외되지만, 미국에서 재활용된 전기자동차 배터리 소재는 원산지와 무관하게 자동으로 미국산으로 간주되어 보조금이 지급된다. 이에 따라 북미 지역의 기업들 사이에서는 전기차 배터리 순환경제를 위한 경쟁이 치열해지고 있다.

4. 미국 내 재제조 산업의 발전

센소너(Sensoneo)가 발표한 글로벌 쓰레기 인덱스(Global Waste Index)에 따르면, 미국은 2022년 1인당 쓰레기 배출량이 덴마크의 845kg에 이어서 두 번째인 811kg이었다. 특히 1인당 쓰레기 매립에서는 이스라엘 481kg, 아이슬란드 481kg, 칠레 417kg, 그리스 407kg에 이어서 그다음으로 많은 402kg을 배출하고 있다.

미국은 현재 쓰레기 총 배출량에서 세계 최대의 배출국이며, 폐기물 재활용 비율 또한 선진국 중 가장 낮은 수준이다. 그렇기 때문에 연방 차원에서 재활용

〈표 3-3〉 글로벌 쓰레기 인덱스(2022년)

	국가	1인당 쓰레기 배출	1인당 쓰레기 재활용	1인당 쓰레기 소각	1인당 쓰레기 매립	쓰레기 재활용 비율	총점
1	한국	400kg	243kg	88kg	46kg	60.8%	100.0
2	덴마크	845kg	300kg	382kg	7kg	35.6%	94.9
3	독일	632kg	302kg	204kg	5kg	47.8%	90.4
4	스위스	706kg	210kg	333kg	0kg	29.8%	89.3
5	핀란드	596kg	168kg	345kg	3kg	28.2%	89.3
6	노르웨이	726kg	256kg	337kg	17kg	35.3%	88.5
7	일본	336kg	66kg	268kg	3kg	19.6%	86.9
8	네덜란드	535kg	148kg	224kg	7kg	27.7%	86.5
9	스웨덴	431kg	87kg	259kg	3kg	20.2%	84.8
10	룩셈부르크	790kg	232kg	257kg	31kg	29.4%	83.5
11	벨기에	416kg	147kg	179kg	5kg	35.3%	83.1
12	아일랜드	598kg	175kg	255kg	86kg	29.3%	79.7
13	폴란드	346kg	92kg	74kg	138kg	26.6%	79.5
14	프랑스	537kg	121kg	204kg	97kg	22.5%	78.9
15	헝가리	364kg	81kg	62kg	182kg	22.3%	75.1
16	리투아니아	472kg	130kg	70kg	102kg	27.5%	74.5
17	오스트리아	588kg	154kg	226kg	12kg	26.2%	74.2
18	영국	463kg	126kg	190kg	69kg	27.2%	73.4
19	호주	559kg	150kg	152kg	288kg	26.8%	72.9
20	체코	499kg	110kg	76kg	231kg	22.0%	71.0
21	슬로베니아	487kg	219kg	64kg	33kg	45.0%	69.7
22	콜롬비아	243kg	39kg	0kg	214kg	16.0%	69.6
23	스페인	455kg	86kg	53kg	236kg	18.9%	69.3
24	포르투갈	513kg	65kg	93kg	243kg	12.7%	64.6
25	미국	811kg	190kg	95kg	402kg	23.4%	60.2
26	코스타리카	266kg	8kg	0kg	227kg	3.0%	60.0
27	슬로바키아	433kg	124kg	34kg	219kg	28.6%	59.8
28	그리스	524kg	84kg	7kg	407kg	16.0%	57.9
29	뉴질랜드	781kg	255kg	0kg	727kg	32.7%	54.8
30	아이슬란드	702kg	117kg	33kg	418kg	16.7%	54.0
31	캐나다	706kg	183kg	34kg	643kg	25.9%	53.3
32	에스토니아	369kg	104kg	167kg	64kg	28.2%	46.3
33	이스라엘	680kg	43kg	10kg	481kg	6.3%	42.6
34	이탈리아	503kg	151kg	99kg	105kg	30.0%	36.6
35	멕시코	359kg	13kg	0kg	219kg	3.6%	35.4
36	칠레	437kg	2kg	1kg	417kg	0.5%	23.3
37	라트비아	478kg	155kg	13kg	253kg	32.4%	18.5
38	터키	424kg	47kg	0kg	347kg	11.0%	0.0

자료: Sensoneo, "Global Waste Index 2022," https://sensoneo.com/global-waste-index/(검색일: 2024년 6월 30일).

시스템을 체계적으로 구축하기 위해 2019년에 '미국 재활용 시스템 국가 프레임워크(National Framework for Advancing the U.S. Recycling System)'를 발표했으며, 2021년 11월에는 이를 구체화해 '국가 재활용 전략(National Recycling Strategy)'을 발표했다. 그리고 이미 2012년에 미국 국제무역위원회가 「재제조 제품: 미국 및 세계 산업, 시장, 무역 현황」이라는 제목의 보고서를 발간해 재제조 산업의 경제적 중요성을 피력한 바 있다.

미시간주 하원의원인 할리 스티븐슨(Harley Stevenson)은 재제조를 활성화하기 위해 '재제조의 날(Remanufacturing Day)'을 제정하는 것에 대해 의회 차원의 지원을 표명하는 하원결의안을 2019년부터 지속적으로 제출하고 있다. 제출된 결의안에서는 재제조에 대해 "이전에 판매(sold), 임대(leased), 사용(used), 마모(worn), 재제조(remanufactured)된 제품 또는 작동하지 않은(nonfunctional) 제품이나 부품을 새것과 같거나 이전보다 나은 상태로 되돌리는 포괄적이고 엄격한 산업 프로세스"라고 설명하고 있다. 제출된 결의안은 2012년 미국 국제무역위원회 보고서를 인용하면서, 재제조업체는 미국에서 최소 18만 개의 정규직 일자리를 창출하고 있으며, 미국 내 재제조 제품 생산량은 2009년부터 2011년까지 15% 증가했고, 재제조 산업의 수출액은 연간 총 112억 달러 규모였다고 설명하고 있다.

또한 제출된 결의안에 따르면, 미국의 주요 대학, 연구 기관 및 제조업체들은 수명이 다해 매립지로 갈 제품을 전환시킨다는 점에서 재제조 산업은 환경친화적인 것으로 인정받고 있다. 미국 하원은 '재제조의 날'을 제정한다면 환경친화적이고 경제적이고 스마트한 재제조를 더욱 활성화할 수 있을 것으로 기대하고 있다.

미국에서 재제조는 대규모 OEM(Original Equipment Manufacturer)에서뿐만 아니라, 독자 브랜드 공급업체, 중소기업(SME)을 비롯한 다양한 형태의 사업체에서 그리고 다양한 산업에서 이루어지고 있다. 전 세계적으로 모든 재제조 활동의 약 2/3가 수행되는 자동차 부품 재제조 산업은 가장 규모가 큰 재제

〈그림 3-3〉 세계 자동차 부품의 재제조 시장 규모(2022년)

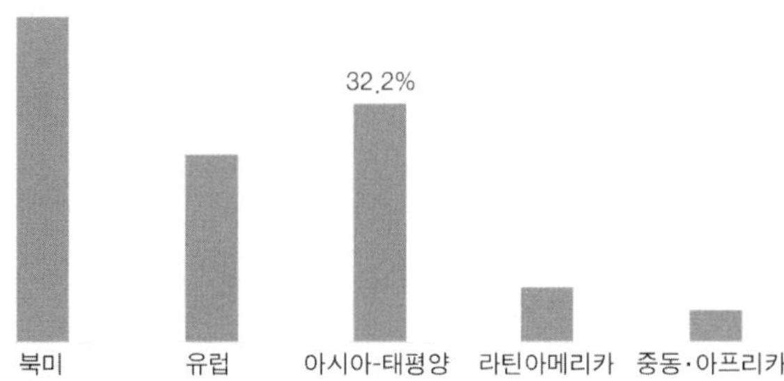

자료: Coherent Market Insights, "Automotive Parts Remanufacturing Market Analysis," https://www.coherentmarketinsights.com/market-insight/automotive-parts-remanufacturing-market-1498(검색일: 2024년 6월 30일).

조 부문이다.

코히어런트 마켓 인사이츠(Coherent Market Insights)의 자료에 따르면, 북미의 시장 규모는 2022년 608억 달러로, 자동차 재제조 분야에서 가장 큰 비중을 차지했다. 북미 국가 중 미국에서 주요 자동차 부품의 애프터마켓[1]이 잘 구축되어 있기 때문이다. 또한 북미에서 전기차 도입이 확대되는 것은 자동차 부품 재제조 시장에도 좋은 기회가 될 것으로 예상되고 있다. 국제에너지기구(IEA)에 따르면 미국 내 배터리 전기차 판매량은 2020년 23만 대에서 2021년 47만 대로 증가했다. 이러한 상황은 전기자동차 부품과 관련된 재제조 솔루션에 대한 관심을 증대시켜 전기자동차 부품 재제조 시장의 확대를 더욱 촉진하고 있다.

북미 다음으로 자동차 부품의 재제조 시장이 큰 중국에서 주목할 점은 중국의 전기자동차 등록대수가 세계 최고라는 점이다. 이에 따라 중국에서 전기자동차 배터리와 드라이브트레인의 재제조에 대한 관심이 급증하고 있으며, 관련 시장의 급속한 확대가 예상되고 있다. 유럽은 전기자동차의 시장 점유율이 매우 높은 지역이며, EU의 엄격한 배출가스 기준과 폐기물 관리 정책으로 EU 자

1 애프터마켓(aftermarket, 후속시장)이란 기업이 소비자에게 제품을 판 후에 부품 교체, 유지보수, 설비 확장, 컨설팅 등을 해주는 서비스 시장을 뜻한다.

동차 부품 산업의 재제조가 확대되고 있다. 또한 유럽의 자동차 기업과 유럽 각국 정부는 전기자동차 보급을 확대하기 위해 정책적 노력을 기울이고 있기 때문에 유럽에서 전기자동차 부품 재제조 산업은 확대될 것으로 예상된다. 이처럼 북미, 아시아-태평양, 유럽에서는 향후 전기자동차 분야에서 자동차 부품 재제조 산업이 확장될 것으로 기대되고 있다.

전 세계 자동차 재제조 시장 규모는 2022년 607.8억 달러로 평가되었는데, 연평균 9.9%의 성장률을 보여 2030년에는 1,264.2억 달러로 확대될 것으로 전망된다. 자동차 산업에서는 엔진과 변속기, 시동 모터와 교류발전기, 스티어링 랙, 클러치 등이 주요 재제조 품목이다. 재제조된 자동차 부품은 일반적으로 새 부품보다 가격이 20~50% 저렴하다. 세계 최고의 자동차 부품 재제조업체 중 다수는 미국에 본사와 수많은 소규모의 재제조업체를 함께 두고 있다. 미국 내에는 다양한 자동차 부품에 대한 재제조 공정의 일부 단계를 수행하는 수천 개의 소규모 회사(회사당 직원 수 20명 미만)가 있는 것으로 알려져 있다. 미국의 자동차 부품 재제조업체 중 약 300개만 20명 이상의 직원을 고용하고 있어 재제조 산업체의 규모가 대부분 영세한 것이 현실이다.

재제조 산업에 최근 큰 영향을 준 것은 코로나19 팬데믹이었다. 코로나19 초기에 재제조 시설은 원자재 부족으로 인해 가동 문제에 직면했고, 이로 인해 일시적인 재제조 시설 폐쇄와 시장 둔화가 발생했다. 또한 코로나19 초기에는 막대한 원자재 부족이 발생했으며, 자동차 재제조를 포함한 다양한 산업 전반에 걸친 공급망 네트워크가 붕괴되었다.

또한 코로나19 초기에 기업들은 심각한 수익 손실로 겪었으며, 재제조 산업 분야에서 진행 중이던 제품 관련 R&D 프로그램이 현금 유동성 부족으로 인해 대거 보류되는 결과가 초래되었다. 이처럼 코로나19 초기에는 재제조 부문의 성장이 정체되었지만, 이후에 시장은 빠르게 반등해 2021년 말에 회복되었다.

재제조시장이 회복된 것은 정부의 규제 완화와 재제조 제품에 대한 수요 급증에 힘입은 바 크다. 글로벌 공급망이 붕괴되어 자동차 부품과 원자재가 부족

〈그림 3-4〉 북미의 자동차 재제조 시장 규모(단위: 10억 달러)

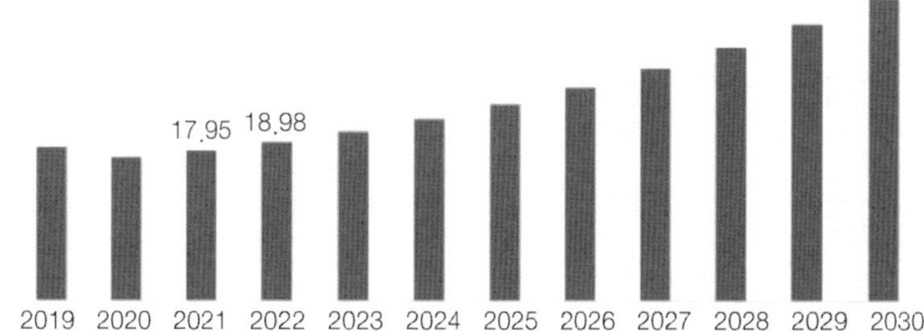

주: 2023년부터는 추청치임.
자료: Fortune Business Insight, "Automotive Remanufacturing," https://www.fortunebusinessinsights.com/automotive-remanufacturing-market-107428(검색일: 2024년 6월 30일).

해지자 이러한 제품들에 대한 수요가 증가했다. 정부의 순환경제 확대 및 폐기물 제품의 재활용에 대한 지원이 늘어난 것 또한 코로나19 이후 자동차 재제조에 더 많은 기회를 창출했다.

글로벌 전기자동차 시장이 성장함에 따라 전기자동차용 자동차 부품의 재제조 수요가 급성장하고 있다. 이로 인해 전기차 배터리, 타이어 및 기타 부품과 같이 재제조된 전기차 부품에 대한 수요가 상당히 많이 창출되고 있다. 또한 정부는 산업 생산에서 온실가스 배출과 폐기물을 감축하는 데 정책 포커스를 맞추면서 재제조 산업 활성화에 기여하고 있다. 예를 들어, 미국 환경보호국은 재제조가 경제적·환경적·시스템적 측면에서 관련 업체들에게 실질적인 혜택을 주는 해결책이라고 강조하고 있다. 향후 자동차 산업에서 재제조 공정에 대한 수요가 증가함에 따라 시장 규모가 확대될 것으로 예상된다.

시장은 부품 유형에 따라 엔진 및 관련 부품, 변속기 부품, 전기 및 전자 시스템 부품, 제동 시스템 관련 부품, 휠 및 서스펜션 시스템 관련 부품 등으로 세분화된다. 엔진 및 관련 부품 부문은 2022년 가장 큰 시장 점유율을 차지했다. 현재 IC 엔진 차량은 전 세계적으로 높은 판매율을 보이고 있다. 이는 엔진 및 관련 부품이 더 많은 마모 및 손상을 입기 때문인데, 에어필터, 오일필터, 드라이

〈그림 3-5〉 글로벌 자동차 재제조 산업의 부품별 비중(2022년)

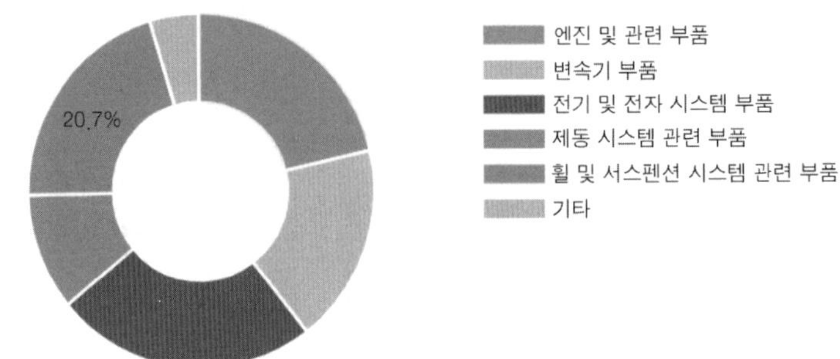

자료: Fortune Business Insight, "Automotive Remanufacturing," https://www.fortunebusinessinsights.com/automotive-remanufacturing-market-107428(검색일: 2024년 6월 30일).

브 벨트 등이 이에 해당된다.

트랜스미션 부품과 휠-서스펜션 시스템 관련 부품도 2022년 글로벌 자동차 부품 재제조 산업에서 큰 비중을 차지했다. 전기자동차 이용이 확대됨에 따라 전기 및 전자 시스템 부품 부문은 예측 기간 중 가장 빠른 성장세를 보일 것으로 예상된다.

미국에서 재제조 산업이 활성화된 것은 소비자운동으로 시작된 '수리권(Right to repair)'과 밀접한 관련이 있다. 수리권이란 소유자가 제품을 고쳐서 쓸 수 있도록 하는 권리로, 미국에서 자동차, 의료기기, 농기구, 전가기기 등 생활 전반에 걸친 권리로 확대되고 있다. 수리권을 보다 세부적으로 살펴보면, 수리 보증을 장기간 요청할 수 있는 권리, 수리 방식 및 업체를 선택할 수 있는 권리, 수리에 필요한 부품과 장비 등에 접근할 수 있는 권리, 수리가 용이한 제품을 선택할 수 있는 권리로 나눌 수 있다.

오늘날 제품은 일반적으로 지적재산권으로 보호되는데, 지적재산권은 누가 해당 제품을 수리할 수 있는지를 제한하는 데 적용될 수도 있다. 많은 제품은 제품 내에 내장된 소프트웨어나 지적재산권의 보호를 받는 기기를 포함하고 있다. 이 경우 내장된 소프트웨어 또는 다른 기술장치 또한 지적재산권이 보호된다. 특히 미국에서는 '디지털 밀레니엄 저작권법(DMCA)'을 통해 스마트폰, 가전제품, 의료기기, 농기계 등 저작권이 있는 저작물에 내재된 기술적 조치를 회피하는 것을 불법으로 규정하고 있다. 이에 따라 제조사들은 소비자나 제조사 이외의 수리자가 지적재산권을 침해하는 것을 방지하기 위해 제조사가 공인한 수리센터 또는 제조사 자신만 제품을 수리할 자격이 있다고 주장한다.

미국에서 일어난 이러한 움직임은 2012년 매사추세츠주에서 자동차 수리권을 허용하는 법률이 제정된 데서 크게 영감을 받았다. 이 법에 따르면 자동차 제조업체는 수리를 목적으로 매뉴얼과 교체 부품을 대중에게 제공해야 한다.

특히 수리권 지지자들은 소비자의 수리권을 부정하면 제조사 및 제조사가 인정한 업체의 제품 수리 독점이 불가피해지는데 이는 소비자들로 하여금 제품 수리에 더 높은 비용을 지불하게 한다고 주장한다. 또한 소비자의 제품 수리권을 인정하지 않으면 소비자들이 제품 수리를 위해 제조사 또는 제조사가 인정한 업체에 고장 난 제품을 가져가야 하고, 그러면 더 높은 비용의 프리미엄과 인건비를 지불하게 된다고 본다. 그리고 많은 경우 제품 수리비용이 새 제품을 구매하는 비용보다 더 크게 발생한다.

수리권 지지자들은 또한 수리권을 부정하는 것은 순환경제 구축에 역행하는 것이며, 현재보다 더 많은 양의 폐기물을 양산할 수 있다고 경고한다. 제조사가 독점하는 수리와 관련된 높은 비용으로 인해 소비자들은 제품을 수리하는 대신 새 제품을 구매하고 현재 사용 중인 제품을 폐기할 가능성이 증대되고 있다. 예를 들어, 미국에서는 매일 35만 대의 휴대폰과 12만 대의 노트북이 버려지고 있다(*Berkeley Political Review*, 2024.7.30).

다른 한편에서는 제조자들이 보안, 안전 및 책임 문제 때문에 수리권을 반대하고 있다. 그들은 제조사의 허가를 받지 않은 무단 수리가 수준 이하의 부품을 사용해 제품의 보안을 손상시킬 수 있으며 궁극적으로 사이버 보안 위협의 가능성을 높일 것이라고 주장한다.

완제품 제조사는 제조사의 허가를 받지 않는 제3자가 수리를 하면 안전상의 위험을 초래할 수 있으며, 부적절하게 수리된 제품으로 인해 부상이 발생하면 제조업체가 억울하게 책임을 지는 경우가 발생할 수 있다고 우려한다. 따라서 소비자 안전을 위해 인증되고 승인된 기술자만 수리를 수행할 수 있도록 허용되어야 한다고 주장한다.

제조사가 제품 수리권을 부정하는 이면에는 경제적인 요인도 크게 작용한다. 제품 판매 후 제조사가 제공하는 제품 수리 등의 서비스 판매는 제조사 이익의 상당 부분을 차지하고 있기 때문이다. 미국에서 제품 수리 관련 사업은 전체 경제활동의 3%를 차지하고 있다.

반면에 수리권을 옹호하는 측은 수리권이 제품에서 지적재산권의 보호를 받는 영역을 침해하지 않는다고 주장한다. 특히 수리권 지지자들은 소비자의 제품 수리권이 유구한 역사를 가진 소유권 영역에 포함된다고 판단한다. 또한 이들은 19세기 이후 미국의 지적재산권법에서도 명시적으로 소비자의 제품 수리권을 인정하고 있다고 주장한다.

미국 저작권청(United States Copyright)도 제품 수리 활동이 일반적으로 저작권을 침해하는 것이 아니라는 점을 인정했다. 하지만 현실적으로 지적재산권 문제로 소비자의 수리권이 침해되는 사례가 많이 발생하고 있다.

미국에서 농업은 지적재산권으로 보호되는 기계류와 장비를 많이 사용하고 있다. 오늘날 농사 장비는 내장된 소프트웨어와 컴퓨터에 크게 의존하고 있다. 이는 농사 장비를 농민이 직접 수리할 수 없는 상황임을 의미한다. 결국 농민은 본인의 농기계를 수리할 때 농기계 제조사가 형성한 수리시장에 의존해야 하며, 농민 그리고 제조사와 연관되지 않는 수리업체는 농기계의 소프트웨어나 수리 장비에 대한 접근이 금지되어 있다. 이로 인해 개인이 자신이 소유한 제품을 자신의 시간계획에 맞추어 수리하기가 어렵다.

현재 미국의 40개 주 이상에서는 소비자의 수리권이 중요하다는 것을 인식해 구체적인 입법안을 만드는 작업을 시작했다. 여기에는 수리권을 허용하는 법적 예외를 만들기 위해 기존의 지적재산권과 관련된 법률의 적용을 개정하는

〈그림 3-6〉 미국의 주별 수리권 입법 현황

■ 법안이 통과된 주
■ 수리권에 적극적인 주
▨ 수리권 도입을 시도하는 주
■ 수리권 없음

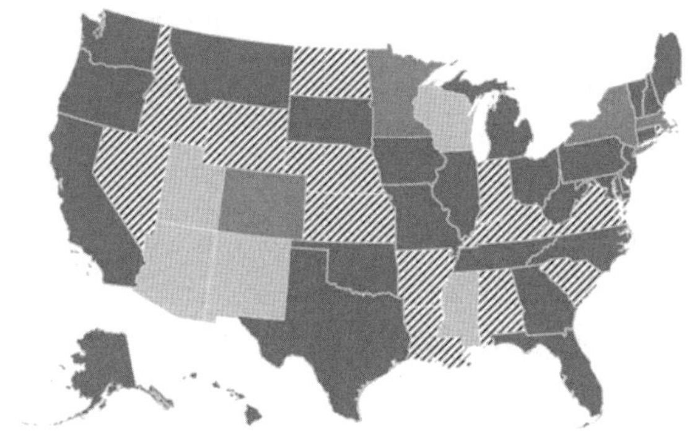

자료: WIPO Magazine(2023).

내용이 포함되었다.

2022년 뉴욕은 처음으로 '디지털 공정 수리권법'을 통과시켰다. 이 법에 따라 2023년 12월부터 뉴욕에서 제품을 판매하는 모든 전자제품 제조업체는 제품에 대한 부품, 공구 및 수리 설명서를 법적으로 제공해야 한다.

2022년 콜로라도 주민들은 동력 휠체어 수리권을 통과시켰고, 2023년에는 수리권에 팜 장비가 포함되도록 그 권리를 확대했다. 이 법은 휠체어의 경우 2023년 1월 1일을 기준으로, 팜 장비의 경우 2024년 1월 1일을 기준으로 주에서 제조되거나 처음 판매된 기기에 적용된다. 그러나 콜로라도 법은 디지털 전자 장비는 제외한다.

2023년 캘리포니아에서는 디지털 전자기기 및 가전제품에 대한 수리권 법안이 통과되어 2024년 7월 1일부터 발효되었다. 이 법은 2021년 7월 1일부로 캘리포니아주에서 제조되거나 처음 판매된 기기에 적용된다. 그러나 캘리포니아 법은 비디오 게임기 및 경보 시스템은 제외한다.

오리건주에서는 2024년 수리권이 통과되어 2025년 1월 1일부로 발효될 예정이다. 이 법안은 휴대전화와 노트북을 포함한 모든 가전제품을 제조업체가 부과한 제약에 상관없이 오리건 주민이 수리할 수 있도록 보장한다. 오리건주법은 휴대전화는 2021년 7월 1일부터 주에서 제조되거나 처음 판매된 경우에, 대부분의 다른 기기는 2015년 7월 1일부터 주에서 제조되거나 처음 판매된 경우에 적용된다. 그러나 이 법은 의료기기, 농기구, 내연기관 사용기기, 비디오게임기 등에는 적용되지 않는다.

5. 2024년 미국 대선과 자원순환 정책 변화 전망

2021년 7월 후반 조 바이든 미국 대통령은 연방거래위원회(FTC)에 농기구 수리에 관한 규칙을 마련해 달라고 요청하는 행정명령에 서명했다. 젠 사키(Jen Psaki) 대통령 공보비서는 "농민들에게 자신이 원하는 방식으로 자신의 장비를 수리할 권리를 줄 것"이라고 논평했다.

수리권 지지자들은 바이든 행정부의 이러한 조치가 나아가 휴대전화나 게임기와 같은 전자기기에도 확대될 것이라고 기대한다. 이와 같이 바이든 행정부는 소비자의 수리권 확보와 이에 따른 재제조 산업 활성화에 비교적 긍정적으로 반응해 왔다.

그러나 제조사들은 이에 대해 반발하고 있다. 트랙터 제조업체는 농민이 농기구 수리권을 확보하면 농기계 수리에서 안전상의 위험이 발생한다며 반발하고 있다. 또한 아마존, 애플, 마이크로소프트와 같은 거대 IT 기업은 휴대전화와 게임기에 소비자의 수리권이 도입되면 기기의 보안과 안전에 영향을 미칠 수 있다고 반대하고 있다.

2024년 7월 트럼프 전 대통령이 펜실베이니아 버틀러에서 대선 유세를 하던 도중 총격 사건이 발생한 이후 트럼프의 재선 가능성이 높아졌다. 바이든 행정부가 '인플레이션 감축법'을 실시하자 미국 기업뿐만 아니라 유럽, 한국, 일본의 기업도 미국 내에서 '인플레이션 감축법'의 보조금을 받을 수 있는 순환경제 분야에 대규모 투자를 하려고 했다. 그러나 트럼프 전 대통령의 재선 가능성이 높아지면서 바이든 정부의 전기자동차 및 친환경 에너지 정책은 큰 변화를 맞이할 것으로 보인다.

또한 트럼프 전 대통령은 친환경 정책에 거부감을 드러내는 발언을 지속적으로 하고 있다. 엑손모빌과 EQT코퍼레이션 같은 화석연료 기업에 친환경 정책을 폐기해 줄 테니 선거 자금으로 10억 달러를 모금해 달라고 요청한 일도 있다. 특히 전기차 분야에서 최대 7,500달러에 이르던 세액공제 보조금이 사라질 수 있다는 시각이 많다. 트럼프 전 대통령은 2024년 4월 2일 미시간주 그랜드 래피즈 유세에서 "임기 첫날 나는 전기차 보조금 지원명령 폐기에 서명할 것을 약속한다"라고 말하는 등 전기자동차 보조금에 회의적인 시각을 드러내고 있다. 이에 따라 자동차 부품 재제조 분야에서 빠른 속도로 확대되고 있는 전기자동차 재제조 산업은 위축될 가능성이 크다.

반면에 2020년 코로나19 확산으로 글로벌 부품의 공급망에 위기가 발생했을 때 트럼프 행정부는 미국 내에서 재활용과 재제조를 활성화해 이를 극복하려 했던 경험이 있다. 2020년 8월 17일 미국 에너지부의 REMADE(Reducing EMbodied-energy And Decreasing Emissions) 연구소는 미국 제조업체들이 플라스틱, 금속, 전자폐기물 및 섬유의 회수, 재활용, 재사용 및 재제조를 늘릴 수 있도록 하는 연구 개발을 위해 3,500만 달러를 지원하겠다는 계획을 발표했다. 당시 마크 메네제스(Mark Menezes) 에너지부 차관은 "트럼프 행정부는 첨단 플라스틱 재활용 기술을 포함한 혁신적인 재사용과 재제조 기술을 발전시키고 디자인으로 재활용할 수 있는 새로운 플라스틱 개발에 전념하고 있다"라고 말했다. 따라서 트럼프가 재집권에 성공해 미국의 무역상대국과 무역 갈등이 다시 심화되면 미국으로 수입되는 부품을 대체하기 위해 미국 내에서 재제조 산업이 활성화될 가능성이 크다.

물론 전기자동차 배터리 부품의 재제조와 같이 트럼프 행정부의 정책기조와 반대되는 산업 분야에서는 재제조 산업이 위축될 가능성이 크다. 따라서 트럼프 2기 행정부가 탄생하는 것은 재제조 산업의 분야에 따라 위기로 작용할 수도 있고 기회로 작용할 수도 있다.

6. 결론 및 시사점

2012년에 미국 국제무역위원회가 「재제조 제품: 미국 및 세계 산업, 시장, 무역 현황」이라는 제목의 보고서를 발간해 재제조 산업의 경제적 중요성을 피력한 데서 알 수 있듯이, 재제조 산업에 대한 미국 정부의 관심은 상당히 오래전부터 시작되었다.

미국 정부가 초기에 재제조 산업에 관심을 보인 이유는 재제조를 활성화하면 개인 생활폐기물의 세계 최대 배출국인 미국이 생활폐기물 매립을 감소시킬 수 있고, 일자리 창출 및 재제조 제품의 수출을 통해 경제적 이익을 확보할 수도 있기 때문이었다.

또한 미국 내 재제조 산업의 활성화는 소비자들의 수리권 주장과도 밀접하게 연관되어 진행되었다. 제조사 및 제조사로부터 허가받은 제품 수리센터의 과도한 수리비용 청구에 불만을 가진 소비자들은 보다 저렴한 비용으로 소비자 및 소비자가 위탁한 수리업체가 제품을 수리할 수 있도록 수리권 확보를 요구했다. 이러한 움직임은 보다 저렴한 수리 부품을 공급하기 위해 재제조 산업이 활성화되는 계기가 되고 있다. 그러나 소비자들의 수리권 주장에 대해 제조사는 제품의 보안 및 안정성 문제를 이유로 반발하고 있다. 바이든 행정부는 소비자의 수리권에 대해 긍정적으로 반응했고, 현재 상당수의 주에서 소비자의 수리권과 관련된 법안이 통과되었거나 논의 중이다.

2024년 11월 치러질 미국 대통령 선거에서 트럼프가 당선될 가능성이 높아짐에 따라 트럼프가 부정적인 반응을 보였던 전기자동차 분야에서는 재제조 산업이 위축될 가능성이 커졌다. 반면에 트럼프가 집권해 미국의 무역상대국과 무역 분쟁이 심화되면, 코로나19 당시 트럼프 행정부가 재제조 산업 활성화를 통해 부품 수급을 해결하려 했듯이, 미국 내 재제조 산업이 활성화되는 계기를 맞이할 수도 있다.

따라서 미국 내 재제조 산업은, 전기자동차 산업 분야의 재제조 산업을 예외로 하면, 트럼프가 집권하든 민주당의 해리스 후보가 집권하든 간에 지금과 큰 변화 없이 확대될 것으로 예상된다.

참고문헌

비즈니스포스트. 2022.2.7. "LG에너지솔루션 작년 세계 전기차배터리 사용량 2위, CATL 1위". https://www.businesspost.co.kr/BP?command=mobile_view&num=270751(검색일: 2024년 6월 30일).

산업연구원. 2022.『인플레이션 감축법의 국내 산업영향과 시사점: 자동차와 이차전지를 중심으로』. 8쪽.

안상욱. 2022.「EU 운송분야 탄소중립 정책과 배터리 산업」. ≪유럽연구≫, 제40권 4호.

Berkeley Political Review. 2024.7.30. "Out of Sight, Out of Mind: How the United States Discards E-Waste"(July 30, 2024), https://bpr.studentorg.berkeley.edu/2019/12/05/out-of-sight-out-of-mind-how-the-united-states-discards-e-waste/(검색일: 2024년 7월 30일).

Canary Media. 2022.6.17. "Chart: China is trouncing the US on battery recycling." https://www.canarymedia.com/articles/batteries/chart-china-is-trouncing-the-us-on-battery-recycling(검색일: 2024년 6월 30일).

CNN. 2012.9.29. "Trump is attacking electric vehicles. Automakers already bet their future on them"(September 29, 2023), https://www.cnn.com/2023/09/28/business/cars-trump-uaw-electric-vehicles/index.html(검색일: 2024년 6월 30일).

Reuters. 2018.12.4. "White House seeks to end subsidies for electric cars, renewables"(December 4, 2018), https://www.reuters.com/article/us-usa-trump-autos/white-house-seeks-to-end-subsidies-for-electric-cars-renewables-idUKKBN1O22D4/(검색일: 2024년 6월 30일).

U.S. Department of Energy. 2011. *One Million Electric Vehicles by 2015: February 2011 Status Report*.

WIPO Magazine. 2023. "The Right to Repair: Recent Developments in the USA"(August 2023). https://www.wipo.int/wipo_magazine_digital/en/2023/article_0023.html#:~:text=Notably%2C%20on%20December%2029%2C%202022,%E2%80%9CDigital%20Fair%20Repair%20Act.%E2%80%9D(검색일: 2024년 6월 30일).

제4장

중국 친환경 재제조 산업 발전과 순환경제*

서창배

1. 순환경제와 중국 재제조 산업 분류

최근 세계 주요국을 중심으로 기후변화에 따른 대응과 함께 최적화된 자원 활용이 다양한 방식으로 모색되고 있다. 자원을 난개발하는 과정에서 발생하는 환경 파괴 요소를 최소화하는 동시에 이미 사용된 자원의 재활용을 강화함으로써 순환경제를 발전시키려는 움직임이 최근 급증하는 추세이다. 지속가능발전(sustainable development)을 위해 생태환경 보호에 집중하고 있는 중국도 정부 차원에서 이러한 방안을 적극 모색 중이다.

특히 중국 정부는 디지털 경제 시대로 전환하는 가운데 반도체 산업, 전기자동차 배터리 산업 등에 필요한 전략 광물(strategic minerals)의 안정적인 공급망을 확보하는 것이 중요하다는 것을 더욱 강조하고 있다. 이를 위해 중국 정부는 순환경제 발전의 중요성을 강조하고 있으며, 전략 자원·에너지의 감축(reduce), 재사용(reuse), 재활용(recycle)(서창배, 2023b: 66) 등을 모색하고 재제조 산업

* 이 글은 서창배, 「중국 자동차 부품 재제조산업 공급망 구조와 순환경제 연구」, ≪무역연구≫, 제20권 제5호(2024.10)를 대폭 수정·보완해 작성한 것이다.

〈표 4-1〉 중국의 순환경제 구조

	미시적 차원 (단일 형태)	중간 단계 (공생 연대)	거시적 차원 (성·시, 국가)
생산 단계 (1·2·3차 산업)	- 청정 생산 - 에코 디자인	- 생태산업단지 - 친환경 농업 시스템	- 생태산업단지 네트워크
소비 단계	- 녹색 구매 및 소비	- 에코 리빙파크	- 렌탈 서비스
폐기물 관리 단계	- 제품 재활용 시스템	- 폐기물 거래 시장 - 재생가능 자원 - 공업단지	- 지역순환 산업
기타 지원	- 정책, 법규, NGO 등		

자료: A Review of the Circular Economy in China: Moving from Rhetoric to Implementation(Table 1. Structure of Practices of CE in China).

〈표 4-2〉 중국의 재제조를 위한 재생가능 자원 분류

종류	관련 주요 자원
금속류 재생자원	고철, 비철금속 등
비금속류 재생자원	폐고무, 종이, 플라스틱, 유리, 공업 농업 폐기물, 잔류물 등
폐전자·전기·기계설비	전자폐기물, 폐자동차, 선박, 전기기기, 촉매제 등

자료: "绿色经济下, 汽车拆解､动力锂电池回收领衔, 万亿再生资源回收利用市场已开启"(2017.12.4.). SOHU.COM(https://www.sohu.com/a/208321042_655347).

을 육성함으로써 전략 광물의 공급망 안정화를 도모하고 있다.

2021년 3월, 중국은 전국인민대표대회(全国人民代表大會, 이하 전인대)에서 '제14차 5개년 국민경제 및 사회발전 규획 및 2035년 장기목표 강령(国民经济和社会发展第十四个五年规划和2035年远景目标纲要, 이하 14·5 규획)'을 통과시킨 뒤 순환경제 발전을 더욱 강화하고 있다. 국가발전개혁위원회(国家发展和改革委员会, NDRC)는 14·5 규획을 통해 재제조(再制造)를 "손상되거나 폐기된 자동차 부품, 건설 기계, 공작 기계 등을 전문화된 수리·복원을 거쳐 대량 생산하는 과정"(苏枫, 2024.5.11)으로 규정했다. 이에 따라 중국은 재생가능 자원을 금속류, 비금속류, 폐전자·전기·기계설비 등으로 구분해 관리하고 있다.

특히 폐기물을 수리하고 복원해 성능이 신제품 수준에 도달하거나 초과하도록 함으로써 제품 수명을 연장하고 자원을 절약하며 환경오염을 줄이는 효과를

〈그림 4-1〉 중국의 재제조 산업 분류

자료: 智研瞻产业研究院(2023.3.23).

달성하는 것을 재제조 산업의 목표로 하고 있다(智研瞻产业研究院, 2023.3.23). 이는 재제조 산업이 경제적 이익(생산비용 절감, 자원 이용의 효율성 개선 등)과 함께 사회적 이익(자원 절약, 환경오염 감소 등)을 동반함에 따라 순환경제의 발전을 촉진하기 때문이다.

한편, 중국의 재제조 산업은 제품 유형, 산업 영역, 기술 방식 등에 따라 다양하게 분류할 수 있다. 첫째, 제품 유형에 따라 자동차 부품 재제조, 건설기계 재제조, 공작기계 재제조, 대형 산업장비 재제조, 국방장비 재제조 등으로 구분된다. 둘째, 산업 영역에 따라 기계산업 재제조, 전자산업 재제조, 항공산업 재제조, 석유화학공업 재제조, 식음료 재제조 등으로 나누고 있다. 셋째, 기술 방식에 따라 표면 공정기술 재제조, 소재 공정기술 재제조, 기계 공정기술 재제조, 전자 공정기술 재제조 등으로 구분하고 있다(智研瞻产业研究院, 2023. 3. 23).

2. 중국 재제조 산업 현황

중국의 재제조 산업 규모는 2021년까지 완만한 증가세를 보였으나, 중국 정부의 순환경제 발전을 위한 적극적인 지원과 재제조 제품에 대한 시장의 이해도 제고 등에 따라 뚜렷한 증가 추세로 성장 중이다. 특히 중국 정부는 순환경제 발전을 위해 재제조 산업을 육성함으로써 국내 환경보호와 자원·에너지 절감, 관련 기술의 경쟁력 제고와 미래 산업으로의 전환, 글로벌 탄소중립에의 동참을 통한 친환경 이미지 제고, 미국·EU 등 무역기술장벽(Technical Barriers to Trade: TBT)에의 대응 등을 도모하는 것으로 분석된다.

즈옌잔산업연구원(智研瞻产业研究院)에 따르면, 중국 재제조 산업의 시장 규모는 규모 이상 기업(Enterprise Above Designated Size)[1] 매출 기준으로 1조 8,600억 위안에서 2020년 2조 200억 위안으로 증가했고, 2021년에는 전년 대비 13.4% 증가한 2조 5,300억 위안을 기록했으며, 2023년 상반기까지 1조 6,400억 위안을 달성했다고 발표했다. 이러한 증가 추세로 볼 때, 중국 재제조 산업의 시장 규모는 2023년 3조 2,800억 위안, 2026년 4조 9,200억 위안, 2029년 7조 4,700억 위안에 달할 것으로 전망한다.

한편, 순환경제 발전과 관련하여 중국물자재생협회(中国物资再生协会)는『중

1 중국 정부는 2011년부터 연매출 2,000만 위안 이상인 공업(산업/제조업)기업을 규모 이상(规模以上) 기업으로, 연매출 2,000만 위안 이상인 도매 상업기업과 연매출 500만 위안 이상인 소매 상업기업을 규모 이상(限额以上) 기업으로 구분하고 있다. 과거 1998~2006년 기간에는 전체 국유기업과 연매출 500만 위안 이상의 비국유기업을 규모 이상 기업으로, 2007~2010년 기간에는 연매출 500만 위안 이상의 공업기업을 규모 이상 기업으로 구분한 바 있다(中国国家统计局, 2024).

〈그림 4-2〉 중국 재제조 산업 시장의 현황과 향후 예측치(단위: 조 위안)

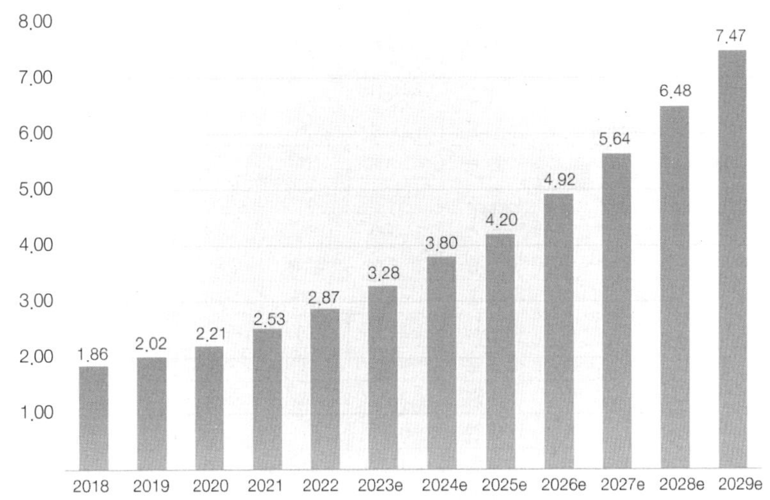

주: 2023년부터 2029년까지는 예측치임.
자료: 智研瞻产业研究院(2024.2.27); 智研瞻产业研究院(2024); 前瞻研究院(2024).

국 재생자원 재활용 산업 발전보고(中国再生资源回收行业发展报告)』를 통해 매년 중국에서 재활용된 재생가능 자원 10개 품목의 재활용 총량과 금액을 발표하고 있다. 이들 10개 품목은 고철, 폐비철금속, 폐플라스틱, 폐지, 폐타이어, 폐전기·전자제품, 폐자동차, 폐섬유, 폐유리 등을 포함하고 있다.

2022년 10개 품목의 총 재활용 규모는 중량 기준으로 전년 대비 2.6% 감소한 3.71억 톤을, 금액 기준으로 전년 대비 4.0% 감소한 1조 3,140.5억 위안을 기록했다. 이렇게 감소한 이유에는 2022년 국내외 경제 상황, 주요 상품가격 하락 등도 영향을 미쳤지만, 대부분 중소기업 형태인 중국의 재생가능 자원 재활용 기업들이 규모와 기술력의 한계로 인해 재생자원 처리 장비가 열악하고 저가만 쫓기 때문인 것으로 분석했다(中国物资再生协会, 2023; GEP ECOTECH, 2023.7.8).

2023년 재생가능 자원은 중량과 금액 모두 감소한 2022년과 달리 재활용 총

〈표 4-3〉 2021~2022년 중국 10대 주요 재생자원 재활용 현황

	자원		단위	2021	2022	2023	전년 대비 증감률(%)	
							2022	2023
1	고철		만 톤	25,021	24,081	23,800	-3.8	-1.2
		중대형 철강기업	만 톤	22,621	21,731	21,400	-3.9	-1.5
		기타기업	만 톤	2,400	2,350	2,400	-2.1	2.1
2	폐비철금속		만 톤	1,348	1,375	1,448	2.0	5.3
3	폐플라스틱		만 톤	1,900	1,800	1,900	-5.3	5.8
4	폐지		만 톤	6,491	6,585	6,787	1.4	2.3
5	폐타이어		만 톤	640	675	750	5.5	11.1
6	폐전기·전자제품	수량	만 대	20,200	18,800	19,000	-6.9	1.1
		중량	만 톤	463	415	420	-10.4	1.2
7	폐자동차	수량	만 대	300	399	516	32.9	29.3
		중량	만 톤	679	821	1,060	21.0	29.2
8	폐섬유		만 톤	475	415	480	-12.6	15.7
9	폐유리		만 톤	1,005	850	980	-15.4	15.3
10	폐배터리(납축전지 제외)		만 톤	42	51	61	21.4	19.6
	합계(중량)		만 톤	38,064	37,068	37,636	-2.6	1.5

자료: 中国物资再生协会(2023; 2024).

중량이 증가했다. 그러나 세계 경제성장률의 둔화로 고철과 폐플라스틱의 재활용 가격이 하락함에 따라 전체 금액이 감소했다(中国物资再生协会, 2024). 10개 품목의 총 재활용 규모는 중량 기준으로 전년 대비 1.5% 증가한 3.76억 톤을, 금액 기준으로 전년 대비 1.2% 감소한 1조 2,989억 위안을 기록했다. 그 가운데 폐전기·전자제품과 폐자동차의 증가와 풍력·태양광발전 장비의 교체 주기에 따른 재제조 산업의 발전이 주목된다.

한편, 중국은 재제조 산업의 특징을 다음과 같이 구분하며(苏枫, 2024.5.11) 재제조 산업을 적극적으로 추진 중이다.

첫째, 재제조 제품은 신제품과 비교해 동일한 품질 및 성능을 보유해야 한다. 따라서 재제조는 단순한 '중고 제품' 거래와 다르며 기존의 수리, 재가공, 개조 등과도 차이점이 존재한다.

둘째, 재제조 제품은 첨단 기술과 고성능 신소재를 사용해 오래된 부품을 전

〈표 4-4〉 2021~2022년 중국 10대 주요 재생자원 재활용 규모(단위: 억 위안)

	자원	2021	2022	2023	전년 대비 증감률(%)	
					2022	2023
1	고철	7,524	6,911	6,664	-8.1	-3.6
2	비철금속 스크랩	2,879	2,960	2,968	2.8	0.3
3	폐플라스틱	1,050	1,050	1,030	0.0	-1.9
4	폐지	1,493	1,403	1,347	-6.1	-3.9
5	폐타이어	77	101	120	31.9	18.5
6	폐전기·전자제품	222	227	231	2.2	1.6
7	폐자동차	277	312	413	12.6	32.6
8	폐섬유	26	17	19	-36.4	15.7
9	폐유리	48	38	20	-20.3	28.1
10	폐배터리(납축전지 제외)	100	122	146	21.9	20.4
	합계(금액)	13,695	13,141	12,989	-4.0	-1.2

자료: 中国物资再生协会(2023; 2024).

체 수명을 고려해 복원하고 재제조한 후 엄격한 검증과 품질 기준을 갖춤으로써 제품의 성능이 기존 제품을 충족하거나 초과하는 특징을 지닌다. 반면에, 수리 또는 개조는 전통적인 방식의 기술과 일반적인 소재를 사용하고, 엄격한 품질 기준이 없어 제품의 품질과 성능이 신제품만큼 개선되지 않는 것이 일반적이다.

셋째, 신제품 제조 과정과 비교해 볼 때, 중국 정부는 재제조 제품이 "생산비용 50% 절감, 에너지 60% 감소, 원소재 70% 절약, 오염 배출 80% 감소 등이 가능해 경제적으로 이익인 동시에 자원 및 환경보호에 긍정적으로 작용한다"(中国国家发展和改革委员会, 2021.12.24)고 강조했다.

3. 중국 재제조 산업 발전과정과 법·제도·정책적 지원

중국의 재제조 산업은 현재 성숙 단계와 산업 고도화 방향으로 발전 중이다.

특히 재제조 산업을 육성하기 위한 정책적 지원이 최근 확대되면서 거대 시장으로 급성장하고 있다. 이러한 중국의 재제조 산업 발전과정은 대략 3단계로 구분할 수 있다.

1) 초기 발전단계: 1990년대 중반~2010년대 초

중국 재제조 산업은 1990년대 초까지는 주로 자동차 모터, 엔진 등의 단순한 복구 및 변형에 중점을 둔 재제조 기업이 일부 등장했으나, 재제조 공급원의 제한으로 인해 한계가 존재했다. 중국의 재제조 산업이 본격적으로 발전하기 시작한 것은 1990년대 중반부터 2010년대 초반까지로, 연구·개발 검증과 정부 차원의 육성정책이 시작된 시기부터라고 할 수 있다. 특히 이 시기는 정부의 정책적 지원과 육성을 통해 재제조 산업 시장 규모가 점차 확대되고 기술 수준과 산업체계의 지속적인 개선이 이루어진 시기이다. 연구·개발과 과학적 검증 단계는 기술 개발 이후 학술논문 발표를 통해 재제조의 설계 기반과 핵심 기술을 체계화함으로써 정부의 종합적이고 세밀한 재제조 산업 정책 수립에 대한 과학적 근거를 제공했다.

2005년 이후, 중국의 성장방식이 양적 성장 위주에서 질적 성장 중심으로 변화하기 시작하면서 정부 차원에서 본격적으로 재제조 산업 지원 정책 및 법·제도를 도입하기 시작했다. 특히 중국 정부는 관련 법률을 공포하고 재제조 산업의 발전을 촉진하기 위한 핵심 정책을 도입했다.

2008년 8월, 중국 정부는 '순환경제촉진법(中国循环经济促进法)'을 제정함으로써 재제조 산업 육성의 근거를 마련했다. 이 법은 재제조 산업을 지원하기 위한 국가의 역할, 재제조 제품의 품질 기준, 재제조 제품 표시 및 양벌규정 등을 포함하고 있다. 또한 자동차 부품의 재제조 시범 관리조치 등을 발표하며 중국 재제조 산업 발전을 위한 모멘텀을 제시했다. 한편, 중국 정부는 재제조 기업이 스크랩 수집 업체로부터 5개 타입의 동력전달장치(power train)를 매입하는

〈표 4-5〉 중국 중앙정부의 재제조 산업 관련 제도적·정책적 지원(2008~2013년)

일자	법·제도	관계부처	주요 내용
2008.8.29 (제정) 2018.10.2 (개정)	중국 순환경제촉진법 (中国循环经济促进法)	주석령 제4호, 제16호	- (제40조) 국가는 기업이 자동차 부품, 건설기계, 공작기계 및 기타 제품의 재제조 및 타이어 재생을 수행하도록 지원 - 판매되는 재제조 제품과 그 품질은 국가 규정 표준을 충족해야 하며 재제조 제품에 대한 표식은 눈에 잘 띄는 위치에 표시
2010.5.13	재제조 산업 발전 추진에 관한 의견 (关于推进再制造产业发展的意见)	발전개혁위, 과학기술부, 공업정보화부, 공안부, 재정부, 환경보호부, 상무부, 해관총서, 세무총국, 공상총국, 품질검사총국	- 재제조 산업 발전 촉진의 중요성, 현황, 지도사상 및 기본 원칙, 핵심 분야, 기술 혁신, 지원 시스템 구축, 보호 조치 등을 포함 - 재제조 산업 발전 촉진 핵심 분야 ① 자동차 부품 재제조 시범 사업의 심화; 자동차 엔진, 변속기, 발전기 및 기타 부품의 재제조 촉진에 중점을 두고 자본 투자 확대; 재활용 시스템의 개선, 유통 시장의 표준화 등을 위해 노력; 시범 사업 범위는 구동축, 압축기, 오일펌프, 펌프 및 기타 부품으로 확장하고 대형 타이어의 재생을 추진 ② 건설기계, 공작기계 등의 재제조를 촉진; 건설기계, 산업기계 및 전기 장비, 공작기계, 광업기계, 철도기관차 장비, 선박 및 사무정보 장비의 재제조 구축하고 재제조 수준 제고와 보급 및 적용 가속화
2010.6.29	〈재제조 제품 인증 및 관리 잠정방법〉에 관한 통지 (关于印发≪再制造产品认定管理暂行办法≫的通知)	공업정보화부	- 건전하고 질서 있는 재제조 산업발전 촉진, 재제조 제품의 표준화, 재제조 제품 소비 지도를 위해 '재제조 제품 인증 및 관리 잠정조치'는 일반 규칙, 인증 신청, 인증 평가, 결과 발표 및 로고 관리 및 부칙 등으로 구성
2011.7.25~ 2019.10.11	재제조 상품 목록 (再制造产品目录)	공업정보화부	- (총 11종) 건설기계 및 그 부품, 건설기계 및 그 부품, 모터 및 그 부품, 자동차 및 그 부품, 사무기기 및 그 부품, 공작기계 및 그 부품, 내연기관 및 그 부품, 광산기계부품, 석유기계부품, 레일차량부품, 야금기계부품, 기타 전용 기계설비 및 그 부품
2013.1.23	순환경제 발전전략 및 단기실천 계획에 관한 통지 (关于印发循环经济发展战略及近期行动计划的通知)	국무원	- 개발 및 재제조에서 전문 재제조 중고부품 재활용 기업과 지역 재제조 중고부품 재활용 물류유통 센터 설립을 표준화 - 재제조부품의 재활용 규모 확대 - 재제조 산업화 발전 촉진

자료: 再制造产业咨询(2022.12.2); 山西科城能源环境创新研究院(2023.2.27).

것과 무허가 업체로부터 코어를 회수해 재제조하는 것을 금지하는 등 재제조 제품의 품질 기준을 신제품 기준과 유사하게 유지하기 위한 정책을 마련했으며, 재제조 제품의 투명한 유통구조를 형성하기 위해 재제조 기업이 소비자에게 직접 재제조 제품을 판매하는 것을 금지했다(강홍윤·김영춘·이일석, 2012: 11).

중국 국무원은 2010년 10월, 7대 전략적 신흥 산업에 재제조 산업을 포함하는 동시에 2011년 8월, 2030년까지의 전략적 재제조 기술 개발 로드맵을 발표한 바 있다. 이러한 법 제정과 각종 지원 정책은 재제조 산업을 육성하고자 하는 중국 정부의 강한 의지로 볼 수 있다(강홍윤·김영춘·이일석, 2012: 11). 그 후 2013년에는 전문 재제조 중고부품 재활용 기업 육성, 시장 규모 확대, 재제조 산업화 발전 촉진 등을 담은 〈순환경제 발전전략 및 단기실천 계획에 관한 통지〉를 발표했다.

2) 산업 진흥 단계: 2010년대 중반~2020년대 초

2010년대 중반부터 2020년대 초까지의 재제조 산업 진흥 단계이다. 이 시기의 중국 재제조 산업은 시장 규모가 더욱 확대되면서 제조업 전체에서도 중요한 부분으로 성장했다. 또한 기술 수준과 산업체계가 진일보 발전함에 따라 제품의 유형과 활용 분야가 더욱 광범위해졌다. 재제조 기업에 대한 지원도 더욱 강화되었다.

2021년 2월과 3월, 국무원은 각각 〈녹색 저탄소 순환발전 경제 시스템 가속화 지도에 관한 의견(关于加快建立健全绿色低碳循环发展经济体系的指导意见)〉과 〈제14차 5개년 국민경제 및 사회발전 규획 및 2035년 장기목표 강령〉을 발표, 자원 재활용률 제고 및 시스템 구축 가속화와 함께 재제조 산업 발전의 표준화를 제안했다. 또한 4월과 6월에는 〈자동차 부품 재제조 규범관리 잠정방법(汽车零部件再制造规范管理暂行办法)〉과 〈자동차 생산자 책임확대 시범 실시 방안(汽车产品生产者责任延伸试点实施方案)〉을 발표함으로써 자동차 부품 재제조 산업의 표준화와 시스템 구축을 모색했다.

2021년 재정부, 세무총국, 발전개혁위, 생태환경부 등 4개 부처는 〈자원 종합 활용 기업 소득세 우대목록(资源综合利用企业所得税优惠目录(2021年版)〉

〈표 4-6〉 중국 중앙정부의 재제조 산업 관련 제도적·정책적 지원(2015~2021년)

일자	법·제도	관계부처	주요 내용
2015.5.19	중국제조2025 (中国制造2025)	국무원	- 재제조 산업의 적극 발전과 첨단제품 재제조, 스마트제품 재제조 등 구현, 제품 인증 촉진, 재제조 산업의 지속가능하고 건전한 발전 촉진 - 에너지 절약·환경보호, 포괄적 자원 활용, 재제조 및 저탄소 기술의 산업화 시범 수행
2017.10.31	첨단 스마트 재제조 실천계획(2018-2020) (高端智能再制造行动计划)(2018-2020)	공업정보화부	- 첨단제품 재제조 및 스마트제품 재제조 개발 가속화, 기계 및 전기제품 재제조 기술관리 및 산업 발전 질적 제고
2020.1.16	플라스틱 오염통제 제고에 관한 의견 (关于进一步加强塑料污染治理的意见)	발전개혁위, 생태환경부	- 플라스틱 오염 통제 강화 - 플라스틱 제품 장기 관리 메커니즘 수립·개선
2021.2	녹색 저탄소 순환발전 경제 시스템 가속화 지도에 관한 의견 (关于加快建立健全绿色低碳循环发展经济体系的指导意见)	국무원	- 폐기물 재활용 시스템 구축 가속화 - 폐지, 폐플라스틱, 폐타이어, 폐금속, 폐유리 등 재생가능한 자원의 재활용 강화 - 자원 생산량과 재활용률 제고
2021.3.11	제14차 5개년 국민경제 및 사회발전 규획 및 2035년 장기목표 강령 (国民经济和社会发展第十四个五年规划和2035年远景目标纲要)	국무원, 전인대	- 자원 재활용 시스템 구축 관련, '고형 폐기물의 종합적인 활용 강화 및 재제조 산업 발전의 표준화' 제안
2021.4.14	자동차 부품 재제조 규범관리 잠정방법 (汽车零部件再制造规范管理暂行办法)	발전개혁위, 공업정보화부, 생태환경부, 교통운송부, 상무부, 해관총서, 시장관리감독국, 은보감회	- 자동차 부품 재제조 행위와 시장 질서를 효과적으로 규제하고 재제조 제품의 품질을 보장하며 재제조 산업의 표준화된 발전을 촉진
2021.5	재생자원 녹색선별센터 건설관리 규범 (再生资源绿色分拣中心建设管理规范)	상무부	- 선별센터는 생활폐기물 분류 후 재활용 물질 및 도시 고형 폐기물 인수 기능에 관심 제고 - 전문·종합선별센터의 면적, 분류·처리 역량, 단위 면적당 생산 역량의 정량 지표 제시
2021.6.21	자동차 생산자 책임확대 시범 실시 방안 (汽车产品生产者责任延伸试点实施方案)	공업정보화부, 과학기술부, 재정부, 상무부	- 재활용 중심의 자원 활용 효율성 제고, 자동차 제조 기업의 폐차 역재활용 시스템 구축 및 재제조 제품 사용 확대, 자동차 자원의 종합 활용 효율성 제고, 자동차 제조사의 확장된 책임 관리 시스템 구축을 모색

일자	법·제도	관계부처	주요 내용
2021.7	가전제품 제조 기업 회수 목표 책임제 실천 장려에 관한 통지 (关于鼓励家电生产企业开展回收目标责任制行动的通知)	발전개혁위, 공업정보화부, 생태환경부	- 가전제품제조 기업의 재활용 목표 책임제 조치 수행을 장려 - 제품 판매 및 유지보수 서비스망에 의존해 폐가전 역회수 시스템 구축 및 재활용 채널 최적화
2021.7.1	14·5 순환경제 발전규획 ("十四五"循环经济发展规划)	발전개혁위	- 재제조 산업의 고품질 발전 촉진을 위한 핵심 과제인 '폐기물 재활용 시스템 구축 및 자원순환 사회 건설' 제안 - 순환경제 핵심 기술 및 장비 혁신 프로젝트 제안, 첨단 장비 재제조 분야의 핵심 기술 및 장비 핵심 프로젝트를 심층적으로 구현 - 재제조 활용 범위 확대, 기업의 재제조 제품 및 서비스 활용 지원, AS에서 재제조 제품 사용 비율 제고, 재제조 산업 규모 확장
2021.9	14·5 플라스틱 오염관리 실천방안에 관한 통지 (关于印发"十四五"塑料污染治理行动方案的通知)	발전개혁위, 생태환경부	- 플라스틱 폐기물의 표준화된 재활용 및 청결한 운송을 강화 - 농촌의 플라스틱 폐기물 수집, 운송 및 처리 시스템 구축 및 개선 - 플라스틱 폐기물의 재활용률 제고, 표준화된 재활용 및 처리 촉진
2021.10	2030년 전 탄소피크 달성 실천방안에 관한 통지 (关于印发2030年前碳达峰行动方案的通知)	국무원	- 탄소 감축 조치 제안, 자원 활용의 원천 파악 등 순환경제를 적극 발전 - 자원 활용의 효율성을 전면 개선과 자원 소비 및 탄소 감축의 시너지 효과 제고
2021.10.24	2030년 전 탄소피크 실천방안 (2030年前碳达峰行动方案)	국무원	- 자동차 부품, 건설기계, 사무기기 등의 재제조 산업 관련 고품질 발전 촉진을 제안 - 재제조 제품과 관련 제품의 홍보·적용 제고
2021.12.16	자원 종합 활용 기업 소득세 우대목록 (资源综合利用企业所得税优惠目录)(2021년판)	재정부, 세무총국, 발전개혁위, 생태환경부	- 종합 활용 자원: 폐자동차, 폐사무기기, 폐산업설비, 폐전기기계설비 등 - 관련 제품: 재제조 방식으로 생산된 엔진, 변속기, 조향기, 스타터, 발전기·전동기 등 자동차 부품, 사무기기, 산업설비, 전기기계부품 등
2021.12	자원 종합 활용 부가가치세 정책 개선에 관한 공고 (关于完善资源综合利用增值税政策的公告)	재정부, 세무총국	- 자원 재활용 납세자의 과세 선택 폭 확대 - 적격 부가가치세 일반 납세자의 재활용 자원 판매의 경우, 3% 징수율에 대한 간이 과세 방법 선택 가능 - 자원 종합 활용 제품 및 서비스 우대 목록 조정(예: 폐농업비닐을 활용한 재생 플라스틱 제품, 재생 플라스틱 원료 생산 등 3개 항목 추가)

자료: 再制造产业咨询(2022.12.2); 山西科城能源环境创新研究院(2023.2.27).

을 공동 발의해 재제조 기업을 기업소득세(법인세) 감면 대상에 처음으로 포함시켰다. 이 목록에서는 폐자동차, 폐사무기기, 폐산업설비, 폐전기기계설비 등을 종합 활용 자원으로 구분했고, 재제조 방식으로 생산된 엔진, 변속기, 조향기, 스타터, 발전기·전동기 등 자동차 부품, 사무기기, 산업설비·전기기계부품 등을 관련 제품으로 분류했다.

같은 달, 재정부와 세무총국은 〈자원 종합 활용 부가가치세 정책 개선에 관한 공고(关于完善资源综合利用增值税政策的公告)〉를 발표하고 자원 재활용 납세자의 과세 선택 폭을 확대했으며, 적격 부가가치세의 일반 납세자가 재활용 자원을 판매할 경우, 3% 징수율에 대한 간이 과세 방법을 선택할 수 있도록 했다. 그리고 폐농업비닐을 활용한 재생 플라스틱 제품, 재생 플라스틱 원료 생산 등 3개 항목을 추가하는 등 자원 종합 활용 제품 및 서비스 우대목록을 조정했다.

3) 산업 고도화 단계: 2020년대 초 이후

2020년대부터 중국의 재제조 산업은 산업 고도화 단계로 진입하기 위해 노력 중이다. 이를 위해 2022년 발전개혁위와 공업정보화부 등 주요 부처를 중심으로 〈폐자원 재활용 체계 건설 촉진에 관한 지도의견(关于加快废旧物资循环利用体系建设的指导意见)〉, 〈녹색소비 실시 방안 추진(促进绿色消费实施方案)〉, 〈오염 및 탄소 저감 시너지 효과 제고 실시 방안(减污降碳协同增效实施方案)〉 등을 발표했다. 이를 통해 자원안보 제고와 탄소피크 실현 등을 위한 자동차 부품 등 재제조 산업의 고품질 발전 촉진, 폐자원 재활용 시스템 개선, 폐기물 재활용 시스템 구축과 촉진 등을 강조했다. 또한 2022년 7월에는 〈폐기물 재활용 시스템 건설 중점 도시 목록 통지(关于印发废旧物资循环利用体系建设重点城市名单的通知)〉를 발표하고 폐기물 재활용 시스템 건설을 위해 베이징(北京) 등 60개 핵심 도시를 확정했다.

〈표 4-7〉 중국 중앙정부의 재제조 산업 관련 제도적·정책적 지원(2022~2024년)

일자	법·제도	관계부처	주요 내용
2022.1.17	폐자원 재활용 체계 건설 촉진에 관한 지도의견 (关于加快废旧物资循环利用体系建设的指导意见)	발전개혁위, 상무부, 공업정보화부, 재정부, 자연자원부, 생태환경부, 주택도농건설부	- 재제조 산업의 고품질 발전을 촉진 - 폐자원 재활용 시스템의 명확화 및 개선 - 이를 통한 자원 재활용 수준 및 자원안보 제고, 녹색 및 저탄소 재활용 발전 촉진, 탄소피크 실현 지원 등 - 폐자원 재활용 네트워크 개선, 재생가능한 자원의 분류, 가공 및 활용 수준 개선, 중고 제품 거래 및 재제조 산업 발전을 촉진하기 위한 구체적인 조치 제안 - 자동차 부품, 건설기계, 공작기계, 사무기기 및 기타 재제조 수준 향상. 굴착기, 항공기 엔진, 산업용 로봇 등 신흥 산업의 재제조 발전을 촉진. 비파괴 검사, 적층 가공, 유연 가공 등 재제조 공통 핵심 기술의 적용을 촉진 - 스마트 및 디지털 변환과 결합해 산업 장비의 재제조를 적극 추진. 터널 굴착, 석탄 채굴, 석유 채굴 및 기타 분야 기업의 재제조 제품 및 서비스의 광범위한 활용을 지원. AS 수리, 보험, 리스 및 기타 분야에서 재제조 자동차 부품 및 재제조 사무기기를 홍보
2022.1	녹색소비 실시 방안 추진 (促进绿色消费实施方案)	발전개혁위, 공업정보화부, 주택도농건설부, 상무부, 시장관리감독총국, 국가관리국, 공산당사무관리국	- 인터넷+재활용 촉진, 재생가능한 자원 산업의 집적 및 발전, 산업감독 강화 측면에서 폐기물 재활용 시스템을 구축
2022.1.27	산업자원의 종합 활용 촉진에 관한 실시방안 (关于加快推动工业资源综合利用的实施方案)	공업정보화부, 발전개혁위, 과학기술부, 재정부, 자연자원부, 생태환경부, 상무부, 세무총국	- 재생가능한 자원의 활용 가치 향상을 바탕으로 첨단 스마트 장비의 재제조를 질서 있게 추진
2022.6	오염 및 탄소 저감 시너지 효과 제고 실시 방안 (减污降碳协同增效实施方案)	생태환경부, 발전개혁위, 공업정보화부, 주택도농건설부, 교통운송부, 농업농촌부, 에너지부	- 폐기된 동력 배터리, 태양광 모듈, 풍력발전기 블레이드 등 새로운 폐자원의 재활용 촉진
2022.7	폐기물 재활용 시스템 건설 중점 도시 목록 통지 (关于印发废旧物资循环利用体系建设重点城市名单的通知)	발전개혁위, 상무부, 공업정보화부, 재정부, 자연자원부, 생태환경부, 주택도농건설부	- 폐기물 재활용 시스템을 건설하기 위해 베이징 등 60개 핵심 도시 확정

일자	법·제도	관계부처	주요 내용
2022.10	20차 당대회 보고서(党的二十大报告)	중국공산당	- 전면적인 절약 전략 시행, 각종 자원의 절약과 집약적 이용 촉진, 폐기물 재활용 시스템 구축 가속화
2023.12.13	전기·전자제품 재제조업 표준 조건(机电产品再制造行业规范条件)	공업정보화부	- 기계·전기제품의 재제조 산업 표준 조건 및 적합성에 대한 설명 및 차기년도 계획 목표 설명
2023.12.29	전통 제조업 전환 고도화 촉진에 관한 지도의견(关于加快传统制造业转型升级的指导意见)	공업정보화부, 발전개혁위, 교육부, 재정부, 인민은행, 세무총국, 금융관리감독국, 증감회	- 에너지 절약 및 물 절약, 선진 환경보호, 포괄적 자원 활용 및 재제조 등 녹색환경 보호 장비 개발, 녹색제조 벤치마킹 강화 - 더 많은 기업의 녹색 전환 촉진
2024.2.29	제조업 녹색화 발전 촉진에 관한 지도의견(关于加快推动制造业绿色化发展的指导意见)	공업정보화부, 발전개혁위, 재정부, 생태환경부, 인민은행, 국무원국자위, 시장관리감독총국	- 첨단 장비 분야의 적층 가공 및 유연 가공, 비파괴 검사 및 분해 등 핵심 재제조 기술의 혁신 및 산업화 활용을 가속화하고 첨단 및 고부가가치 장비의 재제조를 촉진
2024.3.7	대형 설비 업그레이드 추진 및 이구환신 실천방안 통지(推动大规模设备更新和消费品以旧换新行动方案的通知)	국무원	- 재제조 및 단계별 활용을 체계적으로 추진, 자격을 보유한 폐생산장비의 재제조 구현을 장려, 재제조 장비의 품질 특성, 신제품과 동일한 안전 및 환경보호 성능 등 - 비파괴 검사, 적층 제조, 유연 가공 및 기타 기술의 적용을 촉진해 재제조 수준 향상 - 자동차 부품, 건설기계, 공작기계 등 전통 설비의 재제조를 촉진 - 풍력발전, 태양광발전, 항공 등 신흥 산업의 첨단 장비 재제조를 모색하고 풍력발전 및 태양광발전, 배터리, 기타 제품·장비의 잔류 수명 평가 기술의 연구·개발을 촉진 - 제품·장비·핵심 부품의 단계별 활용을 체계적으로 추진

자료: 再制造产业咨询(2022.12.2); 山西科城能源环境创新研究院(2023.2.27)

2024년 2월, 국가발전개혁위원회, 공업정보화부, 생태환경부 등 7개 부처는 <제조업 녹색화 발전 촉진에 관한 지도의견(关于加快推动制造业绿色化发展的指导意见)>을 발표하고, 핵심 재제조 기술의 혁신 및 산업화 활용을 가속화하고 첨단 및 고부가가치 장비의 재제조를 촉진한다고 강조했다. 이를 놓고 볼 때, 현재 중국 정부는 재제조 산업의 고품질·고효율·고부가가치화 발전을 적극적인 정책적 지원하에 추진 중이다. 중국 재제조 산업은 시장 규모와 성장률이 지속적으로 증가하는 추세이며, 기술력을 제고하고 최적화된 산업체계를 구축하기 위해 노력하고 있다. 이를 위해 중국 정부는 폐자원 재활용 시스템 건설을 촉진하고 녹색소비 실천방안을 마련하고 있다.

이처럼 중국의 재제조 산업은 중국 정부의 적극적인 지원 아래 산업 고도화를 향해 나아가고 있다. 그러나 중국의 재제조 산업은 미국, 유럽 등 선진국에 비해 상대적으로 늦게 시작했기 때문에 산업 규모, 제품 분야, 기술 수준, 표준 및 사양, 시장 인식도 등의 측면에서 여전히 일정한 격차가 존재한다. 특히 핵심 기업의 수와 산업 규모가 아직 제한된 상태이다. 따라서 재제조의 핵심 기술을 산업화하고 재제조 산업 공급망의 업스트림과 다운스트림 간의 연계 효과를 더욱 제고할 필요가 있다. 기계 완제품 제조 기업과 부품 재제조 기업 간의 협력도 충분한 상태가 아니므로 물류 및 판매 시스템을 완벽하게 구축할 필요가 있다. 또한 중국 내부적으로는 재제조 제품의 포지셔닝 확립, 시장 수요와 관련한 탐구, 제품에 대한 사회적 인식 개선 등이 필요하다[2]고 파악하고 있다.

4. 주요 재제조 산업의 분야별 특징

1) 자동차 부품 재제조 산업

자동차 산업은 중국경제에서 차지하는 비중이 높으며, 자동차 보유 규모가 매년 증가함에 따라 자동차 폐기물량도 증가하고 있다. 따라서 순환경제 발전과 재제조 산업 발전을 위해서는 대규모 발생하는 폐차량과 그 부품을 재활용하는 작업이 매우 중요하다. 더욱이 자동차 부품 재활용은 중국 전체 재제조 산

2 "2024~2029年中国再制造产业发展前景与投资预测分析报告"(baidu.com).

〈그림 4-3〉 중국의 자동차 부품 재제조 공정 흐름도

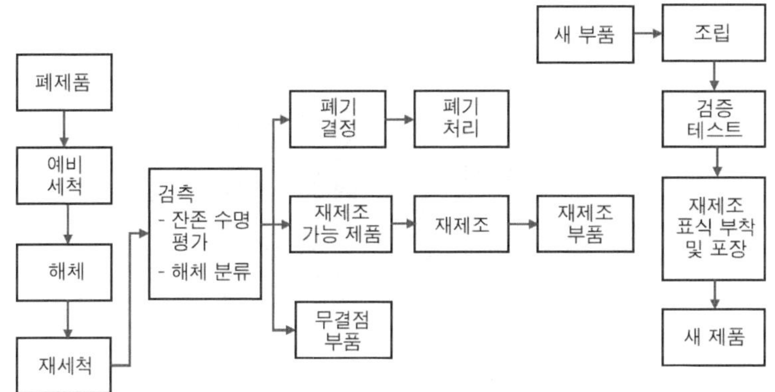

자료: Sohu.com, "绿色经济下, 汽车拆解、动力锂电池回收领衔, 万亿再生资源回收利用市场已开启," 2017.12.4.

업에서 자동차 재제조 산업이 높은 점유율을 차지하고 있고 자동차 산업의 자원 절약, 비용 절감, 환경보호 등과도 연결되어 있다는 점에서 주목된다. 이에 중국에서는 '자동차 부품 재제조 산업'에 대해 구형 자동차 부품을 재활용, 검측, 수리·복원, 가공, 재조립 등을 통해 원래의 성능과 품질 수준으로 복원하는 과정으로 규정하고 있으며, 새 부품과 동일한 기능 및 사용 연한을 달성하는 것이 핵심사항이 되고 있다. 이에 따라 중국 자동차 부품 재제조 공정은 다음과 같은 3단계 과정으로 진행되고 있다. 제1단계는 폐자동차(waste automobile) → 예비 세척(pre-cleaning) → 해체(dismantling) → 재세척(re-cleaning) 과정으로 진행된다. 그 후, 제2단계에서는 잔존수명(state of health) 평가에 따른 해체분류를 통해 폐기 부품(waste parts) → 폐기 처리(waste process), 재제조 가능 부품(remanufacturable parts) → 재제조(remanufacturing) 처리 → 재제조 부품(remanufactured parts), 무결점 부품(intact parts) 등으로 분류하여 처리한다. 제3단계는 새로운 부품(new parts)과의 조립(assembly)과 검측(test) 과정, 재제조 표식(labeling)과 포장 과정을 거친 후 새로운 제품(new product)으로 탄생된다.

〈그림 4-4〉 중국 자동차 재제조 산업의 발전 추이

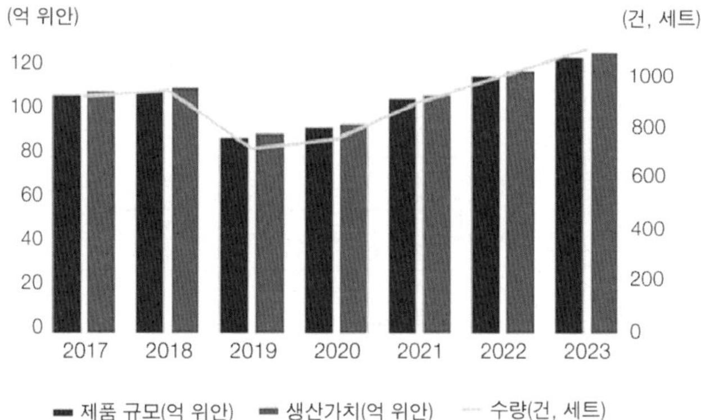

자료: 智研咨询(2024).

2023년 중국 자동차 재제조 산업의 양적 규모는 1,096.6만 건(세트)으로, 전년 대비 105.8만 건(세트)(10.7%) 증가한 것으로 나타났다. 제품 금액 규모는 124억 1,100만 위안으로 2022년 대비 8억 4,400만 위안(7.3%) 증가했고, 산업 생산가치는 2022년 대비 8억 5,600만 위안(6.8%) 증가한 126억 700만 위안을 기록했다. 2024년 중국 자동차 재제조 산업의 규모는 전년 대비 12.1% 증가할 것으로 전망되고 있다. 중국 정부가 고품질, 고효율, 에너지·자원 절약 및 환경 보호라는 순환경제 발전 목표 아래 자동차 재제조 산업 지원 정책과 조치를 발표하면서 해당 산업 발전을 위한 환경 조성을 유도하고 있으며, 업계도 기술 혁신과 산업 고도화를 위해 노력 중이기 때문이다.

중국 자동차 재제조 산업의 공급망은 다음과 같다. 먼저, 업스트림 부문에는 자동차 폐부품 재활용, 자동차 재제조 장비 등의 업종이 존재한다. 그중 자동차 폐부품 재활용 부문은 생산 중 발생한 불량품, 사용 과정 중 발생한 폐기부품 등 재활용 폐기물 등을 포함한다. 자동차 재제조 장비에는 세척 장비, 검측 장비, 수리 및 복구 장비, 가공 장비 등이 포함된다. 다운스트림 부문에는 주로 완성차 기업의 자체 차량 서비스업체, 자동차 수리 서비스업체, 자동차 정비 서비스업체 등이 포함된다.

특히 중국의 자동차 재제조 산업에는 기존 완성차 기업, 부품공급업체, 전문 재제조 기업 등이 최근 대거 진출해 비교적 완비된 산업 공급망을 형성하고 있다. 그중 완성차와 부품공급 대기업이 연구·개발과 산업 생태계 우위를 바탕으로 재제조 산업을 선도함으로써 자동차 재제조 산업의 전반적인 수준을 향상시키고 있다.

현재 중국 자동차 부품 재제조 기업의 수는 1,000개 정도이며, 전체 재제조 기업의 35%를 차지하는 것으로 알려져 있다. 중국 자동차 재제조시장의 주요 기업으로는 중국제일자동차그룹(中国第一汽车集团有限公司, China FAW), 안후이장화이자동차그룹(安徽江淮汽车集团股份有限公司, Anhui JAC), 체리자동차(奇瑞汽车股份有限公司, Chery Automobile), 상하이폭스바겐(上海大众联合发展有限公司, Shanghai Volkswagen), 광저우시화두글로벌자동변속기(广州市花都全球自动变速箱有限公司, Huadu Worldwide Transmission), 동펑훙타이홀딩스(东风鸿泰控股集团有限公司, Dongfeng Hongtai) 등을 들 수 있다.

그중 주목되는 기업은 1998년 설립된 자동변속기 부품공급업체인 화두글로벌자동변속기이다. 화두글로벌자동변속기는 30여 개 이상의 완성차 기업과 변속기 제조업체로부터 자동변속기 재제조 권한을 부여받은 것으로 알려지고 있다. 또한 국가발전개혁위원회로부터 2008년 3월 최초로 14개 자동차 부품 재제조 시범 기관이 지정되었고, 2012년 2월과 2015년에는 자동차 부품 재제조 시범 검수를 통과했으며, 2015년에는 자동차 부품 재제조 이구환재(以旧换再)[3] 시범 기관으로 지정되었다. 또한 광둥(广东)성과 광저우(广州)시로부터 2011년 6월과 2012년 6월 각각 순환경제 시범 기관으로 지정되었으며, 2018년에는 국가질검총국(国家质检总局)으로부터 순환경제 표준화 시범 검수를 통과했다. 화두

---

3 이구환재(以旧换再)는 이구환신(以旧换新)과 유사한 개념으로, 낡은 구제품을 재제조 제품으로 교체하는 것을 의미한다. 2013년 7월 국가발전개혁위원회, 재정부, 공업정보화부, 상무부, 질검총국 등이 공동으로 <재제조제품"이구환재"시범실시방안통지(关于印发再制造产品"以旧换再"试点实施方案的通知)>를 발표했다.

〈그림 4-5〉 중국 자동차 재제조 산업의 공급망 흐름도

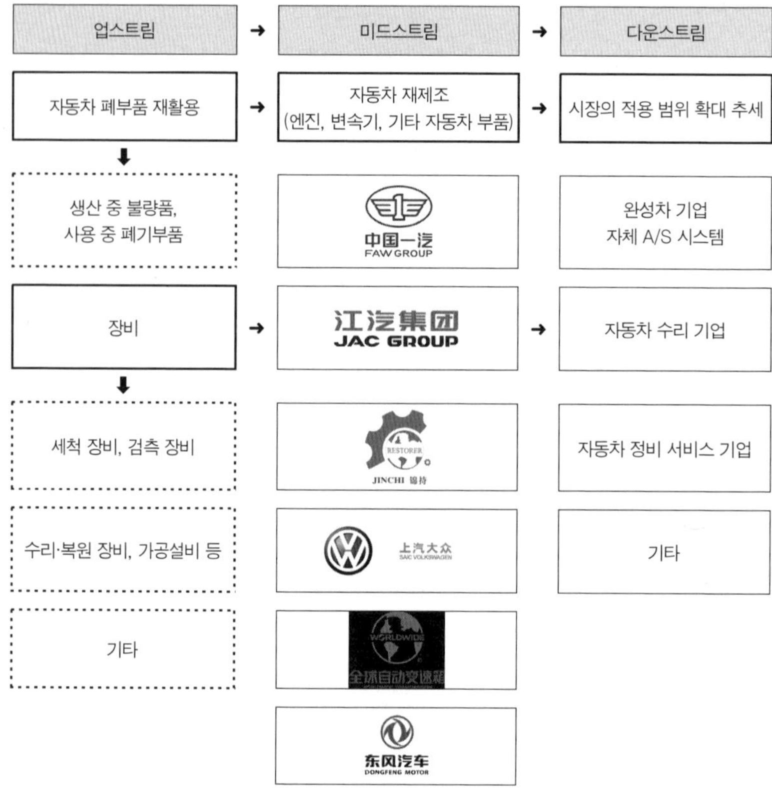

자료: 智研咨询(2024).

글로벌자동변속기는 현재 광저우를 비롯해 상하이(上海), 창춘(长春), 항저우(杭州), 우한(武汉), 난징(南京) 등에 12개 직영점과 6개 재제조 서비스 센터를 운영 중이며, 자동변속기 재제조 총량은 연간 3만 5,000대를 기록하고 있다.

한편, 중국 국가발전개혁위원회는 2021년 기준 자동차 재제조 시범기업 42개사를 발표하고 적극적으로 지원하고 있다. 그중 엔진 재제조 기업이 47.6%인 20개사를 차지하고 있는데, 제1차 14개 시범기업 중에서는 10개 기업(71.4%)이, 제2차 28개 시범기업 중에서는 6개 기업(21.4%)이 엔진 재제조 기

〈표 4-8〉 중국 주요 자동차 기업의 재제조 시범 기관(2021년 기준)

	재제조 범위	시범기업	중국어 표기	영어 표기
제1차	완성차 재제조	중국제1자동차그룹	中国第一汽车集团公司	FAW Group
		안후이장준자동차그룹	安徽江淮汽车集团有限公司	JAC Group
		치루이자동차	奇瑞汽车有限公司	CHERY
	부품 재제조	상하이따중(폭스바겐) 연합발전	上海大众联合发展有限公司	Shanghai Dazhong Allied Developing Co.,ltd
		양차이(웨이팡)재제조	洋菜动力(潍坊) 再制造有限公司	
		우한둥펑훙타이홀딩스	武汉东风鸿泰控股集团有限公司	DFM
		지난푸창동력	济南复强动力有限公司	CNHTC
		광시위차이기기	广西玉柴机器股份有限公司	
		둥펑캉밍쓰(커민스) 엔진	东风康明斯发动机有限公司	DongfengCummins Engine Co., Ltd.(DCEC)
		보커(창쑤; 바이커) 전기	柏科(常熟)电机有限公司	Picopulse(Changshu) Auto Motor Co., Ltd
제2차	완성차 재제조	창청자동차	长城汽车股份有限公司	Great Wall Motor Company Limited(GWM)
	부품 재제조	장자강푸루특수장비	张家港富瑞特种装备股份有限公司	ZhangjiagangFuruiSpecial Equipment Co.,Ltd
		위차이재제조 산업(쑤저우)	玉柴再制造工业(苏州)有限公司	
		저장재생핸드인핸드 자동차 부품	浙江再生手拉手汽车部件有限公司	
		장시장링자동차그룹	江西江铃汽车集团实业有限公司	JianglingMotors Co., Ltd(JMC)
		산시베이팡동력	陕西北方动力有限责任公司	Shaanxi North Dynamic Co.,Ltd(SNDC)

자료: 2022年中国汽车再制造行业发展现状分析汽车再制造行业需求旺盛【组图】|汽车发动机_网易订阅(163.com)

업이다.

2) 폐플라스틱 재제조 산업

중국은 세계 최대의 플라스틱 생산국 중 하나인 동시에 폐플라스틱이 대규모로 발생하는 나라이다. 이에 중국 정부는 환경보호와 순환경제 발전을 촉진하기 위해 일련의 정책을 도입해 왔다. 특히 폐플라스틱의 매립량을 줄이고 재활용을 촉진하며 폐플라스틱의 안전한 처리 수준을 향상시키기 위해 노력하고 있다.

중국은 폐플라스틱 재제조 산업을 "폐플라스틱을 재활용, 분류, 처리 등의 과정을 거쳐 일련의 기술적 수단과 프로세스를 통해 재생가능한 자원 또는 에너지로 전환하는 과정"으로 정리하고 있다. 폐플라스틱은 물리적 재활용, 화학적 재활용, 에너지 재활용 등 다양한 방법을 통해 이용가치가 극대화된다. 중국 정부는 이를 통해 폐기물의 자원 재활용, 환경오염 감소뿐만 아니라 순환경제 발전도 촉진한다고 강조하고 있다.

중국 정부가 추진해 온 폐플라스틱 오염관리 및 재제조 산업과 관련된 정책적 발전 단계는 다음과 같이 3단계로 구분할 수 있다.

제1단계는 1995~2006년으로, 정책적 핵심사항은 초박형 비닐봉투(0.15㎜)의 생산 및 사용을 제한하는 것이었다. 이를 위해 경제무역위원회(현 상무부)는 1999년 <도태되어야 할 낙후된 생산 능력, 공정 및 제품 목록(淘汰落后生产能力, 工艺和产品的目录)>을 발표하고 2000년 말까지 일회용 발포 플라스틱 식기류 사용을 제한했으며, 2001년 <일회용 발포 플라스틱 식기류 사용 금지에 관한 긴급 통지(关于立即停止生产一次性发泡塑料餐具的紧急通知)>를 통해 관련 사항을 공고히 한 바 있다.

제2단계는 2007~2016년으로, 정책의 중점사항은 일회용 플라스틱 제품의 제한적 생산 및 사용을 위한 일회용 비닐봉투 요금제 확립 등 '플라스틱 제한령'을 강조하는 동시에 폐플라스틱의 재활용을 추진하는 것이었다. 이와 관련된 주요 정책으로는 2007년 발표한 <쇼핑용 비닐쇼핑백 생산·판매·사용 제한에 관한 통지(国务院办公厅关于限制生产销售使用塑料购物袋的通知)>, <재생자원 재활용 관리방법(再生资源回收管理办法)> 등, 2012년 발표한 <폐플라스틱 가공 활용 오염방지 관리규정(废塑料加工利用污染防治管理规定)> 등이 있다.

제3단계는 2017년부터 현재까지로, 폐플라스틱 수입 금지와 함께 '새로운 플라스틱 제한령'이라 불리는 플라스틱 오염관리, 플라스틱 순환경제, 플라스틱 포장제 등이 정책의 중점사항이다. 주요 정책으로는 2017년 발표한 〈수입 금지 고형 폐기물 목록(禁止进口固体废物目录)〉, 2020년 발표한 〈플라스틱 오염통제 제고에 관한 의견(关于进一步加强塑料污染治理的意见)〉, 〈택배포장의 친환경 전환 촉진에 관한 의견(关于加快推进快递包装绿色转型的意见)〉 등이 있다.

그중 국가발전개혁위원회와 생태환경부가 공동 발의해 '새로운 플라스틱 제한령'이라 불리는 〈플라스틱 오염통제 제고에 관한 의견(关于进一步加强塑料污染治理的意见)〉[4]은 2020년까지 일부 플라스틱 제품의 생산, 판매 및 사용 제한, 2022년까지 호텔, 우편물 포장, 식기류 등 일회용 플라스틱 제품의 소비 대폭 감소를 주요 목표로 하고 있다. 또한 폐플라스틱 재활용률 제고와 함께 2025년까지 플라스틱 제품의 생산, 유통, 소비, 재활용 및 폐기 관련 통제 시스템 구축, 생활 쓰레기 분리수거처럼 폐플라스틱 분리수거 등을 실행할 것임을 밝히고 있다.

한편, 중국 플라스틱 재제조 산업의 공급망은 다음과 같다. 먼저, 업스트림 부문에는 플라스틱 기계 제조업체, 지역 재활용 기업, 플라스틱 제품 제조업체 등이 있다. 미드스트림 부문은 각종 재활용 플라스틱을 생산하는 과정이다. 다음으로 다운스트림 부문은 플라스틱 신제품과 유사한 것으로, 섬유, 자동차, 가전제품, 포장 및 기타 분야 등에 적용되며 시장 잠재력이 매우 큰 것으로 분석된다(〈그림 4-6〉 참조).

중국의 폐플라스틱 재활용량[5]은 2022년 1,800만 톤에서 2023년 약 1,900만 톤을 기록함으로써 2022년 대비 5.6%(100만 톤) 증가했다. 이처럼 전체 재활용

4 "关于进一步加强塑料污染治理的意见", ≪发改环资≫, 80号(2020), 国家发展和改革委员会(ndrc.gov.cn); "国家发展改革委负责人就≪关于进一步加强塑料污染治理的意见≫答记者问", 国家发展和改革委员会(ndrc.gov.cn).

5 이하 폐플라스틱 재활용 산업과 관련된 통계는 中国物资再生协会(2024); 共研产业研究院(2024)를 종합해 작성한 것이다.

〈그림 4-6〉 중국 플라스틱 재활용 산업의 공급망 흐름도

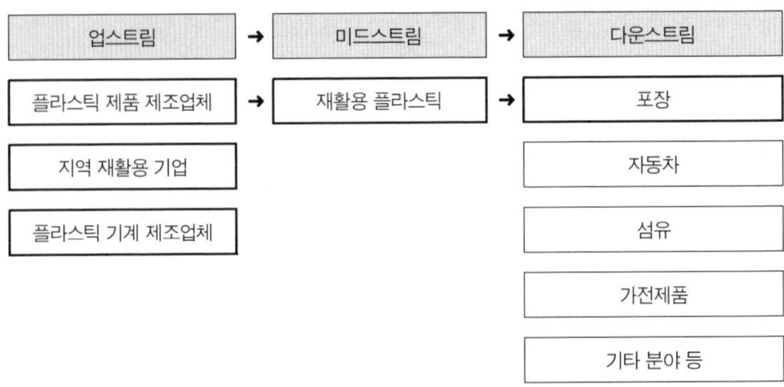

자료: 华经产业研究院(2024).

량은 증가했으나 중국 내 폐플라스틱 가격이 하락함에 따라 2023년 중국 폐플라스틱 재활용액은 약 1,030억 위안을 기록했고 2022년(1,050억 위안) 대비 1.9% 감소했다. 특히 2023년 폐플라스틱 재활용 산업은 생산량과 사용량이 정상적인 수준으로 회복되었으나, 세계 경제성장 둔화, 해외 주문 및 소비 감소 등의 영향으로 폐플라스틱 재활용 제품에 대한 수요도 감소한 것으로 분석되었다. 현재 중국은 플라스틱 생산 과잉이라는 점에서 시장의 치열한 경쟁과 이익률 감소에 직면한 상태이다.

2023년 폐플라스틱 재활용 산업을 폐플라스틱 공급처별로 구분해 비중을 살펴보면, 공급처가 불분명한 기타 폐플라스틱 재활용량이 23%(약 430만 톤)로 가장 높았고, 폐페트(PET) 재활용량 22%(약 420만 톤), 포장용 폐필름/봉투(택배 포장 제외) 재활용량 18%(약 340만 톤), 기타 폐페트 재활용량 11%(약 210만 톤), 전기·전자제품 폐플라스틱 재활용량 9%(약 170만 톤) 순으로 나타났다. 그 외에 자동차 폐플라스틱 재활용량 6%(약 115만 톤), 농업용 필름 재활용량 4%(약 80만 톤), 택배 포장용 폐플라스틱 재활용량 4%(약 75만 톤), 폐도시락 재활용량 2%(약 40만 톤), 오염되지 않은 수액병/봉투 폐플라스틱 재활용량 1%(약 20만 톤) 등을 기록했다.

〈그림 4-7〉 중국 플라스틱 재활용의 총량 추이 및 전망(2018~2030년)

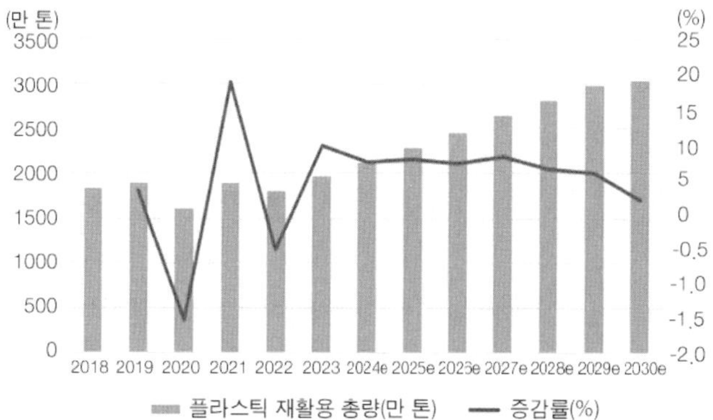

주: e는 예측치를 의미함.
자료: 共研产业研究院(2024).

〈그림 4-8〉 중국 플라스틱 재활용 시장의 규모 추이 및 전망(2018~2030년)

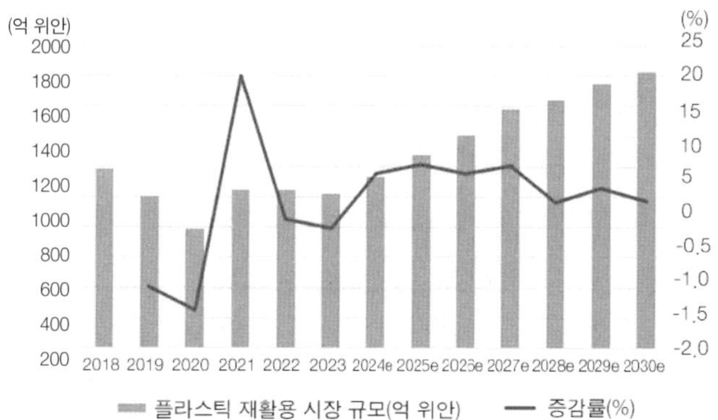

주: e는 예측치를 의미함.
자료: 共研产业研究院(2024).

이를 다시 폐플라스틱 유형별로 살펴보면, 폐페트 약 33%, 폐폴리에틸렌(PE) 약 21%, 폐폴리프로필렌(PP) 약 21%를 차지해 중국 폐플라스틱 재활용 산업의 주요 구성요소로 나타났다. 또한 지역별로는 광둥성은 높은 재활용 인식으로 인해 14%의 폐플라스틱 재활용률을 보여 전국 1위를 차지했으며 중국 폐플라스틱 재활용 산업에 큰 역할을 하는 것으로 나타났다. 그다음으로 인구 밀집 지역이며 폐플라스틱 가공 집중 지역인 산둥성과 허베이성이 각각 13%와 11%를 차지했고, 장쑤성과 저장성이 각각 13%와 12%를 차지했으며, 허난성과 안후이성의 재활용률은 8%였다.

중국의 플라스틱 생산량 증가와 소비자들의 환경보호 인식 제고에 따라 폐플라스틱 재활용 산업 발전도 더욱 촉진될 것으로 예상된다. 이에 따라 중국의 연구기관들은 2030년 중국의 폐플라스틱 발생량이 6,360만 톤에 달하고 그 가운데 폐플라스틱 재활용량은 3,035만 톤에 달할 것으로 전망하고 있다.

3) 폐전기·전자제품 재제조 산업

중국은 소득 수준 향상과 도-농 간 격차 감소 등으로 인해 도시와 농촌 모두에서 가전제품에 대한 수요가 급증하고 있다. 2023년 중국의 주요 가전제품 보유량은 30억 대를 초과했으며 주요 가전의 연간 판매량은 약 2억 2,000만 대를 기록 중이다. 연간 판매량을 세부적으로 살펴보면, 에어컨 6,085만 대, 세탁기 4,005만 대, 냉장고 3,831만 대, TV 3,142만 대, 온수기 2,998만 대, 주방 환풍기 1,885만 대 순으로 나타났다.

중국 정부는 2008년 농촌 지역의 가전제품 구매를 유도하는 가전하향(家电下乡) 정책과 2009년 6월 낡은 가전제품을 새 제품으로 교체하도록 유도하는 이구환신(以旧换新) 정책을 추진한 바 있다. 그 후 15여 년이 지난 현시점은 폐가전의 교환을 통한 새로운 이구환신이 전개될 시기라는 점에서 다수의 폐전기·전자제품이 집중적으로 발생할 수 있다. 더욱이 최근 가전제품을 구매하는 추세가 보유하지 않은 가전제품의 구매보다 업그레이드 차원이 다수이기 때문이다. 즉, 녹색 및 스마트제품의 구매 증가, 1인 가구의 증가 등에 따른 가전제품의 교체 수요가 증가함으로써 폐가전제품이 집중적으로 발생할 것으로 예상된다.

이미 매년 1억 대 이상의 폐가전제품이 나오고 있으며, 연평균 20%씩 증가하는 것으로 발표되고 있다. 이러한 추세는 산업 분야의 전기·전자제품 수명주기와도 맞물려 폐가전이 계속 증가함에 따라 폐가전 재활용 기업들이 활동하는 공간도 더욱 확대될 것으로 예측된다. 이를 고려해 중국 정부는 폐전기·전자제품 재제조 산업을 위한 정책을 다음과 같이 추진하고 있다.[6]

먼저, 중국 정부는 2015년 <제1차 전기·전자제품 재제조 시범기업 명단(通过验收的机电产品再制造试点单位名单)>을 발표했다. 이를 통해 공정기계, 산업기계 전기설비, 공작기계, 광물채굴 기계, 철도 차량 장비, 사무실 정보 설비 등 6개 영역 20개 기업을 선정했다.

그 후 2020년에는 <제2차 전기·전자제품 재제조 시범기업 명단(通过验收的机电产品再制造试点单位名单(第二批)>을 공시했다. 제2차 명단은 공정기계, 전용설비, 공작기계, 전기기계 및 기자재, 운송설비, 내열기 및 부속기기, 전자정보제품, 재제조 산업 클러스터, 내연기관 재제조 추진계획실시기업, 산업기계 전기설비 등 10개 분야 36개 기업으로 확대되었다.

이와 함께 2024년 1월부터 <전기·전자제품 재제조 표준 조건(机电产品再制造行业规范条件)>을 시행함으로써 '순환경제촉진법', '고형 폐기물 환경오염방지법' 등을 철저히 준수하는 동시에 전기·전자제품 재제조 산업의 고품질 발전을 유도하고 자원 이용효율을 제고하기 위한 노력을 계속하고 있다.

2024년 3월부터는 <대규모 장비 갱신과 소비재 교환 행동방안 추진(推动大规模设备更新和消费品以旧换新行动方案)>을 통해 전기·전자제품 판매 기업이 생산 기업 및 재활용 기업과 함께 보상 판매 판촉 활동을 전개함으로써 구형 전기·전자제품을 에너지 절약형 전기·전자제품으로 교환하거나 친환경 스마트 전기·전자제품을 구매할 수 있도록 보조금을 지급할 것을 장려하고 있다. 이를 통

6 "通过验收的机电产品再制造试点单位名单(第二批)"(miit.gov.cn); "通过验收的机电产品再制造试点单位名单(第一批)"(miit.gov.cn); "以旧换新后, 废弃家电如何开启"重生"之旅?", 中国环境网(cenews.com.cn).

〈그림 4-9〉 중국 폐전기·전자제품의 재활용 추이(2016~2023년, 중량 기준)

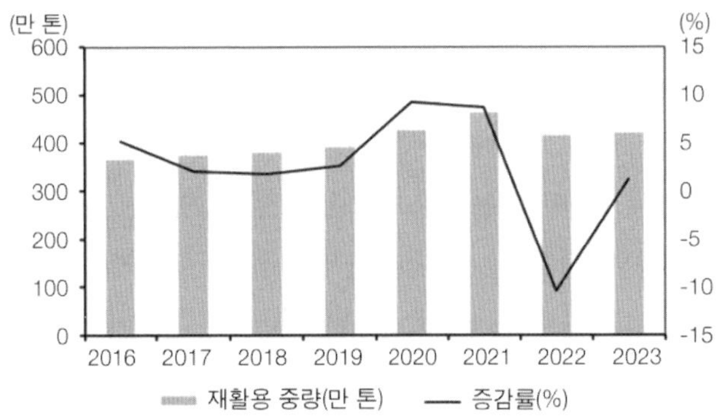

자료: 中国物资再生协会(2024).

해 2027년까지 제조업, 농업, 건설, 교통, 교육, 문화, 관광, 의료 분야 등의 장비 투자 규모가 2023년 대비 25% 이상 증가하도록 유도하고 있다. 또한 주요 산업 장비의 에너지 효율을 에너지 절약 수준으로 맞추고 친환경 생산 역량이 A급 수준에 도달하고 규모 이상 기업의 디지털 연구·개발 및 설계 장비의 보급률과 핵심 공정의 수치 제어 비율이 각각 90%, 75%를 초과하도록 유도하고 있다. 이와 함께 폐가전 재활용률을 2023년 대비 30% 발전시키고 소재 재활용 자원의 비중을 더욱 가중시킬 계획이다.

한편 중국의 폐전기·전자제품 재활용 규모는 2023년 약 1조 9,000만 대로 전년 대비 1.1% 증가했다. 또한 폐전기·전자제품의 재활용 중량은 전년 대비 1.2% 증가한 420만 톤을 기록했고, 금액 기준으로는 전년 대비 1.6% 증가한 약 231억 위안을 차지했다.

이처럼 중국의 폐전기·전자제품 재활용 및 처리 산업이 성장하는 이유는 많은 기업이 폐전기·전자제품 재활용에 참여하고 있기 때문이다. 또한 하이얼, 꺼리, TCL, 창홍, 메이, 하이센스 및 기타 가전 제조업체는 생산자 확장 책임을 적극적으로 수행하고 있으며 폐전기·전자제품 재활용 시스템 구축을 가속적으로 추진하는 동시에 폐전기·전자제품 재활용 네트워크 개선을 촉진하고 있다.

2023년 중국의 폐전기·전자제품의 표준화된 해체 및 처리 규모는 처음으로 9,000만 대를 넘어섰다. 또한 폐전기·전자제품 재활용 산업의 표준화 수준과 집중도가 지속적으로 향상됨에 따라 폐전기·전자제품 처리 규모 상위 10개 기업이 전체 처리량의 54%를 차지하고 있다.

5. 정치·경제적 의미와 한계

중국경제의 고도성장은 이면에 다양한 문제점을 동반하며 성장을 저해하는 리스크 요인으로 작용하고 있다. 이에 중국정부는 현재 재제조 산업을 비롯한 순환경제로의 전환을 통해 지속가능성장을 도모하고 있다. 이러한 차원에서 순환경제를 구축하고 발전시키는 것은 다음과 같은 정치·경제적 의미를 지닌다.

첫째, 중국정부가 추진 중인 순환경제는 경제성장 방식을 전환하고 경제안보 확보 및 공급망 내재화 차원에서 추진되고 있다. 중국은 1978년 개혁·개방정책 추진 이래 연평균 9%대의 경제성장률을 기록하며 G2 경제대국으로 성장했다. 그러나 그 이면에는 자원·에너지 과소비형 산업구조, 환경오염, 공급과잉 등 다수의 문제점도 존재하고 있다. 이에 중국 정부는 2006년부터 양적 성장(又快又好) 중심에서 벗어나 질적 성장(又好又快)을 위해 다양한 정책을 전개하고 있다. 특히 과거 수출과 투자를 통한 경제성장 방식이 성장의 한계에 직면하면서 중국경제의 불안정성이 더욱 증가되고 있기 때문이다(서창배, 2015: 569~588). 이와 함께 최근 미·중 전략경쟁 심화와 러시아-우크라이나 전쟁 및 이스라엘-팔레스타인 전쟁으로 핵심광물 공급망의 중요성이 강조되고 있다. 이에 따라 중국 정부는 경제안보 확립과 경쟁력 제고를 위한 새로운 모멘텀을 구축하는 차원에서 순환경제, 특히 자동차 부품을 비롯한 재제조 산업의 규모를 확대하기 위해 노력 중이다.

향후 중국경제의 안정적인 성장을 위해서는 공급망의 안정화가 매우 중요하다. 그러나 미·중 전략경쟁이 심화되면서 최근 글로벌 가치사슬(Global Value Chain: GVC)에도 커다란 변화가 발생하고 있다. 즉, 국가의 이데올로기, 정치 체제, 경제 발전 수준과 관계없이 경제적인 필요에 의해 최적의 경제적 효율성을 찾아 전개되던 무역자유화에서 벗어나 리쇼어링(reshoring) 또는 프렌드쇼어링(friend-shoring) 같은 자국·우호국 중심의 무역이 확산되고 있는 것이다. 또한 현재 글로벌 자원시장은 코로나19 사태에 따른 장기간의 봉쇄조치, 러시아-우크라이나 전쟁 등 불확실성의 확대로 인한 원자재·소재 가격의 변동 심화, 주요 자원 부국의 자원민족주의 재확산 등으로 다소 혼란스러운 상태이다. 이에 따라 중국은 핵심광물 자원, 특히 리튬자원을 확보하기 위해 안정적인 투자처 또는 공급처를 개발하는 것이 중요한 과제로 부상했다(서창배·김민주, 2023: 42). 자동차 부품 재제조 산업은 자원의 효율적 이용과 자동차 부품의 수입대체 효과로 이어질 수 있으므로 공급망 내재화의 차원에서도 매우 중요하다.

둘째, 순환경제를 통해 글로벌 기후변화에 대응할 수 있고 탄소중립과 관련된 중국의 영향력을 확대할 수 있다. 중국경제는 전통적인 선형경제 구조하에 CO_2 최대 배출국이라는 오명과 함께 기후변화와 환경오염의 주범으로 낙인이 찍혀 있다. 중국 정부는 이러한 오명에서 벗어나기 위해 신재생에너지 산업 강화, 자원의 최적화 활용, ESG 경영 등과 함께 재제조, 재활용, 재사용 등 순환경제를 강조하고 있다. 이를 통해 글로벌 탄소중립과 기후변화 대응에 대한 기여도를 제고하고 있다.

중국 정부는 공업정보화부, 국가발전개혁위원회 등을 중심으로 순환경제를 촉진하기 위한 정책 및 제도를 적극적으로 추진하고 있으며 그 핵심은 재제조 및 재활용 산업 발전이 되고 있다. 또한 재제조 및 재활용 관련 전문 기업을 육성하고 다양한 비즈니스 모델도 추진하고 있다. 이를 통해 중국은 핵심 소재의 추출 및 재제조는 물론이고 환경보호 강화까지 이루고자 노력 중이다. 또한 중국 재제조 기업의 ESG 경영을 통해 탄소중립과 같은 친환경(environmental) 경영, 사회적(social) 책임 경영, 투명한 지배구조(governance)하의 경영 등을 추구함으로써 기업의 지속가능한 성장과 발전을 도모하고 있다(서창배, 2023b: 78). 특히 기후위기 변화에 적극적으로 참여하고 탄소중립과 관련된 친환경 기업을 육성함으로써 글로벌 경쟁력 제고를 도모하고 있다.

셋째, 중국 재제조의 핵심 산업인 자동차 부품 재제조 산업을 집중 육성함으로써 기술 경쟁력을 제고할 수 있다. 전 세계적으로 자동차 부품을 수출하는 국가는 170개국인데, 그중 상위 10개 국가가 세계 수출 점유율의 67.33%(2016~2020년 평균)를 차지한다. 국가별 비중은 독일(14.63%), 미국(11.03%), 멕시코(8.30%), 일본(8.10%), 중국(7.58%), 한국(4.43%) 순을 기록했다. 국가별 점유율 추이를 살펴보면 중국, 체코, 폴란드가 지속적인 증가 추세를 보였다. 또한 중국은 무역특화지수(TSI)[7]에서도 2016년 0.06 대비 2020년 0.10으로 상승했으나, 주요국 자동차 부품 산업의 현시비교우위(RCA)[8]에서는 2016년 0.81 대비 2020년 0.85로 점차 개선되는 양상에도 불구하고 여전히 비교열위 상태로 나타났다. 무역수지기여도(CTB)[9] 분석에서도 2016년 -1.03에서 2020년 -0.16을 기록해 중국은 비교열위 상태를 보이고 있다(서창배·김은영, 2022: 1~26).[10] 이에 중국 정부는 체계적인 자동차 부품 재제조 산업구조 구축, 스마트 관리 시스템 도입, 정부의 집

---

7 TSI는 양국의 경쟁력을 판단하는 비교우위지수로, 1에 가까우면 수출특화를, -1에 가까우면 수입특화를 나타내며, 0.8(-0.8) 이상이면 절대적 수출(수입)특화로 본다. 계산식은 다음과 같으며, EX: 수출, IM: 수입, k: 특정품목, i: 해당국, j: 세계 시장을 나타낸다(서창배·김은영, 2022: 각주16).

$$TSI_{ij}^{k} = \frac{EX_{ij}^{k} - IM_{ij}^{k}}{EX_{ij}^{k} + IM_{ij}^{k}}, \ (-1 \leq TSI \leq 1)$$

8 RCA는 지수가 1보다 크면 비교우위이며 특정품목이 자국의 여타 품목에 비해 수출경쟁력을 가진 것으로 판단한다. 계산식은 다음과 같으며, EX: 수출, W: 전 세계, k: 특정품목, i: 해당국을 나타낸다(서창배·김은영, 2022: 각주17).

$$RCA_{i}^{k} = \frac{EX_{i}^{k}}{EX_{W}^{k}} / \frac{EX_{i}}{EX_{W}}$$

9 CTB는 특정품목이 특정국 흑자에 얼마나 기여하는지를 나타내는 지표로, 양(+)의 값일 때 비교우위이다. 계산식은 다음과 같으며, EX: 수출, IM: 수입, W: 전 세계, k: 특정품목, i: 해당국을 나타낸다(서창배·김은영, 2022: 각주18).

$$CTB_{iW}^{k} = \frac{100}{EX_{iW} - IM_{iW}}[(EX_{iW}^{k} - IM_{iW}^{k}) - (EX_{iW} - IM_{iW})\frac{EX_{iW}^{k} + IM_{iW}^{k}}{EX_{iW} + IM_{iW}}]$$

10 보다 자세한 분석결과는 서창배·김은영(2022: 1~26) 참조.

중적인 육성정책 등을 추진함으로써 관련 기술의 경쟁력을 높이기 위해 노력하고 있다.

한편, 중국 정부는 순환경제 구축과 함께 환경보호, 탄소중립, 전략 광물 확보 등을 이루고 재제조 산업의 경제적 효과를 더욱 제고시키기 위해 재제조 산업과 관련해 다음과 같은 노력도 기울이고 있다.

첫째, 재제조 제품이 신제품과 비교해 동일한 품질 및 성능을 보유하도록 노력하고 있다(苏枫, 2024.5.11). 이를 위해 중국 정부는 재제조 산업이 단순한 '중고 제품' 거래와 다르며 기존의 수리, 재가공, 개조 등과도 명확한 차이점을 가지도록 유도하고 있다.

둘째, 오래된 부품의 전체 수명을 고려해 첨단 기술과 고성능 신소재를 사용하여 기존 부품을 복원하는 한편, 재제조 이후 엄격한 검증을 거침으로써 제품의 성능이 신제품 수준을 충족하거나 초과하는 특징(苏枫, 2024.5.11)을 지니도록 유도하고 있다. 하지만 수리 또는 개조를 할 때에는 전통적인 기술과 일반적인 소재를 사용하고 엄격한 품질 기준이 없기 때문에 제품의 품질과 성능이 신제품만큼 개선되지 않는 것이 일반적이다.

셋째, 경제적 효과를 극대화하기 위해 노력하고 있다. 중국 정부는 재제조 제품이 신제품 제조과정에 비해 "생산비용 50% 절감, 에너지 60% 감소, 원소재 70% 절약, 오염 배출 80% 감소 등이 가능해 경제적 이익인 동시에 자원 및 환경 호에 긍정적으로 작용한다"(中国国家发展和改革委员会, 2021.12.24)고 강조했다.

중국 재제조 산업은 중국 정부의 적극적인 지원 아래 산업고도화를 위한 발전을 지속하고 있다. 그러나 중국 재제조 산업은 미국, 유럽 등 선진국과 비교해 상대적으로 늦게 시작했기 때문에 산업 규모, 제품 분야, 기술 수준, 표준 및 사양, 시장 인식도 등의 측면에서 여전히 일정한 격차가 존재하는 것이 사실이다.

특히 핵심 재제조 기업의 수와 산업 규모가 아직 제한된 상태이고, 재제조의 핵심 기술의 산업화와 재제조 산업 공급망의 업스트림과 다운스트림 간의 연계

〈표 4-9〉 중국 재제조 산업의 강점과 약점 비교

강점(Strengths)	약점(Weaknesses)
자원 절약 가능	기술적 어려움
환경보호	시장 인지도 한계
경제적 이익	수요-공급 조화의 어려움
혁신적 기술 발전	법률적·정책적 지원 부족

효과도 부족한 상태이다. 기계 완제품 제조 기업과 부품 재제조 기업 간의 협력도 충분한 상태가 아니고, 물류 및 판매 시스템의 완벽한 구축도 부족한 상태이다. 또한 재제조 제품의 포지셔닝(positioning) 확립과 시장 수요에 대한 탐구 및 제품에 대한 사회적 인식 개선 등이 필요한 상태로 평가받고 있다(前瞻研究院, 2024).

6. 결론 및 향후 전망

중국 정부와 전문가들은 자동차 부품을 비롯한 전반적인 재제조 산업의 육성과 경쟁력 제고를 크게 강조하고 있다. 그 이유는 재제조 제품이 신제품 제조과정에 비해 에너지 효율성이 60%에 불과하고, 구성요소 재사용률이 평균 70%이며, 제조 공정에서 에너지 소비의 80% 이상을 절약할 수 있기 때문이다. 또한 재제조 제품의 평균 가격이 신제품의 대략 30~40%에 불과하며 생산비용도 신제품의 50% 미만이라서 경제적 효과를 지니고 있기 때문이다.

중국의 재제조 산업 규모는 2021년까지 완만한 증가세를 보였으나, 중국 정부가 순환경제 발전을 위한 정책적 지원과 재제조 제품에 대한 시장의 이해도 제고 등을 지속적으로 유도함으로써 최근 뚜렷한 증가 추세로 전환하며 크게 성장 중이다. 그 대표적인 산업이 자동차 부품 재제조 산업이다. 이는 중국 정부의 강력한 의지와 정책적 지원이 동반되고 있기 때문이다. 중국 정부는 환경보호와 오염 예방, 자원 재활용에 따른 경제적 이익 등으로 인해 순환경제 발전이라는 큰 틀 속에서 재제조 산업의 성장을 더욱 촉진하고 있으며 앞으로도 이러한 추세는 계속될 것으로 전망된다. 중국 정부는 재제조 산업의 고도화를 위해 재제조 산업을 선진 재제조 산업, 스마트 재제조 산업 등으로 연계해 나가고 있다. 이처럼 중국 정부의 정책적 지원이 증가하고 재제조 산업에 대한 시장의 인식과 수요 증가에 따라 폐자동차와 부품 외에 폐플라스틱, 폐전기·전자제품, 고철, 폐비철금속, 폐지 등 주요 재생가능한 자원의 재제조 및 재활용 규모도 더욱 증가할 것으로 전망된다.

중국 정부가 재제조 산업을 적극 육성하는 것은 자원·에너지 절감 효과, 핵심 광물 및 원자재의 수입 대체 효과, 환경보호와 오염 방지에 따른 환경오염 피해 절감 효과, 재제조 및 재활용 기술의 축적과 연구 개발에 따른 첨단기술 경쟁력 제고 및 미래 산업으로의 전환 효과 제고, 글로벌 기후변화 대응 및 탄소중립을 주도한다는 '친환경 국가 이미지' 제고 등 다양한 정치·경제적 의도에서 비롯되고 있다. 또한 미·EU 등의 기술무역장벽(Technical Barriers to Trade: TBT)에 대응하는 것과 관련된 사전 대비책으로도 분석된다.

한편, 중국 자동차 부품의 국산화율 제고와 함께 원가 절감 및 자원의 효율적인 재활용을 위해 재제조 산업이 확대될 것으로 전망됨에 따라 한국의 대(對)중국 자동차 부품 수출에 영향을 미칠 것으로 예상된다. 자동차 부품과 관련해 한·중 양국의 무역특화지수(TSI)와 현시비교우위(RCA)를 분석한 결과 한국이 비교우위를 유지하고 있으나, 한·중 양국의 자동차 부품 수출경합도지수(ESI)를 분석한 결과는 비교적 높은 경합관계를 보이고 있다(서창배·김은영, 2022: 1~26). 이에 따라 중국이 자동차 부품 재제조 산업의 기술력 강화를 중심으로 수입 대체효과를 제고할 경우 한국산 자동차 부품 수출은 부정적인 영향을 받을 수밖에 없어 신에너지 자동차 부품 산업의 기술 경쟁력을 제고하기 위해 노력할 필요가 있다.

KOTRA(2024. 7. 24)는 중국 자동차 산업이 계속 확대되고 있어 우리 기업은 자동차 부품의 시장 수요 변화에 유의해야 한다고 강조했다. 또한 KOTRA(2024. 7. 24)는 조사업체인 중옌왕(中研网)의 발표를 인용하여 신에너지 자동차의 비중 확대에 따른 중국 자동차 부품 시장의 발전 가속화를 예상했다. 이에 따라 우리 정부와 기업은 한국 자동차 부품 산업의 대중국 수출을 증가시키기 위해 전기자동차, 수소전기자동차 등 중국 신에너지자동차 시장 동향을 면밀하게 모니터링할 필요가 있다. 또한 한국의 기술경쟁력이 높은 커넥션, 센서 등 신에너지 자동차 부품의 대중국 수출을 강화하기 위해 더욱 노력해야 한다.

참고문헌

KOTRA. 2024.7.24.「1~5월, 중국의 한국 자동차 부품 수입 증가 품목」. https://dream.kotra.or.kr/dream/cms/news/actionKotraBoardDetail.do?SITE_NO=2&MENU_ID=3550&bbsSn=243&pNttSn=217330&CONTENTS_NO=1(검색일: 2024년 10월 1일).

강홍윤·김영춘·이일석. 2012.「國內外 再製造産業의 現況 및 發展 課題」. ≪자원리싸이클링≫, 제21권 제4호, 11쪽.

김성국·허윤석. 2023.「한국 중고차의 수출경쟁력에 관한 연구」. ≪무역연구≫, 제19권 제5호, 107~125쪽.

김연규 외. 2023.『전기차 배터리 순환경제』. 한울.

김호·신의찬. 2024.「국제사회의 경제안보와 공급망 안정화 전략에 대한 한국의 최근 법제 변화 연구」. ≪무역연구≫, 제20권 제3호, 311~323쪽.

북경한국중소기업협회. https://www.thegmnews.com/news/

서창배. 2015.「중국경제의 성장방식 전환」. 서창배·곽복선 외.『중국경제론』. 박영사. 569~588쪽.

______. 2023a.「중국 배터리 재활용 산업 정책과 현황」. 김연규 외.『전기차 배터리 순환경제』. 한울. 166~195쪽.

______. 2023b.「중국 EV 폐배터리 재활용 산업정책과 무역·경제적 효과 분석」. ≪전자무역연구≫, 제21권 제3호, 63~84쪽.

서창배·김민주. 2023.「중국의 핵심광물 자원 확보전략과 정치·경제적 의미 분석: 리튬 광물자원을 중심으로」. ≪한중관계연구≫, 제9권 제3호, 21~52쪽.

서창배·김은영. 2022.「한·중 자동차 부품산업의 수출경쟁력 비교 분석」. ≪아시아연구≫, 제25권 제2호, 1~26쪽.

신호정·김영춘 외. 2020.5.29.『순환경제로의 전환 촉진을 위한 산업계 3R(Rethink-Redesign-Remake) 정책 연구』. 산업통상자원부 연구용역 최종보고서. https://www.prism.go.kr/homepage/entire/researchDetail.do?researchId=1450000-202000036&gubun=totalSearch&menuNo=I0000002(검색일: 2024년 10월 16일).

유정호·이동주 외. 2022.「한국의 주요 지역별 글로벌 가치사슬 구조와 시사점」. ≪무역연구≫, 제18권 제1호, 117~130쪽.

A&A Packaging. 2024. October 20. "How is a circular economy different from a linear economy?" https://www.aandapackaging.co.uk/how-is-a-circular-economy-different-from-a-linear-economy/(검색일: 2024년 10월 25일).

GEP ECOTECH. 2023.7.8. "中国再生资源回收行业发展报告(2023)正式发布." https://www.gephb.com/news/industry/2301.html

Lorenz, J. 2019.7.17. "Circular Economy vs. Linear Economy." https://thercollective.com/blogs/r-stories/circular-economy-vs-linear-economy(검색일: 2024년 10월 16일).

McDonough, W. and M. Braungart. 2002. *Cradle to cradle: Remaking the way we make things*. North Point Press.

Su, Biwei, A. Heshmati and Yong Geng. 2013. "A review of the circular economy in China: Moving from rhetoric to implementation." *Journal of Cleaner Production*, 42, pp.215~227.

Sohu.com. 2017.12.4. "绿色经济下, 汽车拆解、动力锂电池回收领衔, 万亿再生资源回收利用市场已开启." https://www.sohu.com/a/208321042_655347(검색일: 2024년 6월 19일).

https://baijiahao.baidu.com/s?id=1804249994713145365&wfr=spider&for=pc

https://www.chyxx.com/search?word=%E5%86%8D%E5%88%B6%E9%80%A0
https://www.fxbaogao.com/dt?keywords=%E5%86%8D%E5%88%B6%E9%80%A0&order=2
https://www.sklib.cn/booklib/report/detail?SiteID=122&ID=11465674

共研产业研究院. 2024.『2024-2030年中国塑料回收市场调查与投资战略报告)』.

山西科城能源环境创新研究院. 2023.2.27. 科城能源环境: 2022年废旧物资循环利用产业发展报告. https://www.xdyanbao.com/doc/c9q268v35n?bd_vid=10752773591479011273(검색일: 2024년 6월 19일).

上海锦持再制造. http://jcrestorer.com/a/chanpinzhongxin/.

苏枫. 2024.5.11. "我国再制造产业异军突起站上风口." ≪小康≫. SOHU.COM.

再制造产业咨询. 2022.12.2. "产业政策: 我国再制造产业相关政策一览表." https://mp.weixin.qq.com/s/uF2qYOAZ1GYhEtccjnNx0A(검색일: 2024년 6월 19일).

前瞻研究院. 2024. ≪2024-2029年中国再制造产业发展前景与投资预测分析报告≫.

中国国家发展和改革委员会. 2021.12.24. "十四五"规划≪纲要≫名词解释之190|再制造. https://www.ndrc.gov.cn/fggz/fzzlgh/gjfzgh/202112/t20211224_1309457.html(검색일: 2024년 6월 19일).

中国国家统计局. 2024.『中国统计年鉴2023』.

中国物资再生协会. 2023.『中国再生资源回收行业发展报告』.

________. 2024.『中国再生资源回收行业发展报告』.

智研咨询. 2024. ≪2024-2030年中国汽车再制造行业市场现状分析及发展前景研判报告≫.

智研瞻产业研究院. 2023.3.23. "中国再制造产业深度调研及投资前景预测报告." https://zhiyanzhan.cn/report/42286.html.

________. 2024. ≪2024-2029年中国再制造产业发展前景与投资预测分析报告 ≫.

________. 2024.2.27. "中国再制造产业: 进入可持续发展阶段." https://www.sohu.com/a/760307609121114988(검색일: 2024년 6월 19일).

________. https://zhiyanzhan.cn/.

华经产业研究院. 2024. ≪2024-2030年中国再生塑料行业发展潜力预测及投资战略研究报告≫.

제5장

한국의 자원순환 현황과 쟁점

강유덕

1. 서론

코로나19 팬데믹 기간 중 배달문화가 급속히 확산되면서 엄청난 양의 플라스틱 폐기물이 발생했다. 한국의 전체 인구가 연간 소비하는 페트병은 56억 개로, 500ml 생수병으로 환산하면 지구를 14바퀴 돌 수 있는 양이다. 연간 소비하는 비닐봉지는 연간 267억 개로, 서울시를 13번 덮을 수 있는 양이다(그린피스, 2023.3.22). 현재 추세라면 2030년 한국의 생활폐기물 중 플라스틱 폐기물은 2020년보다 1.5배 증가해 약 648만 톤에 이를 것으로 예상된다(그린피스, 2023). 이러한 플라스틱 폐기물은 더 이상 처리하기 곤란한 지경에 이르렀다.

한국의 1인당 쓰레기 배출량이 세계 최대 수준이라는 사실은 이미 많은 보도를 통해서 알려져 있다. 2019년 CNN을 비롯한 외신은 한국 남부 지역에 방치된 쓰레기 산에 대해 보도하면서 '쓰레기 위기'라고 지칭한 바 있다(CNN, 2019.3.3). 특히 한국의 플라스틱 소비량이 2015년 기준 1인당 연간 132kg으로, 미국의 93kg, 중국의 58kg을 크게 앞서고 있다고 보도했다. 플라스틱은 잘게 분해하더라도 미세 플라스틱 형태로 자연계에 떠돌아 우리의 건강을 위협한다.

한국의 자원순환에 관한 논의는 기후변화 문제에 일찍부터 경각심을 가졌던 다른 선진국에 비해 상대적으로 늦게 시작되었다. 한국은 1992년 '자원의 절약과 재활용 촉진에 관한 법률'을 제정함으로써 종래 처리 중심의 폐기물 관리 정책에서 감량화와 재활용에 역점을 두는 정책으로 전환했다. 2008년에는 이 법을 개정해 폐기물 관리 정책의 방향을 단순 재활용 중심에서 발생 억제와 자원화 확대 중심으로 전환하면서 자원순환의 개념을 도입했다. 정부는 이를 위해 5년마다 자원순환 목표를 설정하고, 소요 재원 조달 및 투자 계획 수립을 주요 내용으로 하는 '자원순환기본계획'을 수립했다. 2011년에는 '녹색성장을 위한 폐자원 업사이클링 기반 조성 제1차 자원순환기본계획'이 수립되어 2015년까지의 목표가 설정되었으며, 2018년에는 2018~2027년을 목표로 한 자원순환기본계획이 재차 수립되었다.

이 글에서는 한국의 자원순환 관련 법제와 장기 계획을 살펴보고, 자원순환을 비롯한 폐기물 문제에 대한 한국의 인식, 그리고 아직 활성화되지 못한 관련 산업의 현주소를 살펴본다. 또한 순환경제에 관한 기업 사례를 분석해 한국의 자원순환 현황과 쟁점을 종합적으로 검토한다.

2. 국내 자원순환의 현황

1) 자원순환 정책과 법제도

자원순환이란 폐기물 발생을 억제하고, 발생된 폐기물을 적절하게 재활용 또는 처리하는 것, 더 나아가 폐기물을 재제조함으로써 자원의 순환과정을 친환경적으로 이용·관리하는 것을 의미한다. 한국은 1990년대에 자원순환사회 구축을 위한 논의가 등장했고, 2008년 개정된 '자원의 절약과 재활용 촉진에 관한 법률'을 통해 처음으로 '자원순환'이라는 개념이 명문화되었다. 이 법은 제1조에서 "폐기물의 발생을 억제하고 재활용을 촉진하는 등 자원을 순환적으로 이용함으로써 환경의 보전과 국민경제의 건전한 발전에 이바지"하는 것을 목적으로 규정했다. 또한 자원의 절약과 재활용 촉진을 위한 기본 규정을 명시하고, 이를 위한 사업 지원과 기반 조성 등에 대해 규정했다. 이 법에는 '자원순환'이 50여 차례 언급되면서 이 개념이 소비와 생산 활동 등 광범위한 범위에 적용되는 순환경제의 핵심 개념임을 명문화했다.

자원순환과 관련된 정책은 재활용 촉진을 중심으로 법률의 개정을 통해 발전해 왔다. 우선 1960년대에는 '오물청소법'(1961)에 근거해 주로 도시지역에서 발생하는 쓰레기와 분뇨 등을 대상으로 청소의 개념에 근거한 정책이 진행되었다. 반면에 1970년대 후반에는 급격한 산업화와 함께 환경오염이 사회적 문제로 부상하면서 '환경보전법'(1978)이 제정되었고, 1980년에는 환경행정을 담당할 환경청이 출범해 환경보전에 보다 중점을 둔 적극적인 환경정책을 실시하기 시작했다. 이 시기에는 농촌의 폐비닐 급증이 사회적 문제로 대두되면서 '합성수지폐기물처리사업법'(1979)이 제정되었고, 1980년에는 이를 기반으로 한국자원재생공사가 설립되었다. 다만, 1980년대의 폐기물 관리는 처리에 중점을 두었는데, 산업폐기물만 '환경보전법'에 의해 관리되었고 생활폐기물은 여전히 '오물청소법'에 의해 관리되었다. 1980년대 중반에 환경청은 폐기물 관리체계의 일원화를 도모했고, 이에 '오물청소법'과 '환경보전법'의 폐기물 관리 규정이 통합된 '폐기물관리법'이 제정되었다. 이 법에는 최초로 재활용의 개념이 등장해 기존의 처리 위주에서 재활용으로 정책의 패러다임이 변할 수 있는 기반이 조성되었다. 이후 1991년에는 '폐기물관리법'이 일부 개정되어, 폐기물의 분류기준을 변경되었다. 기존에는 일반(생활)폐기물과 산업폐기물로 구분했지만, 이때부터는 건강에 대한 위해성을 기준으로 일반폐기물과 특정폐기물로 구분했다. 또한 일반폐기물은 지자체가 처리를 책임지되, 특정폐기물은 국가가 담당하도록 했다.

1990년대 초반부터는 재활용 촉진 정책이 본격적으로 시작되었다. 1992년에는 재활용 촉진을 위해 기존의 '폐기물관리법'에서 '자원의 절약과 재활용촉진에 관한 법률'이 분리, 정비되었다. 또한 1994년에는 한국이 바젤협약에 가입하면서 그 의무를 준수하기 위해 '폐기물의 국가 간 이동 및 그 처리에 관한 법률'이 제정되었다. 1995년에는 폐기물 처리시설의 입지를 둘러싸고 발생하는 사회적 소요를 막기 위해 '폐기물처리시설 설치촉진 및 주변지역지원 등에 관한 법률'이 제정되었다. 이 시기에는 폐기물 발생을 최소화하기 위한 제도적 틀이 갖춰졌는데, 1992년에 도입된 폐기물부담금제도와 1993년부터 시행된 폐기물예치금제도가 그 예이다. 이와 같은 제도는 당시 선진국에서 이미 시행되거나 활발히 논의되던 것으로, 재활용 개념과 폐기물 최소화 개념을 기반으로 도입되었다. 이어 1995년 1월부터는 쓰레기 배출 종량제를 실시함으로써 폐기물 감량을 촉진하고 분리수거에 관한 제도를 정비했다.

이후 한국의 폐기물관리법제는 세분화 과정을 거쳤다. 2003년에는 '건설폐기물의 재활용촉진에 관한 법률'이 제정되었다. 이 법은 건설공사 등으로 발생한 건설폐기물을 친환경적으로 적정 처리하고 재활용을 촉진하기 위한 것으로, 기존에 '폐기물관리법', '건설기술관리법', '자원의 절약과 재활용촉진에 관한 법률', '건축법', '건설폐재 배출사업자의 재활용지침' 등으로 분산되어 있던 관련 법규를 하나로 모아 일원화시켰다는 특징을 지니고 있다. 2005년에는 방사성폐기물 처분시설을 유치한 지역의 발전과 주민 생활 향상을 위해 '중·저준위 방사성폐기물 처분시설의 유치지역지원에 관한 특별법'을 제정했다. 2007년에는 '전기·전자제품 및 자동차의 자원순환에 관한 법률'을 별도로 제정했다. 이 법은 전기·전자제품 및 자동차의 재활용 촉진, 유해물질의 사용 억제, 재활용이 용이한 제조, 폐기물의 적정한 재활용 촉진 등을 위한 것인데, 이는 당시 EU가 제정한 전기·전자제품의 유해물질 제한 지침(RoHS), 폐가전 처리 지침(WEEE), 폐자동차 처리 지침(ELV) 등으로부터 영향을 받은 것이었다.

이후 2008년 3월에 개정된 '자원의 절약과 재활용촉진에 관한 법률'에서는 제2조 1항에 최초로 '자원순환'을 "환경정책상의 목적을 달성하기 위해 필요한

〈표 5-1〉 한국의 폐기물 관리 법제 발전

시대	연도	법	특징
'오물청소법' 시대	1961~1977	- 오물청소법	- 청소 개념에 기초 - 도시지역 쓰레기 및 분뇨처리 대상 - 청소지역을 특별청소지역과 계절적 청소지역으로 구분 - 청소지역, 하수도, 하천 및 해역에 오물 투기 금지
'환경보전법' 시대	1978~1986	- 환경보전법 - 합성수지폐기물처리사업법	- 환경 문제가 사회적 관심사로 확산 - 환경법 제정 및 환경청 발족 - 폐기물은 여전히 '오물청소법'에 의해 관리 - 농촌 폐비닐 문제로 '합성수지폐기물처리사업법' 제정 - 한국자원재생공사 설립 - 생활폐기물은 '오물청소법'으로, 산업폐기물은 '환경보전법'으로 관리
'폐기물관리법' 시대	1986~1992	- 폐기물관리법 - 오수·분뇨 및 축산폐수의 처리에 관한 법률	- '오물청소법'과 '환경보전법'의 폐기물 관련 규정 통합 - 재활용 개념 도입 - 폐기물 분류 체계를 일반폐기물과 특정폐기물로 구분 - 특정폐기물은 국가에, 일반폐기물은 지방자치단체에 처리책임 부과 - 분뇨 등은 '오수·분뇨 및 축산폐수의 처리에 관한 법률'로 수질관리 측면에서 다룸
분법화 시대	1993~현재	- 자원의 절약과 재활용 촉진에 관한 법률 - 폐기물처리시설 설치 촉진 및 주변지역지원 등에 관한 법률 - 폐기물의 국가 간 이동 및 그 처리에 관한 법률	- '폐기물관리법'을 분법·정비 - 바젤협약 가입 및 국내 이행을 위한 법률 제정 - 폐기물 관리와 재활용 촉진에 중점

자료: 안형기·임정빈(2013: 278~280); 한국환경정책·평가연구원(2023: 2).

범위 안에서 폐기물의 발생을 억제하고 발생된 폐기물을 적정하게 재활용 또는 처리하는 등 자원의 순환과정을 환경친화적으로 이용·관리하는 것"으로 규정했다. 이 시점부터 자원순환은 폐기물 재활용을 중심으로 하는 개념으로 정착되었다.

이렇듯 한국의 자원순환과 관련된 법제와 개념은 산업 발전과 생활 패턴의 변화, 국제 협약 및 해외 선진국 규제의 영향, 국내 자체적인 논쟁 등을 통해 점진적으로 발전해 왔다. 오늘날 한국의 자원순환 법제화와 사회적 논쟁, 문화는 해외 주요국과 유사한 수준에 도달했지만, 몇 가지 고유한 특성을 지니고 있다.

한국의 자원순환 법제는 선도적이기보다 국제적 변화에 대응하는 반응적 성격이 강하다. 또한 자원순환을 사회 전반의 패러다임으로 포괄적으로 인식하기보다 주로 재활용에 중점을 두는 경향이 있다.

2) 폐기물 발생 현황

국내에서 폐기물은 크게 일반 가정에서 배출되는 생활폐기물과 산업활동에 따른 사업장 폐기물로 구분된다. 사업장 폐기물은 다시 사업장 일반폐기물(사업장 배출 시설계 폐기물)과 건설폐기물, 그리고 지정폐기물로 구분된다. 사업장 배출 시설계 폐기물은 주로 합성수지 및 고무 같은 폐합성고분자화합물, 제철작업에서 발생하는 광재류가 가장 많은 비중을 차지하며, 건설폐기물은 건설과정에서 발생하는 폐콘트리트 등을 비롯해 다양한 건설용 폐자재를 포함한다. 한다. 지정폐기물은 사업장 폐기물 중 폐유, 폐산 등 환경을 오염시키는 물질이나 의료폐기물을 의미한다(<그림 5-1> 참조).

환경부는 '자원순환기본법', '폐기물관리법', '건설폐기물의 재활용촉진에 관한 법률'에 근거해 폐기물 발생량 및 처리 현황을 집계, 발표하고 있다.[1] 폐기물 배출량은 지속적인 증가 추이를 보여왔다. 1996년 18만 1,000톤이었던 일별 폐기물 배출량이 2021년에는 54만 1,000톤으로 세 배 증가했는데, 이는 연평균 4.1% 증가율을 보인 것이다. 특히 2018~2021년 3년 동안에는 10만 톤 가까이 급증하는 현상을 보였다(<그림 5-2> 참조). 1996~2022년 기간 중 가장 가파른 증가율을 기록한 항목은 건설폐기물로, 연평균 8.0% 성장해 이 기간 중 8배 이상 증가했다. 반면 생활폐기물은 연평균 0.9% 증가하는 데 그쳤다. 건설폐기물은 건설경기의 영향을 받는데, 거의 전체 연도에 걸쳐 꾸준히 증가했고, 특히 2010년대 초반까지 크게 증가했다. 전반적으로 일부 연도를 제외하면 국내 폐

---

1 각 사업체는 환경청 및 지방자치단체에 폐기물 발생 현황을 보고할 의무가 있다. 이 통계는 시·군에서 시·도 단위로 보고되며, 이후 한국환경공단이 집계해 환경부에 보고한다.

〈그림 5-1〉 '폐기물관리법'상 폐기물 분류 체계

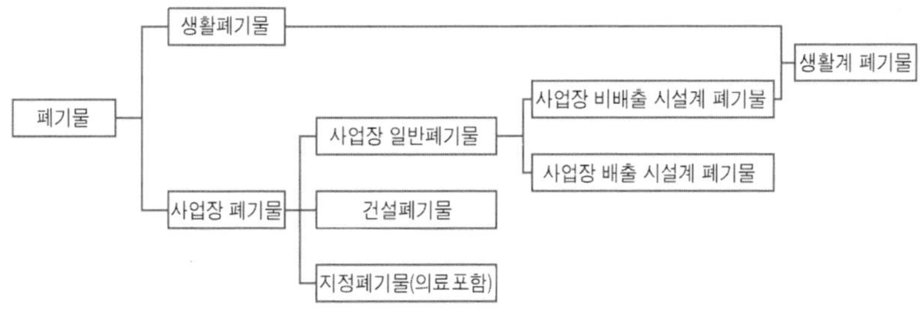

자료: 환경부(2023: 4).

〈그림 5-2〉 연도별 일간 폐기물 배출량(1,000톤/일)

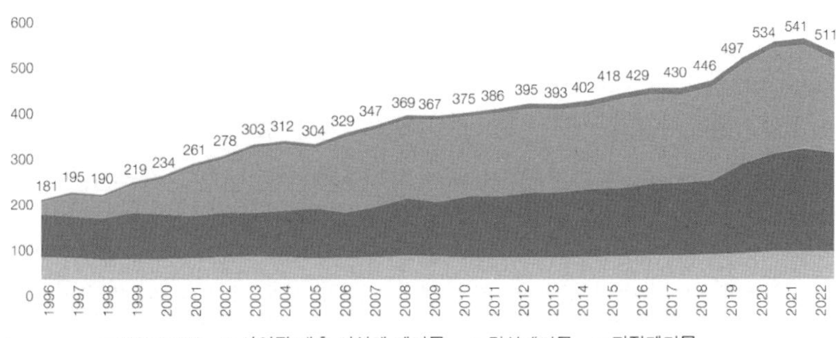

자료: 환경부(2003~2023); 지표누리, "폐기물 발생량", https://www.index.go.kr/unify/idx-info.do?idxCd=4278#(검색일: 2024년 7월 31일).

기물 배출량은 꾸준히 증가해 왔는데, 경기가 하강국면을 보였던 1998년, 2009년, 2022년에는 폐기물 배출량이 감소한 것으로 나타났다. 즉, 배출 저감을 위한 노력보다는 경기적 요인이 폐기물 배출 감소에 더 큰 영향을 미친 것이다.

2022년 가장 많은 비중을 차지한 폐기물 항목은 사업장 배출 시설 폐기물(43.5%)이며, 이어서 건설폐기물(40.9%), 가정폐기물(12.4%), 그리고 지정폐기물(3.3%) 순이다. 폐기물별 비중을 살펴보면, 먼저 생활폐기물은 1996년에는 전체의 27.6%를 차지했으나, 계속 감소하는 추세를 보여 2020년에는 12% 이

〈그림 5-3〉 폐기물 분류별 배출 비중 변화(단위: %)

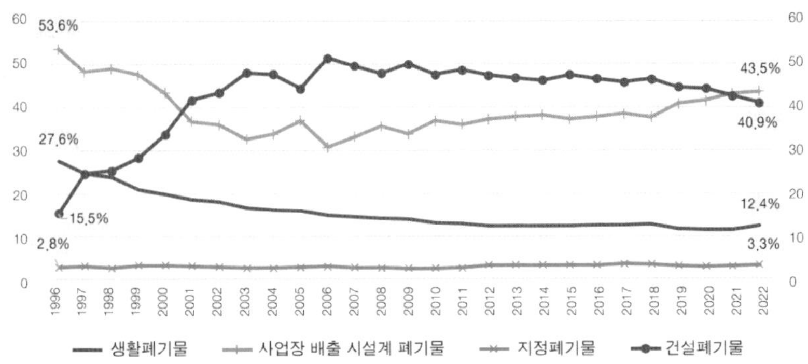

자료: 환경부(2003~2023); 지표누리, "폐기물 발생량", https://www.index.go.kr/unify/idx-info.do?idxCd=4278#(검색일: 2024년 7월 31일).

하로 감소했다. 사업장 배출 시설 폐기물은 1996년에는 전체 폐기물의 50%를 상회했지만, 2000년대 중반에는 30%까지 감소했으며, 이후 증가해 2020년 이후에는 40% 내외를 차지했다. 비중에 있어 가장 큰 증가를 기록한 것은 건설폐기물이다. 1996년 건설폐기물의 비중은 15.5%로 생활폐기물보다 비중이 낮았지만, 1990년대 후반부터 급속도로 증가해 2006년에는 전체의 50%를 상회하기도 했다. 이후 완만하게 감소하고 있지만 여전히 전체 폐기물의 40% 이상을 상회하고 있다. 즉, 모든 항목에서 폐기물을 감소하려는 노력이 이루어져야 하지만, 사업장 폐기물의 축소 여부가 제일 큰 관건임을 알 수 있다.

지역별 폐기물 발생량을 살펴보면, 2022년 기준 경기, 충남, 경북 순서로 높으며, 이들 3개 시·도가 전체의 42.8%를 차지한다(환경부, 2023: 11~13). 지역별 폐기물 배출량은 지역별 인구 및 산업구조를 반영한다. 가령 경기 지역은 생활폐기물과 사업장 비배출 시설계 폐기물(생활폐기물에 포함), 건설폐기물, 지정폐기물의 발생량이 전국 1위를 기록한 반면, 사업장 배출 시설계 폐기물은 석탄화력발전소와 제철소 등이 입지한 충남과 전남이 각각 1, 2위를 차지했다. 폐기물별 발생 비중을 살펴보면 지역별로 차이가 있는데, 인구밀집 지역인 서울은 다

〈표 5-2〉 지역별 폐기량 배출량(2022년)(1만 톤/연)

구분	전체 발생량		생활폐기물		사업장 비배출 시설계 폐기물		사업장 배출 시설계 폐기물		건설폐기물		지정폐기물	
	배출량	비중	배출량	비중	배출량	비중	배출량	비중	배출량	비중	배출량	비중
총계	18,645	100%	1,675	9.0%	628	3.4%	8,106	43.5%	7,618	40.9%	617	3.3%
서울	1,590	100%	291	18.3%	108	6.8%	127	8.0%	1,052	66.2%	13	0.8%
부산	650	100%	87	13.4%	32	4.9%	136	20.9%	371	57.1%	23	3.5%
대구	545	100%	77	14.1%	28	5.1%	86	15.8%	343	62.9%	12	2.2%
인천	1,189	100%	85	7.1%	68	5.7%	487	41.0%	516	43.4%	33	2.8%
광주	309	100%	47	15.2%	6	1.9%	40	12.9%	211	68.3%	5	1.6%
대전	312	100%	49	15.7%	6	1.9%	76	24.4%	175	56.1%	6	1.9%
울산	695	100%	36	5.2%	16	2.3%	420	60.4%	164	23.6%	59	8.5%
세종	99	100%	10	10.1%	2	2.0%	38	38.4%	43	43.4%	5	5.1%
경기	4,077	100%	412	10.1%	159	3.9%	1,240	30.4%	2,113	51.8%	153	3.8%
강원	628	100%	63	10.0%	16	2.5%	257	40.9%	286	45.5%	6	1.0%
충북	777	100%	60	7.7%	27	3.5%	309	39.8%	332	42.7%	49	6.3%
충남	1,962	100%	73	3.7%	30	1.5%	1,436	73.2%	363	18.5%	61	3.1%
전북	721	100%	62	8.6%	22	3.1%	301	41.7%	304	42.2%	32	4.4%
전남	1,823	100%	66	3.6%	22	1.2%	1,322	72.5%	374	20.5%	37	2.0%
경북	1,941	100%	98	5.0%	39	2.0%	1,278	65.8%	447	23.0%	79	4.1%
경남	1,152	100%	118	10.2%	38	3.3%	531	46.1%	425	36.9%	41	3.6%
제주	176	100%	43	24.4%	8	4.5%	23	13.1%	101	57.4%	2	1.1%

주: 사업장 비배출 시설계 폐기물은 사업장에서 발생한 폐기물이지만, 통계 합산 시에는 생활폐기물에 합산함. 〈그림 5-2〉, 〈그림 5-3〉의 생활폐기물에는 사업장 비배출 시설계 폐기물이 합산되어 있음.
자료: 환경부(2023: 11~13).

른 지역에 비해 사업장 배출 시설 폐기물의 비중은 현저히 낮은 반면, 생활폐기물의 비중은 전국 평균에 비해 두 배 이상 높으며, 건설폐기물의 비중은 66.2%로 전국 1위를 차지했다. 반면에 상대적으로 인구가 적고 발전 및 산업시설이 밀집한 충남, 전남, 경북 지역은 생활폐기물의 비중이 낮은 반면, 사업장 배출 시설 폐기물의 비중은 70%를 상회 또는 근접하는 산업 중심의 폐기물 배출 구조를 갖고 있다. 이러한 지역별 폐기물 배출 구조는 자원순환을 위해서는 지역별로 다른 각도의 정책이 필요하다는 것을 시사한다.

3) 폐기물 처리 현황

폐기물 처리 현황을 살펴보면 재활용의 비중이 꾸준히 증가하고 매립의 비중이 감소하는 추이를 보여준다. 재활용의 비중은 2000년 67.7%였는데, 2020년에는 87.4%까지 증가했으며, 이후 소폭 감소했다. 재활용의 비중이 증가했다는 점은 긍정적이다.[2] 폐기물의 재활용 수준은 선진국과 비교할 때 매우 높은 수치이다.[3] 매립의 비중은 2000년 22.4%였으나, 2006년에는 8.0%로 비중이 급격히 줄었다. 이후 소폭 증가하기도 했지만, 전반적인 비중은 계속 감소 중이며 지난 10년간 5~6% 수준을 유지하고 있다. 소각의 비중은 최근 수년간 소폭 감소세를 보이고 있지만 큰 변동은 없다. 해역 배출 등 기타 부분의 배출은 2010년대 기간 중 대폭 감소해, 2017~2018년 기간 중에는 전체 폐기물 처리의 0.01%까지 감소했다. 이후 다시 증가했으나 3%에 다소 못 미치는 수준이다.

재활용의 비중이 높은 것은 사실이지만 폐기물의 종류별로 살펴보면 차이가 있다. 가령 건설폐기물은 가장 많이 증가했지만 재활용률이 100%에 이르고 있다.[4] 일본 등 다른 국가에서도 사업장 배출 시설계 폐기물의 재활용률이 꾸준히 증가해 84% 수준에 이르렀다. 반면 생활폐기물의 재활용률은 2000년대에 증가해 약 60%에 도달한 후 10년 이상 현 수준에 머물러 있다. 폐기물별로 재활용률이 상이한 이유는 폐기물 자체의 특성에 기인하는 바가 크지만 생활폐기물 분야에서 재활용률을 높이기 위한 추가적인 노력이 부족하기 때문이기도 하다.

한편 우리나라에서는 폐기물 처리에서 매립이 차지하는 비중이 꾸준히 감소

2 다만 과거의 폐기물 재활용 실적은 신뢰도가 낮다는 지적이 있다. 최종적인 재활용량을 기준으로 산정하지 않고 재활용전문 중간처리업자 또는 재활용신고자가 수탁받은 양을 기준으로 활용한 바 있는데, 그 결과 재활용률을 과대평가할 수 있다는 것이다(채영근, 2009: 154; 안형기·임정빈, 2013: 283).

3 폐기물의 재활용률이 2017~2018년 기준 일본이 50%를 다소 상회하고, EU가 38%, 미국이 25% 수준인 것과 비교하면 한국의 재활용률은 매우 높은 편이다(이상훈·유경근, 2021: 96, 100).

4 건설폐기물에서 재활용률이 높은 이유는 폐기물의 산업적 특성에 따른 것이다. 또한 이 분야의 폐기물 처리 산업이 발달되어 있기 때문이다.

〈그림 5-4〉 폐기물 처리 현황(단위: %)

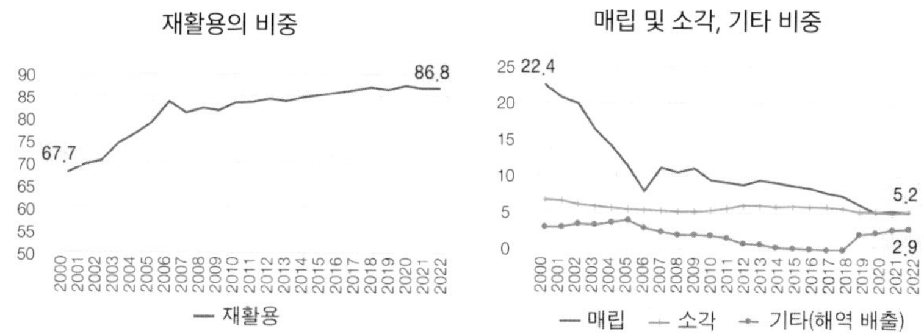

자료: 환경부(2003~2023); 지표누리, “폐기물 발생량”, https://www.index.go.kr/unify/idx-info.do?idxCd=4278#(검색일: 2024년 7월 31일).

〈그림 5-5〉 폐기물 종류별 처리 현황(단위: %)

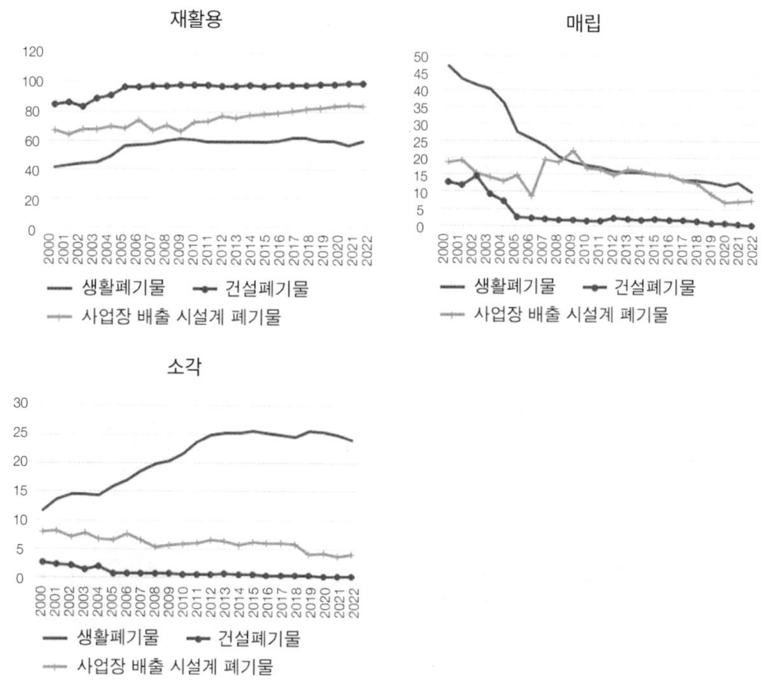

자료: 환경부(2003~2023); 지표누리, “폐기물 발생량”, https://www.index.go.kr/unify/idx-info.do?idxCd=4278#(검색일: 2024년 7월 31일).

해 왔다. 가령 한국의 생활폐기물의 매립 비중은 2000년에는 50%에 가까웠지만, 2022년에는 10% 수준까지 낮아졌다. 미국과 EU의 폐기물 처리 중 매립 비중이 각각 52%와 39%인 것을 감안하면 매립 비중이 매우 낮은 편이다(이상훈·유경근, 2021: 96, 100). 다만 생활폐기물 중 소각 비중은 2000년 11.7%에서 2015년 25.7%까지 높아졌으며 이후에는 별다른 감소 추이를 보이지 않고 있다.

주요 건설폐기물의 종류별 절차 처리도

건설폐기물 중 가장 많은 비중을 차지하는 폐기물은 폐콘크리트와 폐아스팔트콘트리트로, 2022년 각각 4,748만 톤, 1,215만 톤이 배출되었다. 이 둘은 전체 폐기물의 32.0%에 해당하며, 건설폐기물 중에서는 78.3%에 해당한다. 현장에서 수거된 건설폐기물은 파쇄분쇄 및 분리선별 과정을 거쳐 순환골재 형태로 재생산되며, 건설자재로 다시 활용된다.

폐콘크리트(건설폐기물 중간처리업) 및 건설폐재류

폐콘크리트 배출

중간 처리(파쇄 분쇄, 분리 선별)

순환 골재 생산

건설 자재 대체 활용

자료: *Focus Taiwan*, "Visiting MEP hints at potential arms sale policy change"(March 27, 2024).

건설폐기물 중간처리업(파쇄분쇄 또는 재생아스콘 생산)

폐아스콘 배출

중간 처리(파쇄 분쇄)

아스콘 순환 골재 생산

도로공사용 활용

중간 처리(파쇄 분쇄)

재생 아스콘 생산

도로 포장 활용

자료: *Focus Taiwan*, "Visiting MEP hints at potential arms sale policy change"(March 27, 2024).

자료: 한국건설자원협회; 한국폐기물협회, http://www.kwaste.or.kr/bbs/content.php?co_id=sub040216(검색일: 2024년 7월 20일).

3. 자원순환에 관한 인식과 재제조 산업의 발전 가능성

1) 환경보호에 대한 인식

자원순환은 환경보호와 기후변화 대응을 위해 소비와 생산 활동을 재활용 및 재제조 중심으로 전환하는 형태로 나타난다. 따라서 자원순환에 관한 인식은 기후변화를 얼마나 심각하게 느끼고 있는지 여부와 환경보호의 필요성에 관한 설문조사를 통해 파악할 수 있다.

우선 환경 파괴, 기후변화 문제에 대해서는 매우 심각하게 파악하고 있는 것으로 나타났다. 2020년 실시된 설문조사에 따르면, 기후변화를 체감하고 있다고 응답한 비율은 76%에 달했으며, 체감하지 않는다고 응답한 비율은 5.9%에 불과했다. 기후변화에 대한 체감은 전 연령층에 걸쳐 고르게 나타났다. 기후변화를 체감하는 응답자를 대상으로 한 추가 설문조사에서는 폭염, 폭우 등 이상기후를 지적한 응답자가 83.8%로 가장 많았으며, 새로운 질병의 증가(35.0%), 어종 변화와 해수면 상승(28.3%), 개화 시기 변화(24.7%) 등이 뒤를 이었다.

환경부는 주기적으로 '환경보전에 관한 국민의식조사'를 실시, 발표해 왔다. 이 조사는 환경 상황 및 개선을 위한 노력, 실제 개선의 정도 등에 대해 일반 시민이 느끼는 인식을 약 1,500명을 대상으로 다양한 문항을 통해 조사한다.

환경 문제에 관해서는 전반적으로 사회적 관심이 높은 것으로 나타났다. 연도별 차이가 있지만 2013년에는 91.8%의 응답자가 관심을 표명한 것으로 나타났다. 2023년에는 75.6%로 감소하긴 했지만, 전반적으로 높은 관심을 보이는 것을 알 수 있다. 정부의 환경 문제에 관한 노력에 대해서는 일반인보다 전문가 집단에서 높이 평가하는 것으로 나타났다. 가령 2013년에는 일반인 중 37.5%만 중앙정부가 환경 문제 해결을 위해 노력한다고 답변한 반면, 전문가 집단에서는 그 비중이 80%로 높았다. 2023년 조사에서는 국민들이 심각하다고 생각하는 환경 문제가 지구온난화/기후변화(93.7%), 산업폐기물(86.6%), 생활쓰레

〈그림 5-6〉 기후변화에 대한 체감 수준 및 상황(단위: %)

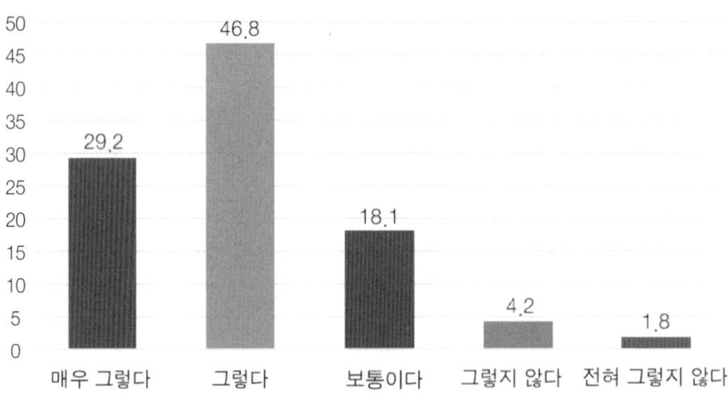

기후변화를 체감하는 상황

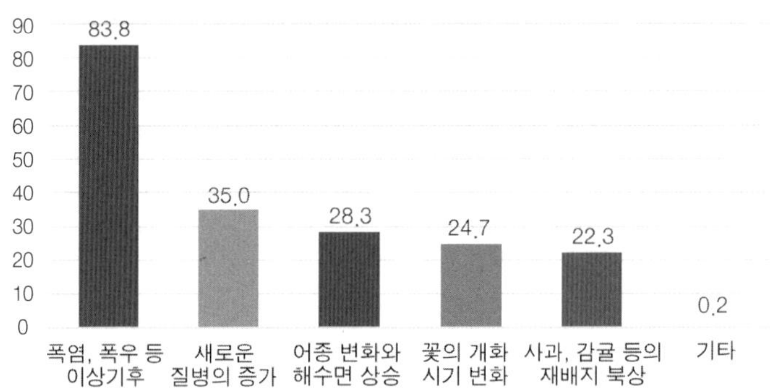

주: 기후변화에 대한 체감 수준은 1,200명을 대상으로, 기후변화를 체감하는 상황은 912명을 대상으로 조사한 것임.
자료: 문화체육관광부(2020: 5).

기와 유해화학물질(각 84.5%) 순으로 나타났다. 2018년 조사에서는 지구온난화/기후변화(94.0%), 산업폐기물(79.6%), 대기(78.6%)가 주요한 환경 문제로 인식되었다. 이 결과를 비교해 보면, 대기의 심각성 인식은 감소한 반면, 생활쓰레기와 유해화학물질의 심각성에 대한 인식은 상승했다. 특히 지구온난화와 같은 대형 이슈에 대한 관심이 증가한 이유는 언론을 통해 이러한 문제들이 지속적으로 제기되었기 때문이다. 이는 지난 10년 동안 국민들의 환경의식 수준

〈표 5-3〉 환경보전에 관한 국민의식 조사(단위: %)

		1995	2000	2003	2008	2013	2018	2023
환경 문제에 대한 관심도		82.4	88.8	82.3	79.0	91.8	78.6	75.6
중앙정부의 환경 문제 노력 평가	일반 국민	63.4	42.2	37.6	40.8	37.5	60.1	66.2
	전문가	-	-	-	58.1	80.0	76.6	74.4
분야별 환경오염 심각도	자연환경 및 생태계	57.3	93.7	90.6	79.9	92.3	72.6	73.5
	대기	80.9	97.1	93.4	70.8	92.8	78.6	72.4
	물(지하수 포함)	80.0	97.4	94.2	68.4	86.6	55.3	50.5
	토양	-	91.3	88.1	63.2	78.9	50.9	56.3
	생활 쓰레기	68	95.4	92.6	89.7	93.5	77.1	84.5
	산업폐기물	-	94.6	94.1	88.7	95.8	79.6	86.6
	소음, 진동	63.4	83.4	80.6	67.9	80.1	57.3	52.5
	악취	50.3	72.9	69.4	63.3	63.1	49.6	46.5
	유해화학물질	-	90.3	88.2	83.5	90.1	77.1	84.5
	지구온난화/기후변화	-	92	-	90.9	94	85.1	93.7
	환경 문제 전반	-	96.9	93.4	88.5	95	81.4	85.2

자료: 환경부(2024); e-나라지표, "환경보전에 관한 국민의식조사", https://www.index.go.kr/unity/potal/main/EachDtlPageDetail.do?idx_cd=1456(검색일: 2024년 7월 29일).

〈표 5-4〉 환경보전을 위한 재원 조달 방법(단위: %)

분야	일반 국민			전문가		
	2018	2023	증감	2018	2023	증감
환경오염 유발 제품에 대한 부담금 부과 강화	42.4	44.1	1.7	28.3	28.6	0.3
환경오염물질 배출 기업에 과세	25.7	25.8	0.1	28.8	27.2	-1.6
정부 재정 내 환경예산 비중 확대	17.3	15.9	-1.4	24.4	27.8	3.4
환경세 확대	7.5	10.5	3	13.2	7.7	-5.5
환경기금 확대	7	3.5	-3.5	3.4	8.1	4.7

자료: 환경부(2024: 11).

이 높아졌음을 시사한다.

환경보전을 위한 방법으로는 환경오염 유발 제품에 대한 부담금 부과 강화(44.1%), 환경오염물질 배출 기업에 과세(25.8%), 정부 재정 내 환경예산 비중 확대(15.9%)가 제시되었다. 특히 부담금 부과 강화를 선호하는 것은 국민들이 환경보호를 위해 추가적인 비용을 부담할 의지가 강해졌음을 나타내는데, 이는 납세보다 소비 측면의 해결 방안을 더 선호하는 경향을 보여준다.

2) 자원순환과 재제조 산업의 국내 현황

재제조(remanufacturing)는 일반적으로 수명 또는 사용주기가 끝난 제품을 신품과 동일하거나 더 나은 품질의 새로운 제품으로 복원·생산해 내는 과정을 의미한다. 같은 제품으로 복원해 낸다는 점에서 폐기물을 분해, 분류, 파쇄, 용융 등 물리화학적 가공을 거쳐 원재료나 다른 용도로 사용하는 재활용과는 개념이 다르며, 복원을 위한 특별한 공정이 필요하다. 자원순환에 있어 재제조가 중요한 이유는 환경보호와 경제적 이익을 동시에 추구할 수 있기 때문이다. 신제품 제조과정에 비해 재제조는 자원과 에너지를 85~90% 감소할 수 있으며, 탄소배출은 50~90% 절감할 수 있다(윤정배, 2022: 1; ≪환경일보≫, 2021.10.20). 또한 재제조를 통해 생산된 제품은 신제품에 비해 가격이 30~50% 저렴하다(≪신소재경제≫, 2021.7.9).

2005년에 개정된 '환경친화적 산업구조로의 전환촉진에 관한 법률'에서는 제2조 2호에 '재제조'를 "재사용·재생 이용할 수 있는 상태로 만드는 활동 중에서 분해·세척·검사·보수·조정·재조립 등 일련의 과정을 거쳐 원래의 성능을 유지할 수 있는 상태로 만드는 것"으로 규정한 바 있다. 또한 2022년 시행된 '재제조 제품 품질인증요령'에서는 재제조 제품의 품질과 기술 경쟁력을 강화하기 위해 재제조 제품의 품질인증 기준을 제정하고 품질인증을 하는 데 필요한 사항을 정한 바 있다. 재제조는 특정 부분의 결함 문제를 해결하는 수리(repair)의 개념과 달리 신제품과 같은 수준의 성능을 갖춘 제품으로 복원해 내는 것이다. 따라서 일반적인 수리보다 훨씬 높은 수준의 공정기술을 필요로 하며, 사실상 신제품 생산과 비슷한 일련의 제조공정 및 기술을 필요로 한다. 또한 제품의 품질관리가 필요하다는 점에서 사실상 생산 공정이라고 볼 수 있으므로 재사용, 재활용, 수리 등의 개념과는 다르다(윤정배, 2022: 1).

〈그림 5-7〉 재제조와 수리의 차이점

자료: Kang, Kim and Lee(2012: 3~15); 강홍윤·김영춘(2017: 3).

재제조의 공정 과정을 공정 단계별로 분류하면 해체, 세척, 검사 및 분류, 수리 및 조정, 재조립의 5단계로 구분할 수 있다(〈그림 5-8〉 참조). 해체는 부품을 개별 부품 상태로 분해하는 과정으로, 부품을 손상시키지 않고 접합부를 분리할 수 있는 최대한의 수준으로 해체한다. 이후 세척 공정에서는 모든 부품을 재사용이 가능한 상태로 청소하는데, 자원순환의 취지에 부합하기 위해서는 가능한 한 환경친화적 방법으로 작업이 이루어져야 한다. 검사 및 분류 단계에서는 해체와 세척을 마친 부품을 대상으로 재사용 여부와 수리 가능성 등을 판단해 분류한다. 이 단계에서 부품은 수리 없이 재사용이 가능한 부품, 수리 후 재사용이 가능한 부품, 재사용이 불가능한 부품 등으로 분류되며, 재사용이 불가능한 부품은 폐기한다. 수리 및 조정 단계는 부품을 신품과 같은 수준으로 복원하는 것으로, 이 과정이 사실상 재제조 공정의 핵심이다. 마지

〈그림 5-8〉 재제조의 공정 과정

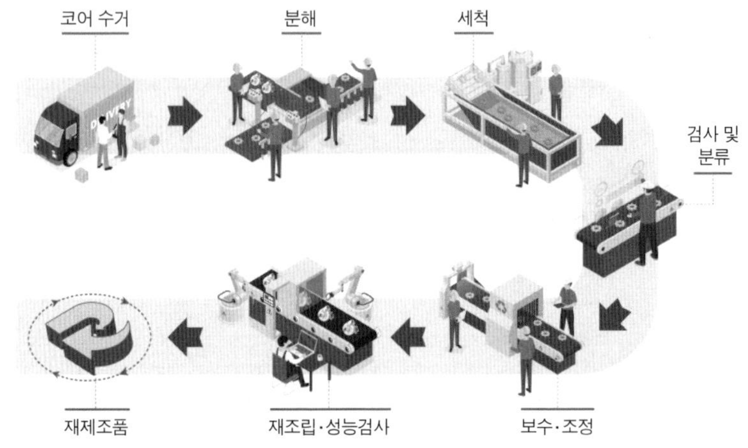

자료: 산업통상자원부, "순환경제정보플랫폼, 제도소개: 재제조", https://www.circular-economy.or.kr/site/siteRemanuf/info-reman(검색일: 2024년 7월 24일).

막인 재조립 단계는 신제품과 동일한 방식으로 다시 조립하는 과정이다. 재조립 후에는 신제품과 마찬가지로 기능 및 품질검사를 거쳐 출시 가능 여부를 판단한다.

선진국에서는 일찍부터 환경보호, 자원순환의 일환으로 재제조 산업이 활성화되었다. 유럽과 미국의 재제조 시장 규모는 합산해 거의 100조 원에 달하는 것으로 알려져 있다. 가령 미국의 경우 재제조 시장의 대부분을 차지하는 자동차 부품에서 재제조 부품의 시장 규모가 52조 원에 달한다(윤정배, 2022: 4). 이는 자동차 부품 시장의 42%를 점유하는 것으로, 제제조 부품 시장은 연간 3.9%씩 성장하고 있다. 유럽의 경우에도 재제조 시장은 46.8조 원에 이르는 거대 시장이며, 자동차 부품의 재제조가 약 50%를 차지한다. 특히 다임러 벤츠, BMW 등 대형 완성차 업체들도 자사 제품의 재제조 시장에 적극 참여하고 있다.

한국의 재제조 시장은 1조 원을 약간 넘는 규모로 알려져 있다. 선진국에 비

〈표 5-5〉 해외 재제조 산업 현황

구분	미국(2012년)	유럽(2015년)	일본(2015년)	한국(2017년)
재제조품 시장 규모 (GDP대비)	51.7조 원 (0.23%)	46.8조 원 (0.22%)	1.74조 원 (0.03%)	1조 원 (0.05%)
업체 수	8,000여 개	7,200여 개	1,500여 개	1,444개
고용 인원	18만 명	19만 명	1만 8,000명	6,997명

자료: re-parts, "재제조 부품이란", http://re-parts.kr/intro/pdtInfo.do(검색일: 2024년 7월 24일).

해서는 시장 규모가 작지만 2010년에서 2017년 사이에 약 30% 성장했으며, 앞으로도 높은 성장세가 예상된다. 2017년 기준으로 국내 재제조 시장은 자동차 부품이 78.6%, 토너 카트리지가 12.0%를 차지해 전체 재제조 산업의 90% 이상이 이 두 분야에 집중되어 있다. 전기·전자 부품의 비중은 1.4%에 불과하다. 이러한 편중 현상은 자동차 부품 분야가 재제조에 가장 적합한 산업적 특성을 가지고 있기 때문이기도 하지만, 한편으로는 규제와 생산 및 소비 관행의 영향도 크다. 미국과 유럽의 경우 재제조 산업이 자동차뿐만 아니라 항공기, 중장비, 의료기기, 군수 장비, 로봇 등 첨단 고부가가치 분야로도 확산되고 있다. 반면 한국의 재제조 기업 수는 시장 규모에 비해 많은 편인데, 이는 역설적으로 기업이 소규모 위주임을 의미한다. 재제조 기업의 90% 이상이 근로자 수 10인 미만, 매출액 10억 원 이하이며, 2017년 기준으로 1,444개 기업 중 자동차 부품(1,159개)과 토너 카트리지(186개) 분야가 93% 이상을 차지했다.

한국의 재제조 산업은 후발주자로서 확장할 수 있는 가능성이 크다. 그러나 이를 위해서는 산업의 다양화와 고부가가치 분야로의 확장이 필요하다. 이를 달성하기 위해서는 정부의 지원과 규제 완화, 기업의 기술 개발 및 혁신, 그리고 소비자 인식의 변화가 필요하다. 이렇게 다양한 분야로 확장하면서 산업적 특성을 고려해 전략적으로 접근한다면 한국의 재제조 산업은 글로벌 경쟁력을 갖출 수 있을 것이다.

〈표 5-6〉 국내 재제조 산업 현황(단위: 억 원)

분야	2010년		2015년		2017년	
	매출액	비중	매출액	비중	매출액	비중
자동차 부품	6,100	81.3%	6,741	80%	7,874	78.6%
토너 카트리지	1,400	18.7%	1,450	17.2%	1,200	12%
건설기계·부품	-	-	-	-	770	7.7%
공작기계	-	-	-	-	31	0.3%
화학촉매	-	-	40	0.5%	6	0.06%
전기·전자제품	-	-	194	2.3%	139	1.4%
합계	7,500	100%	8,425	100%	10,020	100%

자료: re-parts, "재제조 부품이란", http://re-parts.kr/intro/pdtInfo.do(검색일: 2024년 7월 24일).

3) 재제조 시장의 발전을 위한 과제

국내 재제조 산업은 경제 규모와 시장 비중 등을 감안할 때 향후 급속히 성장할 수 있는 잠재력이 크다. 미국, 유럽에 비해 국내 재제조 산업의 규모는 현저히 작은데, GDP 규모를 감안할 때 현재보다 네 배 정도 더 큰 규모로 성장할 수 있다. 정부는 재생자원순환성을 제고하기 위해 2030년까지 재제조율 10% 달성을 목표로 하고 있다(과학기술정보통신부, 2023). 이러한 목표는 내연기관에서 전기차로 생산 및 소비 패러다임이 변하고 있는 지금 시점에서 더 중요성을 갖는다. 자동차 부품 분야가 국내 재제조업에서 75% 이상을 차지하고 있기 때문이다. 2018년 발표된 '지속가능한 순환경제 실현을 위한 제1차 자원순환기본계획(2018~2027)'에 따르면, 자동차의 전자화에 따라 재제조 시장이 기계식 부품에서 전자식 부품으로 변화할 것으로 예상되기 때문에 소프트웨어 및 통신 제어 기반의 재제조 기술 개발을 추진해야 한다. 국내 재제조 산업이 활성화되기 위해서는 다양한 정책 및 노력이 필요한데, 크게는 규제, 공급망 및 생산, 소비자 인식, 품목 다원화 등의 이슈가 있다.

(1) 규제 관련 방안

재제조와 관련된 규제는 크게 대상 품목에 대한 규제와 재제조 기업의 품질인증 취득과 관련된 규제로 구분할 수 있다. 2008년에 전동기, 교류발전기 등 2개에 불과했던 재제조 대상 품목은 2017년에는 자동차 부품 33종, 전기·전자 부품 또는 제품 14종, 건설기계 부품 3종 등 50종 이상의 품목으로 확대되었다. 또한 국가기술표준원이 담당하는 제제조 기업의 품질인증 취득 건수는 2008년에 1건에 불과했지만, 현재는 20건 이상으로 증가했다.[5]

그동안 국내 제제조 산업의 발전을 위해서는 재제조 대상 품목을 확대해야 한다는 지적이 있었다(고승현, 2015: 50; 강홍윤·김영춘, 2017: 6). 특히 산업통상자원부와 환경부가 공동으로 대상 품목 결정에 관여하기 때문에 부처 간 이해관계의 차이로 인해 결정이 지연될 수 있었다. 이에 산업계의 요구를 받아들여 2018년에는 재제조 대상 제품 고시를 폐지해 네거티브 규제로 전환했다. 따라서 이제는 재제조 제품의 품질인증을 희망하는 기업을 밀착 지원하는 체계를 구축하는 것도 중요하다. 지원 체계를 통해 기업이 인증을 받을 수 있도록 행정적·기술적 지원을 제공하고 인증 절차를 간소화해 더 많은 기업이 재제조 시장에 참여할 수 있도록 유도해야 한다.

(2) 공급망 및 생산 관련 방안

재제조 산업의 특성상 사용 후 부품(코어)의 안정적이고 체계적인 회수와 분류가 중요하다. 그러나 현재의 '폐기물관리법'과 '자원의 절약과 재활용촉진에 관한 법률'은 대량 생산·소비 및 폐기 중심의 사회 경제 구조를 반영하고 있어 재활용 촉진 정책이 부족하다(고승현, 2015: 50~51). 따라서 순환자원의 원활한 공급을 위해 법률을 개정해 사업자 단체가 직접 순환자원의 수집과 공급에 참여할 수 있도록 해야 한다는 주장도 있다. 그래야 안정적인 수급 생태계가 조성되고

5 제제조 기업의 품질인증을 취득한 기업의 명단은 다음 웹사이트를 참조. http://re-parts.kr/intro/pdtCertify.do(검색일: 2024년 7월 31일).

공급망이 재형성되기 때문이다. 이를 위해 코어의 수거 및 유통 관리를 투명하게 실시하는 통합 시스템을 도입하고, 우수 재제조 부품의 온라인 거래 시스템을 구축해 원활한 거래가 이루어질 수 있도록 해야 한다(강홍윤·김영춘, 2017: 10). 재제조에 필요한 장비를 개발하기 위해서는 정부의 R&D 지원이 필요하다. 긍정적인 점은 정부의 순환경제 관련 사업 및 예산 지원에서 재제조 관련 기술 개발에 할당된 예산의 비중이 높다는 것이다. 이러한 변화는 기존의 폐기물 관리 위주의 정책에서 벗어나 재제조 기술 개발 방향으로 순환경제의 R&D 배치를 변경하는 것이라서 긍정적으로 평가된다(배진수, 2021: 21).

(3) 소비자 인식 개선 방안

재제조 산업이 성장하기 위해서는 해당 제품에 대한 소비자들의 인식이 변화해야 한다. 소비자들은 재제조 제품을 일반 중고품이나 재생품으로 혼동하는 경우가 많아 재제조 제품의 시장이 확대되는 데 어려움이 있다. 따라서 소비자 인식을 개선하기 위한 공익광고와 같은 홍보 캠페인이 필요하며, 산업 관련 학계의 세미나, 연구 확산 등을 통해 재제조 산업의 환경친화성과 경제성을 알릴 필요가 있다. 또한 자동차 부품의 경우 자동차 보험과의 연계성을 검토해야 한다(강홍윤·김영춘, 2017: 6). 재제조 부품에 대한 정확한 정의와 인식이 없으면 소비 - 보상 - 보험 등의 연계 조치가 어려워 소비자들이 신제품만 선호하는 현상이 계속되기 때문이다. 우선 정비할 때에는 신품과 재제조 제품에 대한 정보를 투명하게 제공하는 제도를 도입해야 한다. 그래야 소비자의 신뢰를 얻고 재제조 제품의 시장성을 높일 수 있다.

(4) 원제조업계와 재제조업계 간의 상생협력

완성업체와 재제조업체 간에 대체 관계가 형성될 경우, 완성업체는 재제조 산업에 대해 소극적일 수밖에 없다. 가령 완성차 업체는 신차 판매량 감소, 기술 유출, 재제조 제품의 품질 문제에 따른 기업 이미지 손상 등을 이유로 재제조 부품의 사용에 소극적인 태도를 보일 가능성이 높다(강홍윤·김영춘, 2017: 10). 현재 자동차 부품은 재제조 시 10~50%의 핵심 부품이 신품으로 교체되지만, 원제조 부품을 수급하기 어려울 경우에는 오히려 저품질 복제품의 사용을 부추기는 결과를 가져올 수 있고, 이로 인해 품질 저하 문제가 발생할 수 있다. 이러한 측면에서 완성업체와 재제조업체 간에 오히려 보완관계가 형성될 수도 있다.

EU와 미국에서는 자동차 제작자와 정비업체 간 기술 정보 제공을 법제화해 공정한 경쟁, 소비자 선택권, 안전성 제고를 유도하고 있다. EU의 '자동차 분야 경쟁법 일괄면제 규정(Motor Vehicle Block Exemption Regulation: MVBER)'은 자동차 제작자가 일반 정비업체에 기술 정보, 진단기기 및 장비, 관련 소프트웨어, 교육 등에 대한 완전한 접근 권한을 보장하도록 명시하고 있다. 미국에서는 2011년에 '차량 소유자와 정비업체의 기술 정보 접근성을 제고하는 법안(Motor Vehicle Owners' Right to Repair Act)'이 발의되었고, 2012년 8월 메사추세츠주가 미국 최초로 이를 승인했다.[6] 이와 같은 법제는 대기업 위주인 완성차업계와 중소사업자 위주인 정비업계 간의 공정한 경쟁, 소비자의 선택권 제고 등을 목적으로 제정된 것이지만, 자동차 부품 분야의 재제조업이 활성화될 수 있는 배경으로 작용한다. 전 세계 유명 자동차 메이커들은 대부분 재제조 라인을 운영하고 있다. 가령 독일의 다임러 벤츠, BMW, 폭스바겐 등 완성차 업체는 A/S 시장에서 품질이 좋으면서 가격이 새 부품보다 싼 재제조 부품을 공급하기 위해 재제조 생산라인을 직접 또는 OEM 방식으로 운영하고 있다.[7]

---

6 다만, 2023년 6월 미국 도로교통안전국(National Highway Traffic Safety Administration: NHTSA)은 해킹으로 인한 원격 조종 위험을 우려해 데이터 공유를 중단했다.

7 국가기후기술정보시스템, "자원순환 정책으로 고유가 대비", https://ctis.re.kr/en/selectBbsNttView.do?key=1574&bbsNo=312&nttNo=624436&searchCtgry=&searchCnd=all&searchKrwd=&pageIndex=1708&searchBbsType=(검색일: 2024년 7월 31일).

(5) 편중 현상 해소 방안

현재 한국의 재제조 산업은 자동차 부품과 토너 카트리지에 집중되어 있다. 이 같은 편중 현상을 완화하기 위해서는 산업을 다양화해야 한다. 즉, 미국과 유럽처럼 항공기, 중장비, 의료기기, 군수 장비, 로봇 등 첨단 고부가가치 분야로 재제조 산업을 확장해야 한다. 이를 위해 정부는 관련 산업의 연구 개발을 지원하고 재제조 기술 개발을 촉진해야 한다. 또한 재제조 제품을 녹색 제품 범주에 포함시켜 공공기관과 기업이 우선 구매하도록 유도하는 정책을 도입할 필요도 있다(강홍윤·김영춘, 2017: 7).

4. 자원순환 및 재활용, 재제조 관련 기업 사례

사례 1. 자동차 부품의 재제조

국내 자동차 부품의 애프터마켓 시장 규모는 약 8조 원 수준으로 추산된다. 이 중 일반 수리를 통한 재제조 부품 시장 규모는 약 6,700억 원(약 14%)인데, 인증을 통해 재제조가 활성화될 경우 보험수리 시장 쪽으로 재제조 부품이 확장되면서 약 1조 4,000억 원까지 시장이 확대될 것으로 예상된다. 한국의 재제조 산업에서 자동차 부품은 75% 이상을 차지하고 있다. 그러나 재제조 산업의 규모는 미국, 유럽 등 다른 국가와 비교할 때 GDP 대비 매우 작은 실정이다.

국내 자동차 부품 제조업에서 신품의 총 출하액은 101조 원에 이른다(김호건, 2022: 12). 따라서 순환경제가 아닌 산업의 자연스러운 성장 측면에서도 확장 가능성이 높다. 현재 전체 시장 규모는 안정적인 성장세를 보이는 가운데 국내에는 1,600개 이상의 재제조업체가 있다. 다만 재제조 기업의 90% 이상이 근로자 수 10인 미만, 매출액 10억 원 이하의 소규모 회사이다(이 수치는 전 산업 분야의 재제조 기업을 대상으로 산출한 통계이다. 하지만 자동차 부품 재제조업체도 대부분

〈그림 5-9〉 자동차 부품의 재제조 공정과 제품 비교

자료: 한국자동차부품재제조협회, http://kapra.kr/product/product.php(검색일: 2024년 7월 24일).

영세한 것으로 파악된다).

신품 제조업체의 출하액이 업체당 242억 원임을 감안하면, 재제조업체는 영세한 규모이다. 2006년에 설립된 한국자동차부품재제조협회(KAPRA)는 이러한 자동차 부품 재제조업체들의 이익을 대변하고 재제조 부품의 활성화를 도모한다. 이 협회는 현재 약 75개의 회원사를 보유하고 있다. 이 협회는 전장계통 부품, 엔진계통 부품, 섀시계통 부품, 차체 및 내외장 부품, 변속기계통 부품, 기타 부품 등으로 회원사를 분류해 다양한 자동차 부품 재제조 분야를 아우르고 있다.

자동차 부품 재제조 산업은 전체 재제조 산업의 70% 이상을 차지하며, 자동차 애프터마켓의 중요한 부분을 구성하는 중소기업 중심의 산업이다. 재제조 산업을 활성화하기 위해서는 재제조 산업 인프라 구축, 사용 후 제품(코어)의 공립체계 확립, 재고 정보 공유, 생산된 재제조 부품의 원활한 유통 및 판매를 위한 유통 정보 공유 시스템 구축이 필수적이다. 정부의 지원 사업을 통해 정보 공유 인프라가 구축되면, 회원사 간의 재고 정보 및 물류 협력이 원활해질 수 있다. 인프라를 구축하기 전에는 개별적 영업 수행과 소규모 판매점 위주의 유통

〈표 5-7〉 자동차 재제조 부품 중 정부 고시 대상 제품

구분	승용차용	상용차용
대상 제품	(승용차용) 교류발전기, 시동전동기, 등속조인트, 에어컨 컴프레서, 클러치커버, 터보차저, 디젤 인젝터, 로어 컨트롤 암, 브레이크 캘리퍼, 쇼크 업소버, 자동변속기, 기계식 연료분사 펌프, 커먼레일 연료 펌프, 팬 클러치, 컴비네이션 램프, LPG 기화기, LPG 믹서, 실린더헤드, 토크로드, 냉각팬, 가솔린엔진, 디젤엔진, 커먼레일 디젤 연료 필터, 파워스티어링펌프, 스로틀바디, 스티어링 기어박스, 범퍼, 도어, 헤드램프, 전동 사이드미러, ABS모듈, 토크컨버터, 부변속기, 조향모터, ECU, TCU, 밸브바디, 전자식 에어쇼크 업소버, 전자식 커플링, 전기자동차 배터리, 브레이크 디스크, 하이브리드 변속기	(상용차용) 교류발전기, 시동전동기, 자동변속기, 에어컨 컴프레서, 후륜차축, 실린더헤드, 디젤엔진, 디젤 인젝터, 고압연료펌프, 에어브레이크 캘리퍼, 공기압축기 (공통) 배기가스 정화장치
개수	42개	12개

자료: 한국자동차부품재제조협회, http://kapra.kr/product/product02.php(검색일: 2024년 7월 24일).

구조로 인해 홍보 부족, 소비자 인식 미흡, 수요 창출 부족의 어려움이 있었다. 그러나 인프라를 구축한 후에는 재제조품의 시장 접근성이 높아졌고 기존에 음성적으로 이루어지던 코어 및 제품의 교환과 판매가 제도권 내로 진입해 자원순환 사회를 형성하는 데 기여하고 있다.

자동차 부품 재제조에서 가장 큰 어려움 중 하나는 재제조 제품을 수리한 중고품으로 간주하는 소비자의 인식이다. 재제조 제품의 품목은 정부의 고시방식이 네거티브 방식(포괄식)으로 변경 중이며, 현재 자동차 부품으로는 승용차용 42개, 상용차용 11개가 포함되어 있다. 이렇게 고시된 품목은 품질인증 대상이 되는데, 이 과정은 산업통상자원부의 위임을 받아 기술표준원이 담당한다. 현재 67개 품목에 대해 품질인증기준이 고시되어 있다.[8] KAPRA는 여기에 더해 협회품질인증제도와 품질표시제도를 실시하고 있다. 협회품질인증제도는 자동차 재제조 부품에 대해 소비자들이 믿고 사용할 수 있도록 협회에서 인증을 해주는 제도이다. 협회에 등록된 업체는 국가기술표준원의 재제조 표준공정을 기반으로 일련의 공정 과정, 공장심사기준, 품질심사 과정을 거쳐 최종적으로

8 품질인증기준이 제정되어 고시된 상황은 다음을 참조. 한국자동차부품재제조협회, "품질인증 제품", http://kapra.kr/product/product03.php(검색일: 2024년 7월 24일).

한국자동차연구원 등의 공인 시험기관에서 테스트를 거친다. 기준을 만족하는 성능이 나왔을 경우 품질인증 부품으로 인정을 받고 협회품질표시를 받는다. 이를 통해 소비자가 신뢰할 수 있는 다양한 인증 부품이 출시될 수 있고 그 결과 재제조 부품에 대한 소비자 인식이 변할 수 있다. 또한 이러한 변화는 국내 및 해외 시장의 활성화에 기여할 수 있다.

재제조 산업은 중소기업에 적합한 업종으로, 대기업이 직접 진출하기에는 적합하지 않으며, 대기업-중소기업 간 상생모델을 적용하기에 가장 적절한 업종이다. 따라서 KAPRA는 동반성장위원회의 협약을 통해 소기업인 재제조 산업 분야를 키우고 활성화하기 위해 노력하고 있으며, 대기업의 유통망 활용 등을 통해 매출 증대와 품질 향상을 꾀하는 것을 목표로 하고 있다. KAPRA는 재제조 부품에 대한 소비자의 인식을 개선하기 위해 대규모 홍보 캠페인을 구성하고 있다. TV, 신문 등 대중 매체를 통해 홍보 활동을 함으로써 재제조 산업에 대한 소비자의 관심과 동의를 이끌어내고 있으며, 국내외 부품 및 장비 전시회에 참여함으로써 홍보를 강화하고 있다.

사례 2. 전기차 폐배터리의 재활용 및 재제조

지난 수년간 전기차 판매량은 급격히 증가했다. 많은 국가에서 2035~2040년의 기간 중에 내연기관차의 신차 판매 금지를 결정, 추진하면서 자동차 산업의 패러다임이 변하고 있다. 이에 맞춰 전기차를 위한 대용량 배터리 수요도 폭발적으로 증가했다. 반면에 전기차를 대거 도입한 이후 수년이 경과함에 따라 차츰 폐배터리의 처리가 큰 문제로 떠올라 새로운 시장을 형성 중이다. 시장조사업체 SNE리서치에 따르면, 2030년에는 전 세계적으로 411만 대의 전기차가 폐차될 것으로 예상되며, 2040년에는 그 수가 4,227만 대로 급증할 전망이다. 이에 따라 폐배터리 재활용 시장도 2025년 3조 원에서 2040년 200조 원, 2050년 600조 원으로 급성장할 것으로 보인다(시사저널e, 2023.8.9).

〈그림 5-10〉 전기차 폐차 규모와 폐배터리 재활용 시장 규모

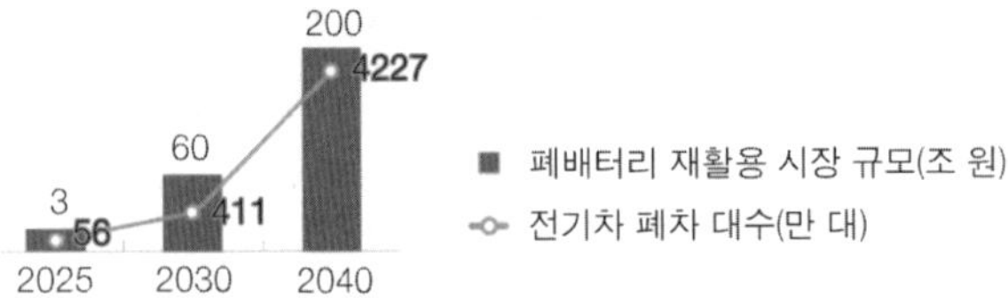

자료: SNE리서치; 시사저널e(2023.8.9).

전기차 배터리는 일반적으로 8~10년 정도 사용되며, 초기 용량의 80% 정도가 남은 상태에서 교체된다. 폐배터리를 처리하는 기술적 방식은 크게 재활용과 재제조(또는 재사용)로 구분할 수 있다. 폐배터리를 처리하는 첫째 방법은 재활용으로, 폐배터리에서 니켈, 리튬 등의 핵심 원료를 추출해 이를 다시 배터리 제작에 사용하는 것이다. 현재는 배터리 생산 과정에서 발생하는 스크랩 위주의 재활용이 주로 이루어지고 있다. LG에너지솔루션, 삼성SDI, SK온 등 국내 주요 배터리 업체뿐만 아니라 현대차그룹, 포스코, 두산 등 대기업도 폐배터리 재활용 사업에 뛰어들고 있다(시사저널e, 2023.8.9). 또한 시장의 확장성을 고려해 비배터리 중소기업들도 이 시장에 진출하고 있다. 폐배터리 재활용 사업이 경제성을 가지려면, 재처리 후 얻은 금속 가격이 배터리 재처리 비용을 상회해야 한다. 즉, 새 배터리 생산비용보다 재활용 비용이 저렴해야 한다.

폐배터리를 처리하는 둘째 방법은 배터리팩에서 80% 용량이 남아 있는 배터리 셀을 잔존 가치별로 분류한 뒤, 균일한 성능을 가진 셀끼리 재패킹해 새로운 배터리팩으로 재탄생시키는 것이다. 이는 재제조에 해당한다. 재제조된 배터리는 전기 중장비, 골프 카트, 전기 오토바이, 전기 자전거, 다양한 친환경 레저기기 등에 사용될 수 있다. 재제조 과정은 진단(방전) → 운송 및 보관 → 잔존 가치 검사 → 커팅 및 분류 → 재용접 → 재패킹 및 배터리 에너지 저장장치(BESS) 상품화의 순서로 진행된다. 많은 기업이 이 과정에 관심을 보이고 있지만 아직 대규모의 상업화 단계에 이르지는 못했다.

〈그림 5-11〉 폐배터리의 재활용

재활용 프로세스

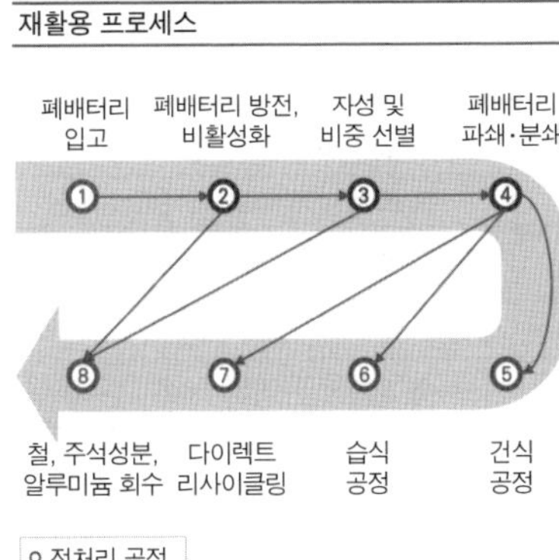

재활용 단계별 세부 공정

주요 단계	세부 공정 및 내용
② 폐배터리 방전, 비활성화	폐배터리 방전을 통한 폭발위험 제거
③ 자성 및 비중 선별	자석 및 무게로 외장캔, 분리막, 음극 및 양극 등 분류
④ 폐배터리 파쇄·분쇄	분쇄기에 장입해 파쇄 → '블랙 파우더(리튬, 니켈 등 혼합 가루)' 제조
⑤ 건식 공정	폐배터리의 고온용융 환원 과정을 거쳐 니켈, 코발트, 구리 등 추출
⑥ 습식 공정	블랙 파우더를 산에 녹여서 정제 화학물 또는 금속 등의 형태로 회수
⑦ 다이렉트 리사이클링	양극 활물질을 재생양극 활물질로 만들어 실제 부품에 적용

자료: 삼정 KPMG 경제연구원(2022: 6).

〈그림 5-12〉 폐배터리의 재사용(재제조)

재사용 프로세스

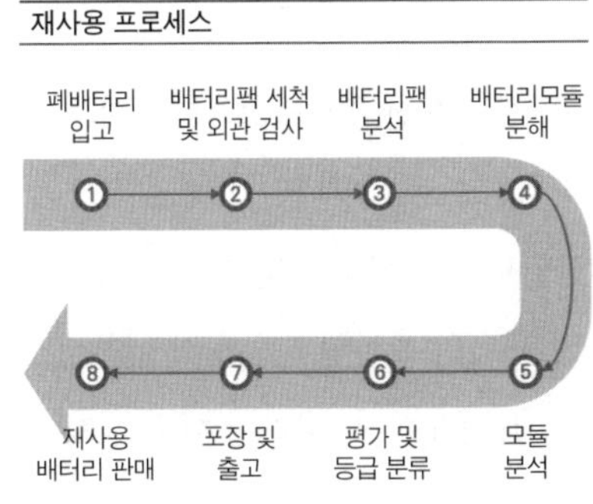

재사용 단계별 세부 공정

주요 단계	세부 공정 및 내용
② 배터리팩 세척 및 외관 검사	배터리팩을 세척 후 배터리팩 파손 여부 등 외관 검사
③ 배터리팩 분석	배터리 잔존 용량 및 안전성 검사 수행
④ 배터리모듈 분해	배터리팩 단위로 재사용하는 것은 적용 제한적 → 모듈 재사용이 효율적
⑤ 모듈 분석	모듈별 용량, 보호회로 등에 대한 분석 수행
⑥ 평가 및 등급 분류	모듈 분석 결과를 기반으로 등급 산정 후 일정 등급 이상은 ESS 등으로 재사용

자료: 삼정 KPMG 경제연구원(2022: 7).

국내 기업 중 휴버스(Hubus)는 폐배터리 재제조 분야에서 핵심적인 기술을 개발했다. 그 중 폐배터리 커팅 로봇은 배터리 셀을 온전하게 재사용할 수 있도록 안전하게 절단하는 기술로 주목받고 있다(디지털데일리, 2023.3.15). 휴버스는 2020년 11월 이 기술에 대한 특허를 확보했으며, 보관 및 진단, 원격 관리 등

〈표 5-8〉 폐배터리의 재활용과 재사용

항목	폐배터리 재활용(Recycle)	폐배터리 재사용(Re-Use, 재제조)
정의	- 폐배터리의 셀 단위에서 분해해 희유금속을 추출 및 재활용하는 방식	- 폐배터리를 모듈 및 팩 단위에서 ESS(에너지 저장장치) 및 UPS(무정전전원장치)로 활용하는 방식
주요 대상 배터리	- 주로 소형 IT기기 폐배터리	- 주로 중·대형 배터리(전기차 배터리 등)
필요 설비 및 요건	- 폐배터리 방전 시스템 필요 - 구성품질에 대한 최소 공정 기술 확보 필수	- 폐배터리를 진단 및 분석하는 설비 필요 - ESS 제작 및 운영 노하우가 있을 경우 유리
기대효과	- 원재료 수입 대체로 인한 원재료 비용 절감 - 24kWh NCM 배터리팩 하나를 재활용할 때 배터리팩 1개당 600~900달러의 매출 기대	- 모듈 및 셀을 해체하지 않아도 되므로 해체 과정이 안전할 뿐 아니라 추가 비용도 적게 발생
비즈니스 모델	- 벨기에의 유미코아, 국내 성일하이텍 등 배터리 재활용 전문 업체가 사업 운영 중	- 완성차 및 배터리 업체가 신규 비즈니스 모델로 검토

자료: 삼정 KPMG 경제연구원(2022: 4).

여러 기술도 개발했다.

경제성 등을 감안할 때 대규모의 폐배터리 재제조 산업이 등장하기까지는 시일이 걸릴 것으로 예상된다. 반면에 전기차 급증으로 폐배터리 문제는 더욱 심각해질 것이며, 조만간 배터리의 재제조 산업도 상업성을 갖춘 산업으로 자리잡을 것이 분명하다. 각국의 주요 전기차 및 배터리 생산업체들이 적절한 비즈니스 모델과 기술을 개발하는 데 주력하고 있기 때문이다. 따라서 이 분야의 경쟁 또한 격화될 가능성이 크다.

사례 3: 플라스틱의 재활용

한국에서 발생하는 플라스틱 폐기물은 연간 약 7,000만 톤에 달하며, 이 중 약 40%가 재활용되고 있다. 이는 세계 평균인 약 20%에 비해 높은 수치이지만, 여전히 많은 양의 플라스틱이 매립되거나 소각되어 환경 문제를 유발하고 있다. 국내 플라스틱 재활용 시장은 2019년 기준 약 1조 6,703억 원 규모로 추산

〈그림 5-13〉 국내 플라스틱 재활용 시장 전망(단위: 억 달러)

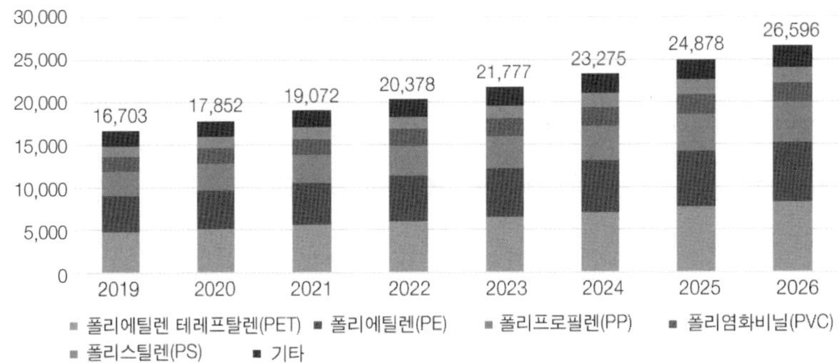

자료: 삼일PwC경영연구원(2022: 37); 서울시 녹색산업지원센터(2022: 5).

되며, 연평균 6.0% 성장해 2026년에는 약 2조 6,596억 원 수준까지 성장할 것으로 전망된다. 주요 품목으로는 폴리에틸렌 테레프탈렌과 폴리에틸렌이 가장 큰 시장을 형성하고 있으며, 이 추세는 앞으로도 지속될 것으로 예상된다.

한국은 일회용 플라스틱 사용량이 많은 국가로 알려져 있는데, 2019년 기준 1인당 일회용 플라스틱 폐기물량이 44kg으로, G20 국가 중 호주, 미국에 이어 3위이다. 국가 전체 기준으로는 230만 톤의 일회용 플라스틱 폐기물이 배출되고 있다(≪환경경제신문≫, 2021.10.13). 이러한 문제를 해결하기 위해 공공기관과 기업들은 다양한 노력을 기울이고 있다. 가령 한국지역난방공사는 폐비닐과 폐플라스틱을 열분해해 청정오일을 생산하고 이를 활용해서 수소를 생산하는 W2H(Waste to Hydrogen) 사업을 추진 중이다. 또한 화학섬유 소재 기업들은 지자체 및 공공기관과의 협력하에 폐플라스틱이나 해양쓰레기를 활용해 친환경 섬유나 소재를 생산하고 있다.

국내 석유화학 업체들도 생분해 플라스틱 생산에 박차를 가하고 있다. LG화학, 롯데케미칼, SKC 등은 대규모 생산설비를 구축해 시장에 도전하고 있다. 생분해 플라스틱은 식물과 미생물을 원료로 활용해 만든 플라스틱으로, 기존의 플라스틱과 쓰임새가 비슷하면서도 물이나 흙에서 쉽게 분해된다는 특징이 있다. 글로벌 생분해 플라스틱 시장은 매년 고공 성장 중이며, 2021년 약 100조 원에서 2026년 303조 원으로 연간 24.8% 성장할 것으로 전망된다. 포스코건설은 폐플라스틱 및 제철 슬래그를 융합해 내구성이 뛰어난 새로운 판재의 콘크리트 거푸집을 개발했으며, 한화솔루션은 에너지기술연구원과 폐플라스틱의 친환경 처리기술을 개발하기 위한 MOU를 체결했다. 현대오일뱅크는 폐플라스틱 열분해유를 정유 공정에 투입하는 실증 연구를 수행하고 있다. 또한 대한화장품협회와 로레알코리아, 아모레퍼시픽, 애경산업, LG생활건강 등 주요 화장품 기업은 2030년까지 재활용 가능한 플라스틱 포장재로 완전하게 전환하는 것을 목표로 수립했다(서울시 녹색산업지원센터, 2022: 9~10).

한국의 플라스틱 재활용 산업은 앞으로도 지속적인 성장이 기대된다. 환경부가 2023년에 진행한 환경보전에 관한 국민의식 조사에 따르면 일반 국민의 96.8%는 한국의 플라스틱 쓰레기 문제를 심각하다고 보고 있다. 문제 해결을 위해 플라스틱 사용 규제를 강화해야 한다고 주장하는 목소리가 제일 크지만, 플라스틱 재활용 시설과 인프라를 개선해야 한다는 인식도 매우 높다. 이러한 여론을 감안할 때 정부와 기업 간의 협력을 통해 재활용 기술 개발과 보급 확대를 위한 공감대가 튼튼하게 형성되었다고 볼 수 있다. 따라서 재활용 가능한 플라스틱 포장재로의 전환, 폐플라스틱의 재활용 비중 확대, 재활용 기술 연구 개발 등 다양한 방면에서의 노력이 요구된다. 이를 통해 한국의 플라스틱 재활용 산업은 더욱 활성화될 것이며 환경 문제 해결에 기여할 수 있을 것이다.

5. 결론

자원순환은 지속가능한 사회를 실현하기 위해 필수적인 요소이다. 한국은 자원순환을 촉진하기 위해 다양한 정책과 법제도를 도입하고 있으며, 국민들의 인식 또한 점차 향상되고 있다. 폐기물의 재활용 등 일부 분야에서는 오히려 한국의 자원순환 정책이 더 철저한 사례도 있다. 반면에 한국은 다른 선진국에 비해 제조업 기반의 경제구조를 갖추고 있기 때문에 온실가스 배출량이 많고 지리적으로 기후변화에 취약하다. 따라서 자원순환을 위해 다양한 분야에서 계속적으로 노력해야 한다. 재제조 산업은 노력이 필요한 대표적인 분야이다. 한국의 재제조 산업은 주요 선진국과 비교할 때 경제 규모에 비해 여전히 산업 규모가 작다. 따라서 향후 발전 가능성이 있으므로, 추가적인 기술 개발과 정책 지원, 제도 변화를 통해 재제조 산업 분야를 활성화해야 하며, 해당 산업과 제품에 대한 소비자들의 인식도 바꾸어야 한다.

재제조 산업은 환경보호와 경제적 이익을 동시에 추구할 수 있다. 업종과 기업 사례를 통해 볼 때, 재제조는 자동차 부품 분야에서 확장될 가능성이 높으며, 다양한 산업으로도 확산을 도모해야 한다. 향후 크게 증가할 폐배터리는 재제조 산업에 또 다른 기회를 제공해 줄 것이다. 또한 기존의 폐기물 재활용도 더 활성화해야 하는데, 현재 다양한 기업이 새로운 유형의 폐기물 재활용 기술을 개발하면서 중장기적인 목표를 야심차게 추진 중이다.

국제사회의 압력과 중견 선진국으로서의 사명을 감안할 때 순환경제를 강화하는 것은 매우 중요하다. 한국은 국제사회의 일원으로서 환경보호와 지속가능한 발전을 위해 노력하는 한편, 국제협력도 주도해야 한다. 한국은 제조업 분야에서 경쟁력을 갖추고 있으므로 재활용 분야는 물론, 재제조 분야에서도 중요한 역할을 할 것으로 기대된다.

참고문헌

강홍윤·김영춘. 2017.「우리나라 재제조산업의 재진단을 통한 지속가능 성장전략」. ≪공업화학 전망≫, 제20권.

고승현. 2015.「우리나라 자동차 부품 재제조산업의 현황과 활성화 방안」. ≪Auto Journal≫(2015년 11월).

과학기술정보통신부. 2023.『2024년도 국가연구개발투자방향 및 기준』.

그린피스. 2023.「2023년 플라스틱 대한민국 2.0: 코로나19 시대, 플라스틱 소비의 늪에 빠지다」.

______. 2023.3.22. "플라스틱 쓰레기 늪, 대한민국 플라스틱 소비량 알아보기". https://www.greenpeace.org/korea/update/25806/report-disposable-korea-ver2-results/(검색일: 2024년 7월 31일).

김호건. 2022.「전기자동차 확대에 따른 자동차 부품산업의 영향」. 한국수출입은행 해외경제연구소. ≪2022 이슈보고서≫, No.8.

디지털데일리. 2023.3.15. "폐배터리 '재제조'에 관람객들 큰 관심… 휴버스 "셀 진단·커팅 기술로 고부가가치 창출"". https://m.ddaily.co.kr/page/view/2023031515474738109(검색일: 2024년 7월 31일).

문화체육관광부. 2020.『기후변화 및 저탄소생활 여론조사 결과 보고서』.

배진수. 2021.「국내 순환경제의 현황 및 정책적 시사점: 경제적 유인을 중심으로」. ≪재정포럼≫(2021년 10월), 304호.

삼정 KPMG 경제연구원. 2022.「배터리 순환경제, 전기차 폐배터리 시장의 부상, 기업의 대응 전략」(2022년 3월).

서울시 녹색산업지원센터. 2022.『2022 녹색산업 인사이트, 플라스틱 재활용』(2022년 12월).

시사저널e. 2023.8.9. "너도나도' 뛰어드는 폐배터리 사업…실제 '돈 버는' 기업은 소수?" https://www.sisajournal-e.com/news/articleView.html?idxno=302360(검색일: 2024년 7월 31일).

≪신소재경제≫. 2021.7.9. "재제조부품, 제품표시제·인증제도로 신뢰성 향상 시킬 것". https://amenews.kr/skin/news/basic/view_pop.php?v_idx=45609(검색일: 2024년 7월 24일).

안형기·임정빈. 2013.「재활용 촉진을 위한 정책기제 개발」. ≪한국정책과학학회보≫, 제17권 1호.

윤정배. 2022.「재제조 기술 현황 및 산업 동향」. ≪KOSEN Report 2022≫.

이상훈·유경근. 2021.「유럽, 일본, 미국의 폐기물 및 재활용 현황」. ≪기술보문≫, 제30권 1호.

채영근. 2009.「폐기물 관련 법령체계의 문제점 및 개선 방안」, ≪환경법연구≫, 제31권 2호.

한국환경정책·평가연구원. 2023.『폐기물관리법 01. 폐기물 관련 법·제도 및 정책 현황』.

≪환경경제신문≫. 2021.10.13. "[ESG 시너지 ⑱] 폐플라스틱 자원화 협력하는 민관". https://www.greenpostkorea.co.kr/news/articleView.html?idxno=130474(검색일: 2024년 7월 31일).

환경부. 2003~2023.『전국 폐기물 발생 및 처리 현황』. 연도별 발간자료.

______. 2024.『2023년 환경보전에 관한 국민의식 조사』.

≪환경일보≫. 2021.10.20. "[지평·두루의 환경이야기] 쓰고 난 물건 다시 살리는 재제조, 탄소중립 실현 핵심산업으로 주목". https://www.hkbs.co.kr/news/articleView.html?idxno=651706(검색일: 2024년 7월 31일).

삼일PwC경영연구원. 2022.『순환경제로의 전환과 대응전략: 플라스틱과 배터리(이차전지)를 중심으로』. PwC, 37쪽.

Kang, Hong-Yoon, Young-Chun Kim and Il-Seuk Lee. 2012. "Current Status and Promotional Measures of Domestic and Overseas Remanufacturing Industry." *Resources Recycling*, Vol.21, No.4, pp.3~15.

CNN. 2019.3.3. "South Korea's Plastic Problem is a Literal Trash Fire". https://edition.cnn.com/2019/03/02/asia/south-korea-trash-ships-intl/index.html(검색일: 2024년 7월 31일).

제6장

유럽의 자원순환 동향과 쟁점*

재제조를 중심으로

김주희

1. 들어가며

EU는 매년 22억 톤 이상의 폐기물을 배출하고 있다. 현재 EU는 순환경제로 알려진 보다 지속가능한 모델로의 전환을 촉진하기 위해 폐기물 관리에 관한 법률을 지속적으로 업데이트하고 있다. 순환경제는 기존의 자재와 제품을 최대한 오랫동안 공유, 임대, 재사용, 수리, 리퍼브, 재활용하는 생산 및 소비 모델이다. 이러한 방식으로 제품의 수명을 연장하고 실제로는 폐기물을 최소한으로 줄이는 것을 의미한다. 제품의 수명이 다하면 재활용을 통해 가능한 한 그 자재를 다시 활용한다. 그러면 이 자재는 생산적으로 다시 사용되어 또 다른 가치를 창출할 수 있다. 이는 생산 - 소비 - 폐기라는 패턴을 기반으로 하는 기존의 선형 경제 모델에서 벗어난 것이다. 이 모델은 값싸고 쉽게 구할 수 있는 대량의 재료와 에너지에 의존한다. 또한 이 모델에는 소비자가 제품을 다시 구매하도록 유도하기 위해 제품의 수명을 제한하는 계획적인 단종(planned obsolescence)도 포함된다.

---

* 이 글은 ≪EU 연구≫ 제73호(2024.11)에 게재된 「유럽의 자원순환과 재제조: 배터리와 플라스틱 사례를 중심으로」를 수정·보완해 작성한 것이다.

엘런 맥아더 재단은 순환경제를 "의도적 설계와 목표를 통해 복원 가능하고 재생할 수 있는 산업 시스템"으로 정의하며, 이를 통해 기존의 '수명 종료' 개념을 '복원'으로 대체한다고 정의한다(Ellen MacArthur Foundation, 2013a). 순환경제는 재생할 수 있는 에너지를 사용하고, 재사용을 방해하는 독성 화학물질의 사용을 배제하며, 재료, 제품, 시스템 및 비즈니스 모델을 최적화해 폐기물을 제거하는 것을 목표로 한다. 이 개념은 '요람에서 요람까지'의 원칙과 시스템 사고에 기반을 두며, 생물학적 물질(예: 임산물)과 생분해되지 않는 기술적 물질(예: 플라스틱 및 금속)을 구분해서 다룬다. 이 구조하에서 순환경제는 신중한 설계, 관리, 기술 혁신을 통해 이 두 가지 유형의 물질이 최대한 효율적이고 가치 있게 유지되도록 한다(Ellen MacArthur Foundation, 2013a; 2015). 궁극적으로 "자연 및 사회적 자본을 재건할 수 있도록 물질, 에너지, 노동력, 정보의 효과적인 흐름을 촉진"하는 것이 순환경제의 목표이다(Ellen MacArthur Foundation, 2013b: 26).

EU 차원에서 유럽위원회는 순환경제행동계획(Circular Economy Action Plan: CEAP)의 일환으로 순환경제의 개념을 다음과 같이 설명했다. 즉, 순환경제는 "제품, 재료 및 자원의 가치를 경제 내에서 가능한 한 오랫동안 유지하고 폐기물 발생을 최소화하는" 경제를 의미한다는 것이다. 이와 같은 순환경제로의 전환은 "지속가능하고 저탄소이며 자원 효율적이고 경쟁력 있는 경제를 발전시키려는 EU의 노력에 필수적인 기여"를 하게 될 것이다. 이 계획에는 생산과 소비에서부터 폐기물 관리 및 2차 원자재 시장에 이르는 전체 제품 주기를 포괄하는 일련의 조치가 포함되어 있다(European Commission, 2015).

재제조는 사용 후 제품을 회수해 원래의 성능으로 복원하는 과정을 의미하며, 이는 자원 절약과 환경보호에 중요한 역할을 한다. 유럽은 재제조 산업의 선두 주자로, 다양한 정책과 기술을 통해 재제조 시장을 활성화하고 있다. 이 글은 유럽의 재제조 동향을 분석하고, 주요 사례 및 정책, 그리고 전망을 제시하는 것을 목적으로 한다.

2. 유럽의 자원순환과 재제조

1) 재제조의 개념과 중요성

(1) 재제조의 정의

재제조는 사용 후 제품을 회수해 원래의 성능과 품질로 복원하는 과정을 의미하며, 수리, 재활용, 재사용과는 구별된다. 재제조의 핵심은 제품의 수명을 연장하고 자원 효율성을 극대화하는 데 있다. 유럽 재제조 네트워크(European Remanufacturing Network: ERN)에 따르면, 재제조는 중고 제품을 분해하고 부품을 복원하거나 교체해 최소한 원래 설계 사양에 부합하는 성능으로 되돌리는 작업을 포함한다(ERN, 2024).

재제조 과정은 다음과 같은 절차를 포함한다. 첫째, 중고 제품을 분해해 각 부품을 점검하고, 필요한 부품을 복원 또는 교체한다. 둘째, 복원된 부품과 전체 제품을 테스트해 원래의 설계 사양에 맞는지 확인한다. 이 과정에서 재제조 제품은 고객 관점에서 새 제품과 동일한 것으로 간주될 수 있으며, 후속 보증 역시 최소한 새 제품과 동등한 수준으로 제공된다. 최종적으로 재제조 후의 제품 성능은 원래의 성능 사양과 최소한 동일해야 한다. 이러한 정의에 따르면 재제조는 제품의 성능과 품질을 보장하는 동시에 자원 활용의 효율성을 높이는 방법으로, 지속가능한 산업 모델의 중요한 요소로 자리 잡고 있다.

(2) 재제조의 중요성

재제조의 중요성은 세 가지 측면에서 언급할 수 있다. 첫째, 재제조는 신제품 생산에 비해 자원 소모가 적으며, 자원을 절약하는 데 기여한다. 둘째, 폐기물을 줄이고 CO_2 배출을 감소시켜 환경보호에 기여한다. 셋째, 재제조 제품은 비용을 절감하는 효과가 있어 소비자와 기업 모두에게 경제적 이익을 제공한다.

〈표 6-1〉 재제조의 이점

	이점	내용
소비자	저렴한 가격	- 상품의 원료와 에너지 복구 과정에서 비용이 절감됨으로 인해 재제조 상품의 생산비용이 새 상품 생산비용의 60~80%로 감소
	가용성	- 해외 주문 제작 제품의 경우 리드 타임을 단축할 수 있음 - 소비자는 재제조를 통해 단종된 상품을 사용할 수 있음
	구매 유연성	- 재제조업체는 제품의 위치를 파악하고 제품을 회수하는 데 실질적인 관심이 있으므로 고객에게 초기 판매 외에도 다양한 서비스를 제공할 수 있음 - 리스, 회수, 업그레이드, 공급 및 운영은 자본 비용을 상각할 수 있고, 공급업체와의 관계를 개선될 수 있으며 '전체 수명 솔루션(whole life solutions)'을 통해 폐기 고민을 해결할 수 있다는 점에서 소비자와 재제조업체 모두에게 이익이 됨
환경	원자재 소비 감소	- 기존 제품의 원료를 활용하므로 새 상품을 생산하는 것보다 더 적은 양의 재료를 사용함 - 핵심 원자재를 활용하는 제품과 공급 위기에 있는 원자재의 활용률을 높임
	에너지 소비 감소	- 추출/재활용되는 원자재의 양과 새로운 부품의 제조를 제한함으로써 일반적으로 새 제품을 제조하는 것보다 에너지를 덜 사용함
	CO_2 배출 감축	- 에너지 소비의 감소는 CO_2 배출 감소를 동반함
	매립지로 보내지는 폐기물 감소	- 수명이 다한 제품과 그 부품이 모두 재활용에 적합하지는 않기 때문에 매립됨 - 재제조는 제품 및 부품을 더 오래 사용함으로써 폐기의 속도를 늦춤
재제조업체	지역 일자리	- 재제조 활동은 일반적으로 시장과 가까운 곳에서 이루어지므로 원래 해외에서 제조된 제품일지라도 재제조는 현지 일자리를 창출할 수 있는 기회를 제공함
	높은 이윤율	- 재제조 제품은 종종 원래 생산된 제품보다 더 높은 수익 이윤을 보장
	숙련 일자리	- 재제조는 문제 해결 기술을 확보하기 위한 훌륭한 환경을 제공하고 생산설비 방식보다 더 나은 보상을 제공하며 때때로 전통적인 산업 기술 기반을 유지할 수 있음
	새로운 제조 기술	- 최첨단 재제조업체는 기업 성공에 핵심적인 요소이기 때문에 린 기술, 인적 투자, 자재 추적 가능성 등의 첨단 제조 과정을 도입함
	소비자와의 관계 개선	- 재제조업체는 보상 판매 제도를 통해 일회성 구매에 의존하는 소비자보다 재제조 상품 소비자와 더 나은 관계를 구축할 수 있음

자료: ERN(2024)을 바탕으로 필자 작성.

2) EU 순환경제 정책과 재제조

EU 내에서 재제조 개념은 순환경제 전략의 중요한 요소로 자리 잡고 있다. 재제조는 사용된 제품을 해체해 원래의 사양으로 복원하고 그 성능을 새 제품과 동등한 수준으로 회복시키는 과정을 의미한다. 이 과정은 제품의 수명을 연장하고 자원 효율성을 높이는 것을 목표로 하는데, 이는 EU의 자원 절약, 지속가능성과 경제 경쟁력 강화 목표와 일치한다.

EU의 순환경제행동계획(Circular Economy Action Plan: CEAP)은 자원 효율성을 높이고 폐기물 발생을 줄이며 제품의 전체 수명 주기 동안 환경에 미치는 영향을 최소화하는 것을 목표로 2015년 처음 도입되었으며(European Commission, 2015), 2020년에 새롭게 강화되었다(European Commission, 2020a). 순환경제행동계획에 따르면 EU에서 재제조는 다음과 같은 특징을 지니고 있다.

첫째, 재제조는 EU의 순환경제행동계획의 핵심 요소이다. 순환경제행동계획은 제품을 최대한 오래 사용해 자원 낭비를 최소화하는 방향으로 경제 구조를 전환하는 것을 목표로 하는데, 이는 순환경제와 연계된다.

둘째, 재제조는 신제품 제조에 비해 원자재 절약, 에너지 소비 감소, 온실가스 배출 감소 등 환경적인 이점을 제공한다. 따라서 EU는 재제조를 통해 생산과 소비가 환경에 미치는 영향을 줄이고자 한다.

셋째, 재제조는 비용 효율적이고 고품질의 제품을 제공해 EU 기업들이 글로벌 시장에서 경쟁력을 유지할 수 있도록 돕는다. 또한 일자리 창출과 혁신 촉진을 통해 경제성장에 기여한다.

넷째, EU는 재제조를 장려하기 위해 폐기물 관리, 제품 설계, 제품의 수명 종료 관리와 관련된 법적 규제와 표준을 개발하고 있다. 이는 기업들이 재제조를 더 쉽게 수행할 수 있도록 돕는다.

EU에서 재제조 개념은 순환경제의 중요한 요소로, 자원 효율성과 지속가능성을 높이기 위한 전략의 일환으로 강조되고 있다. 재제조는 사용된 제품을 해체하고, 이를 원래의 사양으로 복원해 새 제품과 동등한 성능을 제공하는 과정이다. 재제조에는 신제품을 제조하는 것보다 훨씬 적은 자원과 에너지가 소요되며, 결과적으로 환경에 미치는 영향을 줄일 수 있다.

EU는 이 개념을 더욱 발전시키기 위해 여러 산업 부문에서 재제조 활동을 장

〈표 6-2〉 순환경제 과정의 분야별 적용 매핑

	순환 과정	순환 과정을 적용한 영역의 사례
1차 자원 사용량 감소	재활용	자동차 산업, 섬유 산업, 건설 부문, 포장 부문, 핵심 원자재, 산림 부문, 화학 산업
	자원의 효율적 사용	건설 부문, 플라스틱 산업, 광업 및 금속 산업, 식품 부문
	재생 에너지원 활용	화학 산업, 식품 산업, 산림 부문
재료와 제품의 최고 가치 유지	제품과 부품의 재제조, 재정비, 재사용	자동차 산업, 컴퓨터, 전자 및 광학 제품의 제조, 건설 부문, 가구 부문, 운송
	상품 수명 확대	컴퓨터, 전자 및 광학 제품의 제조, 자동차 산업, 가전제품, 건설 부문, 식품 산업, 섬유 산업, 방위 산업
사용 패턴 변화	제품 서비스화	가전제품, 운송, 건설 부문, 인쇄 산업
	공유 모델	자동차 산업, 운송, 숙박, 의류
	소비 패턴 변화	식품 부문, 출판 부문, 전자상거래 부문

자료: Rizos et al.(2017: 16)을 바탕으로 필자 작성.

려해 자동차, 전자제품, 의료기기 등 다양한 분야에서 재제조 활동이 이루어지고 있다. 특히 재제조는 유럽의 산업 경쟁력을 강화하고 일자리를 창출하는 데 기여할 수 있는 중요한 방법으로 인식되고 있다(〈표 6-2〉 참조).

EU는 또한 재제조가 체계적으로 확장될 수 있도록 법적·기술적 시장 기반의 장애물을 극복하는 방안을 모색하고 있으며, 이를 통해 재제조 산업이 더욱 발전할 수 있는 환경을 조성하고자 한다.

EU는 순환경제로의 전환을 가속화하기 위해 다양한 전략과 목표를 설정하고 이를 실행하기 위한 구체적인 계획을 마련했다(European Parliament, 2021). 이러한 계획은 폐기물 관리 개선, 제품 수명 연장, 자원 효율성 증대, 소비자 보호 및 정보 제공, 혁신 및 연구 개발, 국제 협력, 교육 및 인식 제고, 산업 지원 및 전환 등의 여덟 가지 주요 분야로 나뉘어 있다.

① 폐기물 관리 개선

EU는 생활폐기물과 포장재 폐기물의 재활용 목표를 단계적으로 설정했다. 생활폐기물 재활용률을 2025년까지 55%, 2030년까지 60%, 2035년까지 65%

달성하는 목표를 수립했으며, 포장재 폐기물의 경우 2025년까지 65%, 2030년까지 70%를 재활용하는 목표를 설정했다. 또한 2035년까지 생활폐기물의 매립 비율을 10% 이하로 줄이는 것을 목표로 하고 있다.

② 제품 수명 연장

제품의 설계 단계에서부터 재활용 가능성을 고려하도록 하는 에코디자인 지침이 강화되었으며, 이를 통해 제품의 내구성, 수리 가능성, 재사용 가능성, 업그레이드 가능성 등을 포함해 제품의 전체 수명 주기를 최적화하고자 한다. 또한 확장 생산자 책임(Extended Producer Responsibility: EPR)을 통해 생산자가 제품의 전체 수명 주기에 걸쳐 책임을 지도록 하여 재활용 및 재제조를 촉진하고 있다.

③ 자원 효율성 증대

EU는 기업의 자원 효율성을 높이고 폐기물을 줄이기 위해 기업에 순환경제 모델을 채택하도록 장려하고 있다. 이를 위해 제품 - 서비스 시스템, 공유 경제, 업그레이드 및 재사용 모델 등을 도입하도록 촉진하고 있으며, 자원 효율성을 측정하고 모니터링하기 위한 자원 효율성 지표를 개발해 각국의 성과를 평가하고 비교할 수 있도록 하고 있다.

④ 소비자 보호 및 정보 제공

소비자들이 제품의 수명, 수리 가능성, 재활용 가능성에 대한 정보를 쉽게 얻을 수 있도록 소비자 권리를 강화하고 있으며, 제품에 환경 라벨을 부착해 소비자들이 환경에 미치는 영향을 고려해서 구매를 결정할 수 있도록 지원하고 있다. 또한 소비자들이 제품을 더 쉽게 수리할 수 있도록 수리 권리를 강화하고 있으며, 수리 부품의 접근성을 높이는 노력을 기울이고 있다.

⑤ 혁신 및 연구 개발

EU는 순환경제와 관련된 연구 및 혁신을 촉진하기 위해 재정적·정책적 지원을 제공하고 있다. 이를 통해 새로운 재활용 기술, 재제조 공정, 지속가능한 재료 개발 등의 연구를 활발히 진행하고 있으며, 공공 조달 정책을 통해 순환경제 제품과 서비스를 우선적으로 구매하도록 장려하고 있다.

⑥ 국제 협력

EU는 글로벌 차원의 순환경제 전환을 촉진하기 위해 국제 협력을 강화하고 있다. 이는 다른 국가들과의 기술 공유, 정책 협력, 공동 연구 등을 포함하며, 개발도상국을 위한 기술 지원과 역량 강화 프로그램을 통해 글로벌 순환경제 구현을 지원하고 있다.

⑦ 교육 및 인식 제고

순환경제에 대한 교육 프로그램을 개발해 학교 및 대학에서의 교육을 강화함으로써 미래 세대가 지속가능한 경제 모델을 이해하고 실천할 수 있도록 노력하고 있다. 또한 공공 인식 제고 캠페인을 통해 일반 대중의 인식을 높이고 순환경제의 중요성을 널리 알리고자 한다.

⑧ 산업 지원 및 전환

EU는 순환경제로의 전환을 위해 산업 부문에 대한 재정적 지원 및 인센티브를 제공하고 있다. 특히 중소기업이 순환경제 모델을 채택하고 실행할 수 있도록 지원하고 있으며, 폐기물 관리 인프라를 강화해 재활용 및 재제조 공정의 효율성을 극대화하고자 한다.

이와 같은 전략적 접근은 EU가 순환경제로의 전환을 통해 자원 효율성을 극대화하고 환경보호를 강화하며 지속가능한 경제성장을 달성하는 데 중요하게 기여할 것으로 예상된다.

3) EU 주요 분야의 재제조 현황

(1) EU의 배터리 재제조 현황

폐배터리 처리 방법은 크게 재사용(Re-Use)과 재활용(Re-Cycling) 두 가지로 나뉜다. 재사용은 통상 중대형 전지에 적용하는데, 전기차 등에서 분리된 전지를 ESS(에너지 저장장치) 등의 전원으로 사용하는 것으로, 현재는 기술 개발 단계여서 상용화되지 않았다. 재활용은 배터리 크기에 관계없이 적용 가능하지만 주로 소형전지를 중심으로 이루어지고 있으며, 폐전지로부터 희유금속을 추출해 금속을 다시 활용하는 것을 의미한다.

① 폐배터리 재사용

폐배터리 재사용은 일반적으로 수거한 폐배터리를 약간의 공정을 거쳐 다시 제품화해 사용하는 것으로, 주로 전기차에 사용되는 중·대형 리튬이온 이차전지를 대상으로 한다. 초기 용량 대비 70% 이하로 성능이 저하된 배터리는 급제동, 가속 등의 고출력을 요구하는 자동차에는 사용하기 어렵지만, 고출력을 요구하지 않는 분야에는 용도 변경을 통해 짧게는 3년, 길게는 10년 이상 사용 가능하다(삼일PwC경영연구원, 2022: 1~77).

재사용 시장은 전기차 시장이 발전하기 시작한 지 오래되지 않아 수거 가능한 배터리 잔량이 적고 지역별로 수거처가 분산되어 있는 데다 이동 중 폭발 등의 위험이 있어 아직은 활성화되지 않았다. 재사용 배터리 개발은 완성차 업체가 주도해서 진행 중이며, BMW 등 완성차 업체 위주로 재사용 사례가 있으나 실용화 단계는 아니며 연구 단계 수준에 머물고 있다. 〈그림 6-1〉은 배터리의 2차 사용 적용에 직접 연결되거나 지원 활동을 하는 유럽 기업의 최신 정보이다. 이 정보는 다섯 가지 카테고리, 즉 수거 및 운송, 상태 식별 및 평가, 제품 수명 종료 전략 선택, 기술적 처리, 통합 및 설치로 구성되어 있다.

〈그림 6-1〉 2차 사용 배터리와 관련된 유럽 기업(2024년 2월 기준)

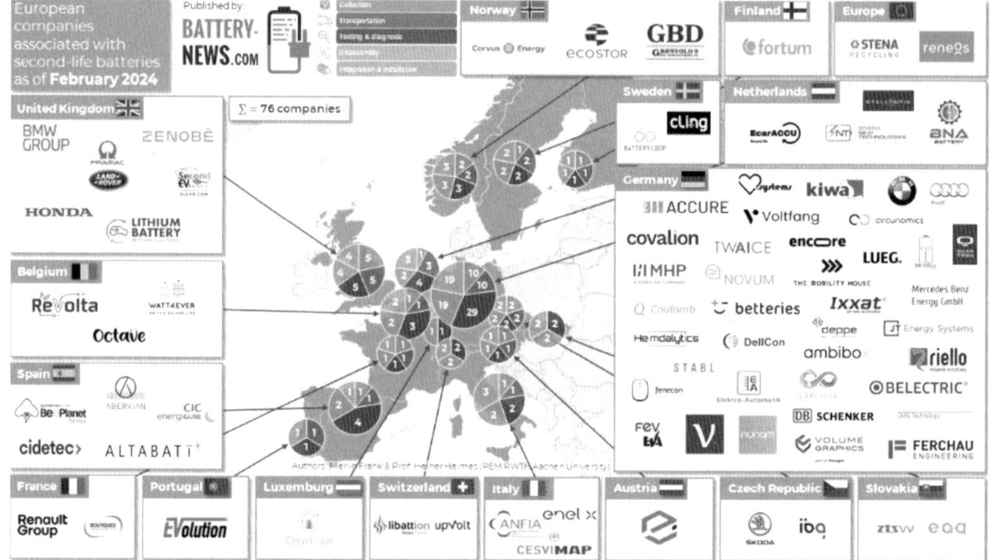

자료: Merlin Frank and Heiner Heimes, "Second-Life-Anwendungen," Bettery-News.com(June 28, 2024), https://battery-news.de/2nd-life-anwendungen-europa/(검색일: 2024년 8월 21일).

② 폐배터리 재활용

폐배터리 재활용(Re-Cycling)은 수명이 다한 배터리에서 양극재에 포함된 희유금속인 니켈, 코발트, 망간 등을 비롯해 알루미늄, 구리, 플라스틱 등의 배터리 원재료를 회수하는 과정을 의미한다. 이 과정은 주로 소형 리튬이온 이차전지(LCO 계열)를 중심으로 수행되고 있다. 배터리 재활용 공정은 크게 두 단계로 구분되는데, 폐전지의 폭발 위험을 제거하고 파쇄하는 전처리 공정과 화학용액을 활용해 희유금속을 회수하는 후처리 공정이다.

후처리 공정은 기술적으로 어려운 단계로, 이 과정에서는 황산용액(H_2SO_4)의 농도 조절과 전해정련을 통해 희유금속을 회수하는 것이 핵심 기술로 작용한다. 이 공정은 반복적으로 수행되며, 최종적으로 99.9% 이상의 순도로 금속이 정제된다. 배터리 재활용 기술은 크게 건식 제련과 습식 제련 두 가지로 나뉜

〈그림 6-2〉 EU의 리튬이온 배터리 재활용 프로젝트(2024년 5월 기준)

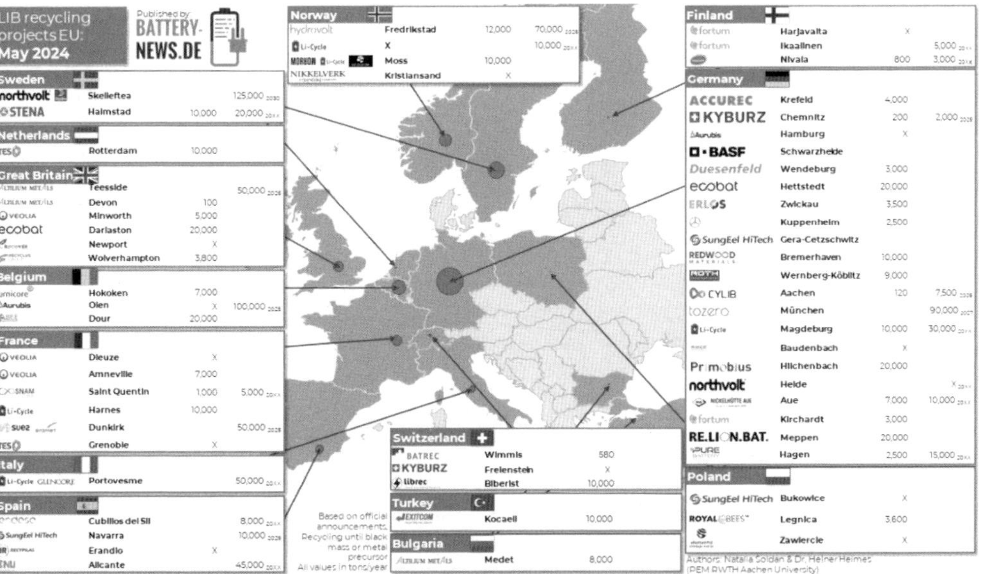

자료: Natalia Soldan and Heiner Heimes, "Batterie-Recycling," Battery-News.com(June 28, 2024) https://battery-news.de/batterierecyling/ (검색일: 2024년 8월 21일).

다. 양극·음극 활물질을 직접 재활용하는 방식도 존재하는데 이 방식은 현재 연구 단계이다. 재활용 처리 공정은 습식 제련만 사용할 수도 있고, 습식 제련과 건식 제련을 혼합해 수행할 수도 있다. 이러한 배터리 재활용 기술은 자원 회수와 환경보호 측면에서 중요한 역할을 하고 있으며, 기술적 진보와 함께 효율성을 높이는 방향으로 지속적으로 발전하고 있다.

〈그림 6-2〉는 리튬이온 배터리 재활용 분야에서 계획되고 이미 실행된 프로젝트에 대한 최신 개요를 제공한다.

(2) EU의 플라스틱 재제조 현황

EU 국가들은 플라스틱 쓰레기의 재활용률을 높이고 있지만, 동시에 플라스틱 쓰레기의 발생량도 증가하고 있다. 2021년 EU 거주자 1인당 평균 36.1kg

〈그림 6-3〉 2011~2021년 EU의 플라스틱 배출 규모와 재활용 규모(단위: 100만 톤)

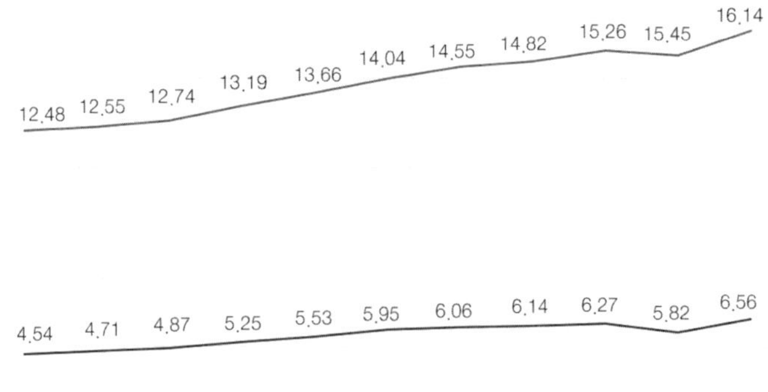

자료: Eurostat, "Packaging waste by waste management operations," https://ec.europa.eu/eurostat/databrowser/view/env_waspac__custom_12505781/default/map?lang=en(검색일: 2024년 8월 6일)을 바탕으로 필자 작성.

의 플라스틱 포장 폐기물이 발생했다. 인구 1인당 플라스틱 포장 폐기물의 양은 2010년과 2021년 사이 약 29% 증가했다(1인당 8.1kg 증가). 2021년 EU에서 발생한 총 플라스틱 폐기물은 1,613만 톤에 달했으며, 이 중 약 656만 톤의 플라스틱 폐기물이 재활용되었다(〈그림 6-3〉 참조). 이러한 데이터는 유럽에서 플라스틱 사용 증가와 더불어 재활용의 중요성이 더욱 강조되고 있음을 시사한다.

EU 국가들은 플라스틱 폐기물 관리에서 주로 에너지 회수 방식을 활용하고 있다. 에너지 회수란 플라스틱 폐기물을 단순히 버리지 않고 소각이나 특정 공정을 통해 열, 전기, 연료와 같은 활용 가능한 에너지로 변환하는 것이다. 이렇게 하면 플라스틱 폐기물의 양을 줄이는 동시에, 소각 과정에서 발생하는 에너지를 다른 용도로 사용할 수 있다. 플라스틱 폐기물 처리에서 두 번째로 널리 사용되는 방법은 재활용이다. 그러나 재활용을 위해 수거된 플라스틱의 약 절반은 현지에서 폐기물을 처리할 능력이나 기술, 또는 재정 자원이 부족해 EU 외 국가로 수출되고 있다. 2021년에는 EU에서 EU가 아닌 국가로 수출된 총 폐기물 양이 3,300만 톤에 달했다. 이 중 대부분은 철 및 비철 금속 스크랩, 종이, 플라스틱, 섬유, 유리 폐기물로 구성되었으며, 주로 터키, 인도, 이집트로 수출되었다(European Parliament, 2024). 과거에는 수출된 플라스틱 폐기물의 상당 부분이 중국으로 운송되었으나, 중국의 플라스틱 폐기물 수입 제한으로 인해 EU의 중국 수출이 감소하면서 유럽 내에서 플라스틱 폐기물을 소각하거나 매립하는 비중이 증가할 위험이 제기되고 있다. 이러한 상황에서 EU는 플라스틱 폐기물을 순환적이고 기후 친화적으로 관리할 수 있는 방안을 모색하고 있다.

EU의 낮은 플라스틱 재활용 비율은 환경적 손실뿐만 아니라 경제적 손실도 초래하고 있다. 2019년에는 약 2,200만 톤의 플라스틱이 토양, 강, 바다로 유입되었는데, 이러한 플라스틱 누출량은 2060년까지 두 배로 증가할 것으로 예상된다. 또한 2019년에는 플라스틱으로 인해 전 세계 온실가스 배출량의 3.4%에 해당하는 1.8억 톤의 온실가스가 배출되었는데, 이 중 90%는 화석연료를 추출하고 전환하는 과정에서 발생한 것이다. 2060년까지 플라스틱 수명 주기에서 배출되는 온실가스 양은 4.3억 톤을 초과할 것으로 예상된다(European Parliament, 2024). 이는 EU 내에서 플라스틱 폐기물을 효과적으로 관리하고 재활용률을 향상하는 과제가 시급하다는 것을 시사한다.

플라스틱 재활용이 복잡하고 비용이 증가하는 주요 원인은 재활용 제품이 새 제품에 비해 품질과 가격에서 차이가 나기 때문이다. 플라스틱 가공업체들은 경제적인 가격에, 높은 품질 기준을 충족하는 대량의 재활용 플라스틱을 필요로 한다. 그러나 플라스틱 원료는 제조업체마다 각기 다른 기능적·미적 요구에 따라 맞춤화되어 있기 때문에, 다양한 원료가 혼재된다. 이로 인해 재활용 공정이 더 복잡해지고, 추가적인 비용이 발생하며, 재활용 제품의 품질 유지에도 어려움이 생긴다.

이러한 문제로 인해 재활용 플라스틱이 새 플라스틱을 대체하는 데 한계가

〈그림 6-4〉 EU의 국가별 플라스틱 재활용 현황(2021년 기준)

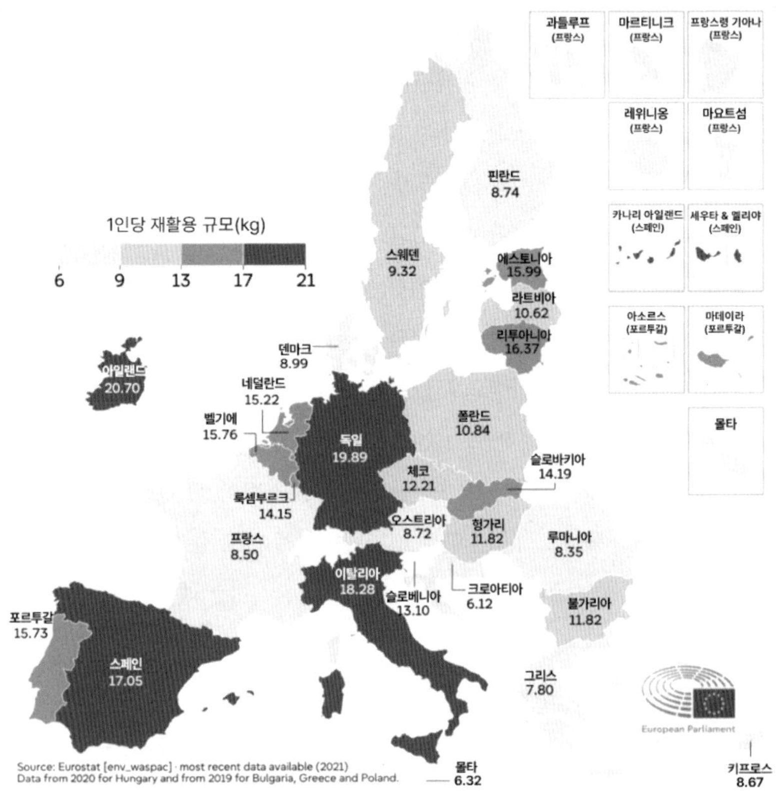

자료: Eurostat, "Packaging waste by waste management operations," https://ec.europa.eu/eurostat/databrowser/view/env_waspac__custom_12505781/default/map?lang=en(검색일: 2024년 8월 6일); European Parliament(2024)를 바탕으로 필자 작성.

있지만, 동시에 환경적·사회적 요구로 인해 재활용 플라스틱에 대한 수요는 계속 증가하고 있다. 이처럼 품질과 비용 문제는 플라스틱 재활용 산업에 새로운 과제를 제기하며, 향후 재활용 기술 및 공정 개선이 중요한 과제가 되고 있다.

2019년 6월, EU는 플라스틱 해양 쓰레기 문제를 해결하기 위한 새로운 규제를 채택했다. 이 규제에는 플라스틱 병의 재활용 함량을 2025년까지 25%로, 2030년까지 30%로 설정하는 목표가 포함되어 있다. EU 의회와 이사회는 이 규제에 합의했으며, 2024년 4월에 유럽의회 의원(MEP)들이 이를 승인했다. 이 규칙에 따라 EU 회원국은 2018년 대비 1인당 포장 폐기물 총량을 2030년까지 5%, 2035년까지 10%, 2040년까지 15% 감축해야 한다. 또한 플라스틱 포장 폐기물을 감소하기 위한 구체적인 규정도 도입되었다. 특정 일회용 플라스틱 포장재는 2030년 1월 1일부터 사용이 금지되며, 2029년까지 일회용 플라스틱과 금속 음료 용기(최대 3리터)의 90%는 별도로 분리 수거되어야 한다(European Parliament, 2024). 이러한 규제는 EU의 포괄적인 환경보호 전략의 일환으로, 플라스틱 폐기물의 발생을 줄이고 재활용률을 높이는 데 기여할 것으로 기대된다.

3. 유럽 재제조 주요 영역의 법적 체계

1) EU의 배터리 재제조 관련 법적 체계

2022~2023년에는 유럽 배터리 산업의 경쟁력 강화와 지속가능성을 보장하기 위한 EU의 새로운 제안이 활발히 논의되었다. EU는 2050년까지 온실가스 순배출 제로를 달성하고 자원의 효율적 사용을 촉진하며 생물 다양성 복원과 시민의 복지 향상을 동시에 추구하기 위해 다양한 이니셔티브를 시작하고 여러 지침과 규정을 승인했다. 이러한 노력의 일환인 그린 딜 산업 계획은 유럽 산업이 글로벌 경쟁력을 유지하면서 지속가능한 디지털 미래로 전환하는 데 중점을 두고 있다. 이 계획에는 '탄소중립산업법(NZIA)'(European Commission, 2023a), '중요 원자재법(CRMA)'(European Commission, 2023b), '전력 시장 설계 개혁'(European Commission, 2023c)과 같은 주요 이니셔티브가 포함된다. 원자재 문제와 직접적으로 관련된 EU 분쟁 광물 규정(Regulation 2017/821)도 관련될 수 있다. 또한 EU는 배터리 여권 및 탄소 발자국 보고, '안전하고 지속가

능한 설계(SSbD)' 프레임워크(Commission Recommendation 2022/2510) 등을 포함한 업데이트된 배터리 규정(Regulation 2023/1542)을 채택했으며, 과불화화합물(PFAS)과 같은 합성 화학물질에 대한 포괄적인 분석도 시작했다(European Chemicals Agency, 2023). 이러한 모든 접근은 배터리 산업의 지속가능성에 큰 영향을 미칠 것이다.

EU의 순환경제 패키지는 배터리 재제조를 포함한 다양한 재활용 및 재사용 정책을 통해 자원 효율성을 높이고 환경보호를 도모하고 있다. 배터리 재제조는 특히 전기차의 보급과 맞물려 중요성이 커지고 있다. 아래는 EU의 배터리 재제조와 관련된 법적 체계에 대한 상세 내용을 정리한 것이다.

(1) 배터리 지침

배터리 지침(Battery Directive, 2006/66/EC)은 EU의 배터리 재제조 및 재활용에 관한 주요 법적 체계이다. 이 지침은 배터리의 전 생애 주기 동안 배터리가 환경에 미치는 영향을 최소화하는 것을 목표로 한다.

배터리 수거 및 재활용의 목표는 모든 배터리의 수거율을 높이는 것으로 설정하며, 휴대용 배터리 수거율을 2025년까지 최소 45%, 2030년까지 최소 70% 달성하는 것을 목표로 한다. 자동차와 산업용 배터리의 경우, 배터리 수명이 종료된 후 100% 수거하는 것을 목표로 한다.

유해물질 제한 조항은 특정 유해 물질(예: 수은, 카드뮴)의 사용을 제한해 환경 및 인체 건강에 미치는 영향을 줄이는 것을 목표로 한다. 환경에 미치는 영향을 최소화하기 위해 배터리 설계 시 유해물질 사용을 줄이도록 권장한다.

확장 생산자 책임(EPR)의 경우 배터리 생산자는 제품의 전 생애 주기에 걸쳐 책임을 지며, 수거 및 재활용 프로그램을 마련해야 한다. 또한 폐배터리의 회수, 처리, 재활용에 대한 비용을 부담해야 한다.

(2) 새로운 배터리 규제

2020년 12월, EU 집행위원회는 새로운 배터리 규제 제안을 발표해 기존 배터리 지침을 강화하고 배터리의 전 생애 주기를 관리하는 종합적인 규제 프레임워크를 제시했다(European Commission, 2020b). 이 새로운 규제는 배터리의 지속가능성, 안전성, 재활용, 그리고 환경적 영향을 포괄적으로 관리하기 위한 다각적인 접근을 강조한다. 이 새로운 규제는 다음과 같은 요건으로 구성되어 있다.

첫째, 재활용 콘텐츠 요건은 특정 유형의 배터리에 대해 재활용된 재료의 최소한의 함량을 요구함으로써 원자재의 채굴을 줄이고 재활용 시장을 촉진하는 역할을 한다. 이는 자원의 효율적인 사용을 촉진하고 지속가능한 순환경제를 구축하는 데 중요하게 기여할 것이다.

둘째, 지속가능성 및 안전성 요건은 배터리의 설계 단계부터 수명 연장, 재사용, 재활용을 쉽게 하도록 설계하고 제조업체는 배터리의 전 생애 주기에 걸친 환경 영향을 철저히 평가하도록 촉구한다. 이 요건에 따르면 모든 배터리는 환경친화적으로 설계되어야 하며, 안전성과 지속가능성을 극대화하는 방식으로 제조되어야 한다.

셋째, 배터리 상태 모니터링 요건은 배터리의 상태 및 성능을 모니터링하고 보고하는 시스템을 도입함으로써 재사용 및 재제조를 촉진한다. 특히 전기차 배터리의 경우, 배터리 관리 시스템(BMS)을 통해 지속적으로 배터리 상태를 모니터링하고 데이터를 제공할 것을 요구한다.

넷째, 배터리 수명 종료 후 관리 요건은 사용이 종료된 배터리가 재사용, 재제조, 재활용을 통해 효율적으로 활용될 수 있도록 한다. 특히 전기차 배터리를 ESS로 재사용하는 2차 사용(Second Life)을 장려한다.

다섯째, 수거 및 재활용 효율성 요건은 배터리의 수거 및 재활용 목표를 강화하고, 리튬, 코발트, 니켈, 납 등 중요한 자원의 재활용 비율을 높이기 위한 기술 개발을 지원한다. 이 규제는 구체적인 목표를 설정함으로써 재활용 공정의 효율성을 높이고 환경적 영향을 줄이는 것을 목표로 한다.

또한 2027년부터 모든 경량 운송 수단 배터리(LMT), 산업용 배터리(용량 2kWh 초과), 전기자동차(EV) 배터리에 대해 배터리 여권을 첨부하도록 요구하고 있다. 이 배터리 여권은 배터리의 전체 수명 주기 동안 발생하는 데이터를 체계적으로 수집하고 통합해 재료 소싱부터 재활용 프로세스까지 모든 정보를 포함한다. 배터리 여권을 통해 생성된 데이터는 자재 추적을 가능하게 하고 제품과 관련된 포괄적인 정보를 제공하는데, 이는 환경 데이터베이스와 제품 및 프로세스의 수명 주기 분석에서 중요한 역할을 한다.

현재 배터리 여권 개발은 주로 기존 배터리 기술에 초점을 맞추고 있지만, 다양한 배터리 기술을 공정하게 비교하기 위해 균형 잡힌 기준을 마련하는 것이 중요하다. 배터리 전극의 탄소 성분과 관련해 지구 온난화 잠재력을 평가하는 과정에서는 기존 배터리와 대체 배터리 기술 간의 차이를 명확히 인식하는 것이 필수적이다.

이러한 배터리 여권은 배터리의 제조, 사용, 재활용 과정에서 발생하는 탄소 발자국, 공급망 실사, 자원 효율성 등을 포함하는 중요한 지속가능성 지표를 제공한다. 이는 소비자들이 환경적 영향을 고려해 배터리를 선택할 수 있도록 돕고, 배터리 상용화에 있어 중요한 의미를 가지며, 공정한 경쟁의 장을 마련하는 데 필수적이다.

배터리 여권의 필요성과 관련된 기술적 발전도 함께 이루어지고 있다. 특히 플로 배터리와 고온 배터리와 같은 대체 배터리 기술의 환경 평가를 위한 포괄적인 프레임워크 구축이 중요하게 논의되고 있다. 이러한 프레임워크는 개방형 온톨로지와 연결되어 새로운 배터리 기술의 디지털 트윈 모델 개발을 촉진할 수 있다.

결론적으로 배터리 여권은 배터리의 전체 수명 주기를 효과적으로 관리하고 환경적 지속가능성을 높이기 위한 중요한 도구로 자리매김하고 있으며, 이는 배터리 산업의 미래 개발에 중대한 영향을 미칠 것이다.

(3) 기타 관련된 법적 체계

폐기물 프레임워크 지침(Waste Framework Directive, 2008/98/EC)은 배터리 폐기물의 관리를 포함한 모든 폐기물 관리의 기본 원칙을 설정한다. 이 지침은 폐기물 발생을 예방하고 재사용 및 재활용을 촉진하는 순환경제의 원칙을 적용한다.

에코디자인 지침(Ecodesign Directive, 2009/125/EC)은 배터리와 같은 제품의 설계 단계에서 에너지 효율성과 재활용 가능성을 고려하도록 요구한다. 이 지침은 지속가능한 제품 설계를 통해 자원 효율성을 높이고 배터리의 수명 연장을 촉진한다.

유해물질 사용 제한 지침(RoHS Directive, 2011/65/EU)은 배터리와 전자제품에서 특정 유해물질의 사용을 제한해 환경과 인체 건강을 보호한다. 이 지침은 배터리 재제조 시 유해물질 사용을 줄이고 재활용 공정을 환경친화적으로 개선하도록 유도한다.

EU의 순환경제 패키지에서 배터리 재제조와 관련된 법적 체계는 배터리의 수명 주기 전반에 걸쳐 재사용과 재활용을 촉진하고 환경에 미치는 영향을 최소화하는 데 중점을 두고 있다. 이러한 법적 조치들은 배터리 산업의 지속가능한 발전을 지원하며, 자원 효율성을 극대화하고 환경보호에 기여한다. 이러한 배터리는 세컨 라이프 배터리(Second Life Battery: SLB)로 불리는데, 이에 대한 적절한 한국어 번역은 '재사용 배터리' 또는 '재활용 배터리'이다. 이 용어는 주로 전기차나 대형 배터리를 1차 사용한 후 남은 수명을 활용해 다른 용도로 재사용되는 배터리를 의미한다. '2차 생명 배터리' 또는 '2차 사용 배터리'와 같은 표현도 상황에 따라 사용하고 있다. 이 글에서는 '2차 사용 배터리'로 통칭한다.

2차 사용 배터리는 전기차 배터리가 초기 용량의 약 70~80% 수준으로 감소해 더 이상 자동차에 적합하지 않게 되면 이를 재사용하는 개념으로 주목받고 있다. 이 배터리들은 ESS와 같은 다른 애플리케이션에서 여전히 유용한 성능을 발휘할 수 있으므로 배터리 수명을 연장하고 새로운 배터리의 필요성을 줄이는 데 기여한다. 2차 사용 배터리의 도입은 경제적·사회적·환경적 측면에서 중요한 이점을 제공하지만, 이와 동시에 해결해야 할 다양한 과제도 존재한다.

① 경제적 측면의 과제

전기차 시장의 급속한 성장은 2차 사용 배터리의 경제적 중요성을 부각시키고 있다. 원래 용도에 더 이상 적합하지 않게 된 전기차 배터리를 재사용하는 것은 경제적 기회를 창출하고 자원을 절약하는 방법으로 평가받고 있다. 전기차 소유자는 폐기될 배터리의 가치를 회수해 경제적 이익을 얻을 수 있고, 배터리 재활용 및 용도 변경 업체는 이러한 배터리를 평가하고 재정비해 새로운 시장을 창출할 수 있다. 또한 2차 사용 배터리를 사용하는 사람은 더 저렴한 가격으로 ESS를 구입할 수 있으며, 배터리 재활용 업체는 2차 사용 배터리에 적합하지 않은 배터리에서 귀중한 소재를 추출할 수 있다. 그러나 2차 사용 배터리의 경제적 타당성에는 아직 해결해야 할 과제가 남아 있다. 예를 들어, 2차 사용 배터리의 가격 책정, 용도 변경 및 재활용 과정의 비용, 그리고 새로운 리튬이온 배터리 대신 2차 사용 배터리를 사용할 때의 경제적 효율성 등은 추가적인 연구와 검토가 필요하다.

② 사회적 측면의 과제

유럽의 배터리 산업은 현지 정부의 지원을 받는 유럽 외 지역의 생산과 비교해 불리한 위치에 놓일 수 있다. 특히 배터리와 원자재 수요가 급증할 것으로 예상되는 가운데 유럽의 생산 능력은 이 수요를 충족시키기 어려울 수 있다. 이러한 불균형을 해소하기 위해서는 사회적 요소를 고려한 생산 및 공급망 관리가 필수적이다. 현재 수입되는 원자재는 종종 아동 노동이나 열악한 작업 환경과 같은 사회적 문제와 연관되어 있다. 이러한 문제를 해결하기 위해서는 추적 시스템을 통해 소비자로 하여금 사회적 요소를 고려해 제품을 선택할 수 있도록 하는 것이 중요하다. 이는 배터리 가치사슬 전반에 걸쳐 사회적 조건을 개선하고 배터리 산업이 성장하는 동안에도 환경적 및 사회적 기준을 준수하도록 보장하는 데서 중요한 역할을 할 것이다.

③ 환경적 측면의 과제

2차 사용 배터리는 원래의 용도에서 수명을 다한 후에도 재사용될 수 있으므로 환경적으로 긍정적인 영향을 미칠 수 있다. 2차 사용 배터리의 주요 환경적 이점은 새로운 배터리의 생산을 지연시킴으로써 첫 번째 수명 동안 발생하는 환경적 영향을 줄인다는 데 있다. 그러나 2차 사용 배터리의 환경적 이점이 항상 명확한 것은 아니다. 예를 들어, 2차 사용 배터리를 사용함으로써 새로운 배터리의 생산을 지연시킬 수 있지만, 동시에 재활용 가능한 배터리의 가용성이 지연되어 2차 원자재의 재순환이 늦어질 수 있다. 또한 수명이 다한 배터리의 잔존 성능과 수명에 대한 충분한 증거가 부족해 2차 사용 배터리의 환경적 성능을 평가하는 데 어려움이 있을 수 있다. 따라서 2차 사용 배터리의 성능 저하 메커니즘, 적합한 2차 수명 애플리케이션, 그리고 이러한 애플리케이션에서 실제로 피할 수 있는 새로운 배터리의 비율 등을 철저히 연구해야 한다.

결론적으로, 2차 사용 배터리는 경제적·사회적·환경적 측면에서 중요한 잠재력을 지니고 있으며, 이를 효과적으로 활용하기 위해서는 지속적인 연구와 개발이 필요하다. 2차 사용 배터리를 사용하는 것은 자원의 효율적인 활용과 환경보호, 경제적 기회의 창출이라는 측면에서 EU의 순환경제 전략 및 그린 딜 목표에 부합한다. 그러나 이 과정에서 나타날 수 있는 여러 과제를 해결하기 위해서는 균형 잡힌 접근이 필수적이다. EU는 2차 사용 배터리의 경제적 타당성, 사회적 책임성, 환경적 효율성을 종합적으로 평가하고 관리하는 것이 2차 사용 배터리 기술의 성공적인 활용을 위해 중요하다는 것을 인지하고 있다.

2) EU의 플라스틱 재제조 관련 법적 체계

EU의 순환경제 패키지는 플라스틱 재제조를 촉진하기 위한 다양한 법적 프레임워크를 포함하고 있다. 이 법적 프레임워크는 플라스틱 재활용을 증진하고 폐기물을 감소하며 자원 효율성을 높이기 위한 규제와 정책을 통합해서 실행하고 있다.

(1) 순환경제행동계획

2020년에 강화된 순환경제행동계획(Circular Economy Action Plan, 2020/98/EC)은 플라스틱 재제조를 촉진하기 위한 여러 법적 조치를 포함하고 있다. 이 계획은 모든 플라스틱 포장재의 55%를 2030년까지 재활용하도록 목표를 설정하고 있다. 또한 회원국들이 재활용 인프라를 확충하고 재활용 목표를 달성하기 위한 정책을 도입하도록 유도하고 있다. 한편 플라스틱 포장재 지침(Packaging and Packaging Waste Directive)은 플라스틱 포장재를 설계, 생산, 소비, 폐기하는 과정에서 환경적 영향을 최소화하는 것을 목표로 하며, 재활용이 용이한 재료 사용과 포장재의 경량화를 촉진하는 데 중점을 두고 있다.

(2) 플라스틱 전략

2018년에 발표된 플라스틱 전략(A European Strategy for Plastics in a Circular Economy, 2018/28/EC)은 재활용 플라스틱 사용을 촉진하기 위해 재활용된 플라스틱의 사용을 장려하고 있으며, 새로운 플라스틱 사용을 줄이기 위한 법적 요구사항을 도입했다. 이 전략은 포장재뿐만 아니라 모든 플라스틱 제품의 재활용 가능성을 높이기 위한 법적 기준을 설정하고 있으며, 화학적 재활용을 촉진하기 위해 화학적 재활용 기술의 개발과 상용화를 지원하고 있다. 또한 재활용 플라스틱 제품의 품질과 안전성을 보장하기 위해 표준화된 규격과 인증제도를 도입해 소비자 신뢰를 높이고자 한다.

(3) 일회용 플라스틱 지침

2019년에 도입된 일회용 플라스틱 지침(Single-Use Plastics Directive, SUP Directive, 2019/904/EU)은 특정 일회용 플라스틱 제품의 사용을 금지하거나 제한하는 규정을 포함한다. 이 지침은 플라스틱 빨대, 식기류, 면봉, 플라스틱 식품 용기 등 특정 일회용 플라스틱 제품의 사용을 금지하거나 제한해 재사용 가능한 대체품 사용을 촉진한다. 또한 생산자가 제품의 전 수명주기에 걸쳐 환경 영향을 관리하고 폐기물 관리 비용을 부담하도록 요구하는 생산자 책임 강화 조치를 포함하고 있다.

(4) 플라스틱세

2021년에 도입된 플라스틱세(Plastic Tax)는 재활용되지 않은 플라스틱 폐기물에 대해 킬로그램당 0.80유로의 세금을 부과하는 방식으로, 재활용되지 않은 플라스틱 폐기물에 대한 경제적 유인책을 제공해 재활용률을 높이고 새로운 플라스틱 사용을 줄이기 위한 목적으로 시행되었다(European Commission, 2024).

(5) 폐기물 프레임워크 지침

폐기물 프레임워크 지침(Waste Framework Directive, 2008/98/EC)은 폐기물 관리의 기본 원칙과 목표를 설정하고 있다. 폐기물 계층 구조 규정을 통해 폐기물 발생을 방지하고 있으며, 재사용, 재활용, 회수, 처분의 순서로 폐기물 관리를 규정하고 있다. 이 지침은 플라스틱 폐기물의 재활용을 촉진하고 최종 처분을 최소화하는 것을 목표로 하며, 회원국들에 효과적인 폐기물 수거 시스템을 구축하고 플라스틱 재활용 인프라를 확충할 것을 요구한다.

(6) 확장 생산자 책임

확장 생산자 책임(Extended Producer Responsibility: EPR, L.N. 151)은 생산자가 제품의 전 생애 주기에 걸쳐 책임을 지고 폐기물 관리 및 재활용 비용을 부담하도록 함으로써 플라스틱 포장재와 제품의 재활용을 촉진하고 제조업체가 지속가능한 디자인을 채택하도록 유도하고 있다.

(7) 에코디자인 지침

에코디자인 지침(Ecodesign Directive, 2009/125/EC)은 제품의 설계 단계에서부터 재활용 가능성을 고려하도록 요구한다. 이 지침은 제품의 내구성, 수리 가능성, 재사용 가능성, 재활용 가능성을 고려한 설계를 장려함으로써 플라스틱 제품의 수명 연장과 재활용을 촉진하고자 한다.

이상 살펴본 법적 프레임워크들은 EU가 플라스틱 재제조와 순환경제를 촉진하는 데 중요한 역할을 하고 있으며, 자원 효율성과 환경보호를 극대화하기 위한 포괄적인 접근을 제공하고 있다.

4. 유럽 재제조의 주요 영역 사례 연구

EU는 배터리 재제조와 관련된 다양한 성공적인 사례를 통해 자원 효율성을 높이고 환경보호에 기여하고 있다. 여기서는 배터리 재제조 및 플라스틱 재제조와 관련된 대표적인 사례를 소개한다.

1) 배터리 재제조 사례

(1) 유미코어

유미코어(Umicore)는 벨기에에 본사를 둔 글로벌 소재 기술 및 재활용 기업으로, 배터리 재활용 분야에서 선도적인 역할을 하고 있다. 유미코어는 전기차 배터리와 산업용 배터리를 수집해 재활용하며, 배터리에서 리튬, 니켈, 코발트,

구리 등의 금속을 회수해 새로운 배터리 생산에 재사용하고 있다. 이 회사는 효율적인 재활용 공정을 통해 금속 회수율을 극대화하고 환경적 영향을 최소화하는 데 중점을 두고 있다.

유미코어의 재활용 공장은 높은 금속 회수율과 낮은 환경오염도를 자랑하며, 유럽에서 가장 효율적인 배터리 재활용 시설 중 하나로 평가받고 있다. 이러한 재활용 기술과 공정은 자원순환경제를 촉진하고 배터리 생산의 지속가능성을 제고하는 데 중요하게 기여하고 있다.

(2) 노스볼트

노스볼트(Northvolt)는 스웨덴에 본사를 둔 배터리 제조업체로, 지속가능한 배터리 생산과 재활용에 중점을 두고 있다. 노스볼트는 배터리 제조 과정에서 발생하는 폐기물과 사용 후 배터리를 수집해 재활용하는 체계를 구축하고 있다. 이 회사는 자체적으로 개발한 리볼트(Revolt) 프로그램을 통해 배터리 재활용 기술을 혁신하며, 폐기물로부터 고순도의 원재료를 회수하는 기술을 발전시키고 있다.

노스볼트는 재활용된 배터리 소재를 새로운 배터리 생산에 재사용함으로써 자원 효율성을 제고하고 탄소배출을 감소시키는 데 기여하고 있다. 또한 2030년까지 생산되는 모든 배터리에 재활용 소재를 50% 이상 포함하는 것을 목표로 하고 있으며, 이를 통해 지속가능한 배터리 생산의 표준을 설정하고자 한다.

(3) 폭스바겐 그룹 컴포넌츠

폭스바겐 그룹 컴포넌츠(Volkswagen Group Components)는 독일 자동차 제조업체 폭스바겐의 자회사로, 전기차 배터리의 재제조 및 재활용에 중점을 두고 있다. 이 회사는 전기차 배터리를 수거해 분해한 후 재사용 가능한 부품과 재활용 가능한 소재로 분류하는 과정을 수행한다. 이후 배터리 셀의 재사용 가능성을 평가해 2차 사용할지(예: ESS) 또는 재활용할지를 결정한다.

2021년 폭스바겐은 독일 잘츠기터에 배터리 재활용 파일럿 공장을 설립했는데, 이 공장은 리튬, 니켈, 망간, 코발트 등 주요 원재료의 회수율을 95% 이상 달성하는 것을 목표로 하고 있다. 재활용된 원재료는 새로운 배터리 생산에 재사용되는데, 이를 통해 자원 효율성을 극대화하고 환경에 미치는 영향을 최소화하고자 한다. 이러한 노력은 폭스바겐이 지속가능한 배터리 관리 및 자원순환경제 구축에 기여하는 중요한 사례로 평가할 수 있다.

(4) 테스

테스(Total Environmental Solutions: TES)는 싱가포르에 본사를 둔 글로벌 전자폐기물 및 배터리 재활용 기업으로, 유럽에서도 활발히 활동하고 있다. 테스는 리튬이온 배터리를 포함한 다양한 배터리를 수거해 재활용하며, 최첨단 재활용 기술을 통해 배터리에서 리튬, 니켈, 코발트, 구리 등의 고가 금속을 회수한다. 이러한 재활용 활동을 통해 테스는 귀금속 회수율을 극대화하고 폐기물로 인한 환경적 영향을 감소시키는 데 기여하고 있다. 또한 테스는 유럽 내 주요 자동차 제조업체와 협력해 전기차 배터리를 재활용하는 솔루션을 제공하며, 지속가능한 배터리 관리와 자원순환경제 구축에 중요한 역할을 하고 있다.

(5) 아큐렉 리사이클링

아큐렉 리사이클링(ACCUREC Recycling GmbH)은 독일의 배터리 재활용 전문 기업으로, 다양한 종류의 배터리를 재활용하는 데 주력하고 있다. 이 회사는 리튬이온, 니켈-메탈 하이브리드, 니켈-카드뮴 등 여러 유형의 배터리를 수거한 후 최신 기술을 사용해 재활용 과정을 거친다. 재활용 공정에서는 배터리 소재를 분리하고 회수한 후 이를 새로운 배터리 생산에 재사용한다.

아큐렉 리사이클링은 재활용 공정의 효율성을 지속적으로 개선해 배터리 폐기물로 인한 환경 영향을 최소화하는 데 중점을 두고 있다. 특히 고효율 재활용 기술을 통해 배터리 소재의 회수율을 높이고 있으며, 회수된 소재는 다양한 산업에 재공급되어 자원순환에 기여하고 있다.

2) 플라스틱 재제조 사례

EU는 플라스틱 재제조를 통해 자원 효율성을 높이고 환경보호에 기여하기 위해 다양한 프로그램과 기업의 사례를 운영하고 있다. 다음은 플라스틱 재제조와 관련한 대표적인 사례들이다.

(1) 유럽플라스틱생산자협회

유럽플라스틱생산자협회(PlasticsEurope)는 유럽의 주요 플라스틱 제조업체 협회로, 플라스틱 재활용과 재제조를 촉진하기 위한 다양한 프로그램과 이니셔티브를 운영하고 있다. 대표적인 프로그램은 오퍼레이션 클린 스윕(Operation Clean Sweep)인데, 이 프로그램은 플라스틱 펠렛, 플레이크, 분말의 유출을 방지해 생산 및 물류 과정에서 플라스틱 폐기물 발생을 최소화하는 데 목적을 두고 있다. 또한 플라스틱 2030 자발적 약속(Plastics 2030 Voluntary Commitment)은 2030년까지 모든 플라스틱 포장재의 60%를 재사용 및 재활용하는 목표를 설정하고, 지속가능한 플라스틱 사용을 장려하는 이니셔티브이다. 이와 함께 이 협회는 다양한 교육 및 인식 제고 캠페인을 통해 플라스틱 재활용에 대한 인식을 높이고 있으며, 회원사들과 협력해 재활용 인프라를 개선하면서 재활용 기술 개발을 지원하고 있다.

(2) 순환 플라스틱 연합

순환 플라스틱 연합(Circular Plastics Alliance: CPA)은 플라스틱 재활용과 순환경제를 촉진하기 위해 2019년에 EU가 주도해서 설립한 공공 및 민간 부문 파트너십이다. 이 연합은 2025년까지 재활용 플라스틱을 사용한 제품을 유럽에서 1,000만 톤 생산하는 것을 목표로 하고 있다. 이를 위해 플라스틱 가치사슬의 모든 단계에서 협력을 강화하고, 재활용 플라스틱의 공급과 수요를 연결하기 위한 디지털 플랫폼을 구축하며, 플라스틱 재활용 표준 및 인증 시스템을 개발하는 등의 활동을 추진하고 있다. 또한 플라스틱 재활용에 대한 투자를 촉진하고 관련 기술 개발을 지원함으로써 순환경제의 구현을 가속화하고 있다.

(3) 사빅

글로벌 화학 기업 사빅(SABIC)은 유럽에서 플라스틱 재활용을 선도하는 기업 중 하나로, 고성능 플라스틱의 재활용 및 재제조에 중점을 두고 있다. 사빅은 트루서클(Trucircle™) 프로그램을 통해 플라스틱 폐기물의 화학적 재활용을 추진하고 있으며, 이를 통해 회수된 고품질 원료를 사용해 다양한 산업에 공급되는 고성능 플라스틱 제품을 생산하고 있다. 이러한 화학적 재활용 기술은 플라스틱 폐기물로부터 새로운 플라스틱 제품을 제조하는 데 중요한 역할을 하고 있다. 사빅은 순환경제 목표를 달성하기 위해 지속가능한 제품 포트폴리오를 지속적으로 확대하고 있다.

(4) 네스테

네스테(Neste)는 핀란드의 정유 및 에너지 기업으로, 재생가능 자원과 폐기물 기반의 플라스틱 원료 생산에 중점을 두고 있다. 이 기업은 폐기된 플라스틱을 화학적으로 재활용해 이를 새로운 플라스틱 원료로 전환하는 기술을 개발하고 있으며, 이러한 재활용 플라스틱 원료를 통해 고품질의 새로운 플라스틱 제품을 생산하고 있다. 네스테는 플라스틱 재활용 기술의 상업화를 통해 유럽 전역에서 재활용 플라스틱 원료 공급을 확대하고 있으며, 플라스틱 순환경제를 지원하기 위해 지속가능한 플라스틱 솔루션을 제공하고 있다.

(5) 베올리아

베올리아(Veolia)는 환경 서비스 분야의 글로벌 리더로서 플라스틱 재활용 및 재제조에 적극적으로 참여하고 있다. 이 회사는 플라스틱 폐기물을 수거해 선별, 세척, 분쇄 및 재활용하는 과정을 거쳐 이를 새로운 플라스틱 원료로 전환하고자 한다. 재활용된 플라스틱은 다양한 산업용 제품을 생산하는 데 활용되고 있다. 베올리아는 유럽 전역에서 플라스틱 재활용 공장을 운영하고 있으며, 연간 수십만 톤의 플라스틱 폐기물을 재활용하고 있다. 또한 재활용 플라스틱의 품질을 향상시키기 위해 지속적으로 기술을 개선하고 있으며, 새로운 재활용 솔루션도 개발하고 있다. 이러한 EU 내 플라스틱 재제조 사례는 자원 효율성을 증대시키고 환경보호를 촉진하며 경제적 이익을 창출하는 데 중요한 역할을 하고 있다. 플라스틱 재활용 및 재제조를 활성화하기 위한 다양한 기업과 공공-민간 파트너십의 노력은 지속가능한 순환경제를 구축하는 데 기여하고 있다.

5. 나가며

2050년 탄소중립 목표를 달성하기 위해서는 산업 부문을 순환경제로 전환하는 것이 필수적이다. 이러한 전환은 비용 효율적인 탄소 감축의 대안으로 자리잡고 있다. 현재 유럽의 탄소배출권 가격이 톤당 60유로에 달하는데 순환경제를 통해 1톤의 탄소배출을 줄이는 데 드는 비용은 50유로 이하이다. 따라서 탄소배출권을 구매하는 대신 순환경제 비즈니스를 도입하는 것이 비용 절감 측면에서 유리하다. 그뿐만 아니라 순환경제로의 전환은 새로운 비즈니스 기회를 창출하고 시장 경쟁력을 강화하는 데에도 중요한 역할을 한다.

재제조는 자원을 순환 이용함으로써 자원 효율성을 극대화하는 동시에 폐기물 발생을 줄이고 탄소배출을 감소시키는 효과적인 방법이다. 이 과정에서 비용 절감, 일자리 창출, 자원 절약, 그리고 에너지 효율성 증대와 같은 경제적 이익이 발생한다. 이는 장기적으로 EU의 지속가능한 경제성장에 기여할 것이다.

그러나 재제조 산업을 활성화하기 위해서는 몇 가지 과제를 해결해야 한다.

먼저, 표준화 및 품질 관리의 중요성이 대두되고 있는데, 이는 소비자 신뢰를 구축하고 시장에서의 수용성을 높이는 데 필수적이다. 또한 복잡한 공급망 관리, 기술적 도전, 일관된 규제 및 정책 지원 부족은 재제조 산업의 성장을 저해하는 요인들로 지적되고 있다. 이러한 과제를 해결하기 위해서는 통합된 시스템, 기술적 지원, EU 차원의 일관된 규제와 정책 마련이 필요하다.

EU의 재제조 산업은 경제적·환경적 이점을 제공하면서 지속가능한 발전에 중요한 역할을 수행하고 있다. 이처럼 재제조 산업을 활성화하는 것은 EU가 순환경제 목표를 달성하고 글로벌 시장에서의 경쟁력을 강화하는 데 필수적인 요소로 작용할 것이다.

결론적으로 EU의 순환경제 입법은 한국의 지속가능한 발전과 자원 효율성 강화에 중요한 시사점을 제공한다. 유럽의 사례를 통해 알 수 있듯 한국은 자국의 순환경제 정책을 강화하고 재제조 및 재활용 산업을 활성화해야 탄소중립 목표를 효과적으로 달성할 수 있다. 이를 위해 법적 프레임워크의 도입과 강화, 재제조 산업의 표준화 및 품질 관리, 소비자 인식 제고와 참여 유도, 기술 개발 및 혁신 촉진, 그리고 정책적 지원의 확대가 필수적이다. 이러한 노력이 결합된다면 한국은 글로벌 순환경제 시장에서 경쟁력을 확보할 수 있을 것이며, 장기적으로 자원 효율성과 환경보호를 극대화할 수 있을 것이다. 이와 같은 전략적 접근은 한국이 2050년 탄소중립 목표를 달성하는 데 기여할 뿐만 아니라 지속가능한 경제 모델로의 전환을 촉진하는 데 중요한 기반이 될 것이다.

참고문헌

삼일PwC경영연구원. 2022. 『순환경제로의 전환과 대응전략: 플라스틱과 배터리(이차전지)를 중심으로』. PwC. 1~77쪽.

Business Europe. 2024. "EU Circular Economy Polucy: BusinessEurope priorities for 2024-2029." https://www.businesseurope.eu/sites/buseur/files/media/position_papers/iaco/2024-07-10_businesseurope_2024-2029_priorities_for_eu_circular_economy.pdf(검색일: 2024년 8월 6일).

Commission Recommendation 2022/2510. Commission Recommendation(EU) 2022/2510 of 8 December 2022 establishing a European assessment framework for 'safe and sustain able by design' chemicals and materials. 32022H2510-EN-EUR-Lex-European Union.

Ellen MacArthur Foundation. 2013a. "Towards the Circular Economy. Economic and Business Rationale for an Accelerated Transition." Towards the circular economy Vol. 1, pp. 1~96.

_______. 2013b. "Towards the Circular Economy, Opportunities for the Consumer Goods Sector." Towards the circular economy Vol. 2, pp. 1~111.

_______. 2015. "Towards a Circular Economy: Business Rationale for an Accelerated Transition." https://kidv.nl/media/rapportages/towards_a_circular_economy.pdf?1.2.1(검색일: 2024년 7월 20일).

ERN. 2024. "What is Remanufacturing?." https://www.remanufacturing.eu/about-remanufacturing.php(검색일: 2024년 8월 7일).

European Chemicals Agency. 2023. ECHA publishes PFAS restriction proposal ECHA/NR/23/04. All news-ECHA(europa.eu). (February 7).

European Commission. 2015. "Closing the loop-An EU action plan for the Circular Economy". Communication from the Commission to the European Parliament. the Council. the European Economic and Social Committee and the Committee of the Regions. COM (2015) 614 final.

_______. 2018. "Communication From The Commission To The European Parliament. The Council. The European Economic And Social Committee And The Committee of The Regions A European Strategy for Plastics in a Circular Economy." COM(2018) 28 final.

_______. 2020a. "A new Circular Economy Action Plan: For a cleaner and more competitive Europe." COM(2020) 98 final.

_______. 2020b. "Green Deal: Sustainable batteries for a circular and climate neutral economy." (December 10) https://ec.europa.eu/commission /presscorner/detail/en/ip_20_2312(검색일: 2024년 9월 30일).

_______. 2023a "Proposal for a Regulation of the European Parliament and of the Council on establishing a framework of measures for strengthening Europe's net-zero technology products manufacturing ecosystem(Net Zero Industry Act)"(2023/0081(COD)). EUR-Lex-52023PC0161-EN-EUR-Lex(europa.eu). (March 3).

_______. 2023b. "Proposal for a Regulation of the European Parliament and of the Council establishing a framework for ensuring a secure and sustainable supply of critical raw materials and amending Regulations(EU) 168/2013. (EU) 2018/858. 2018/1724 and(EU) 2019/1020"(2023/0079(COD)). EUR-Lex-52023PC0160-EN-EUR-Lex(europa.eu). (March 16).

_______. 2023c. "Proposal for a Regulation of the European Parliament and of the Council amending Regulations(EU) 2019/943 and(EU) 2019/942 as well as Directives(EU) 2018/2001 and(EU) 2019/944 to improve the Union's electricity market design" (COM/2023/148). EUR-Lex-52023PC0148-EN-EUR-Lex(europa.eu). (March 14).

_______. 2024. "Plastics own resource." https://commission.europa.eu/strategy-and-policy/eu-budget/long-term-eu-budget/2021-2027/revenue/own-resources/plastics-own-resource_en(검색일: 2024년 8월 6일).

European Court of Auditors. 2023. "Circular economy: Slow transition by member states despite EU action." *Special Report*. 17/2023. pp.1~58.

European Environment Agency. 2021. "Plastics, the circular economy and Europe's environment: A priority for action." *EEA Report*. No. 18. pp.1~75.

_______. 2024. "Plastics recycling in Europe: obstacles and options(Signal)." https://www.eea.europa.eu/en/european-zero-pollution-dashboards/indicators/plastics-recycling-in-europe-obstacles-and-options(검색일: 2024년 7월 20일).

European Parliament. 2019. "Directive (EU) 2019/904 of the European Parliament and of the Council of 5 June 2019 on the reduction of the impact of certain plastic products on the environment(Text with EEA relevance)." PE/11/2019/REV/1(June 12).

_______. 2021. "Report on the New Circular Economy Action Plan." https://www.europarl.europa.eu/doceo/document/A-9-2021-0008_EN.html(검색일: 2024년 7월 20일).

_______. 2024. "Plastic waste and recycling in the EU: facts and figures."(June 24) https://www.europarl.europa.eu/topics/en/article/20181212STO21610/plastic-waste-and-recycling-in-the-eu-facts-and-figures(검색일: 2024년 7월 20일).

European Union. 2018a. "Directive(EU) 2018/849 Of The European Parliament And Of The Council of 30 May 2018 amending Directives 2000/53/EC on end-of-life vehicles, 2006/66/EC on batteries and accumulators and waste batteries and accumulators, and 2012/19/EU on waste electrical and electronic equipment." Official Journal of the European Union. L 150/93.

_______. 2018b. "Directive(EU) 2018/851 Of The European Parliament And Of The Council of 30 May 2018 amending Directive 2008/98/EC on waste." Official Journal of the European Union. L 150/109.

_______. 2018c. "Directive(EU) 2018/852 Of The European Parliament And Of The Council of 30 May 2018 amending Directive 94/62/EC on packaging and packaging waste." Official Journal of the European Union. L 150/141.

_______. 2023. "Regulation(EU) 2023/1542 Of The European Parliament And Of The Council of 12 July 2023 concerning batteries and waste batteries, amending Directive 2008/98/EC and Regulation(EU) 2019/1020 and repealing Directive 2006/66/EC." Official Journal of the European Union. L 191/1.

Plastics Europe. 2020. "Plastics - the Facts 2020: An analysis of European plastics production, demand and waste data." https://plasticseurope.org/knowledge-hub/plastics-the-facts-2020/(검색일: 2024년 7월 20일).

Regulation 2017/821. Regulation(EU) 2017/821 of the European Parliament and of the Council of 17 May 2017 laying down supply chain due diligence obligations for Union importers of tin, tantalum and tungsten, their ores, and gold originating from conflict-affected and high-risk areas. Regulation-2017/821-EN-EUR-Lex-European Union.

Regulation 2023/1542. Regulation(EU) 2023/1542 of the European Parliament and of the Council of 12 July 2023 concerning batteries and waste batteries, amending Directive 2008/98/EC and Regulation(EU) 2019/1020 and repealing Directive 2006/66/EC. Regulation-2023/1542-EN-EUR-Lex(europa.eu).

Rizos, Vasileios et al. 2017. "The Circular Economy A review of definitions. processes and impacts," *CEPS*. No.8. pp.1~40.

World Bank. 2022. "Squaring the Circle: Policies from Europe's Circular Economy Transition." Washington: World Bank.

Zero Waste Europe. 2023. "Zero Waste Europe Annual Report 2022." Zero Waste Europe. pp. 1~41.

제7장

일본의 재제조 산업 현황 및 정책

김현정

1. 들어가며: 일본의 재제조 산업에 대한 이해

1) 재제조 산업에 대한 이해

일본 정부는 정책적으로 재제조(再製造)와 자원순환(資源循環)을 구분해서 사용하고 있다. 재제조 정책은 특정 제품이나 부품의 재사용에 초점을 맞추어 품질을 신제품과 동일하게 복원하는 것을 목표로 한다. 반면, 자원순환 정책은 제품의 생애주기 전체를 통해 자원의 효율적 사용과 폐기물 최소화를 도모하는 포괄적인 접근방식을 취한다.

재제조와 자원순환 정책을 수행하는 주무 부처는 경제산업성(経済産業省)과 환경성(環境省)이다. 재제조는 특정 고가 제품(자동차 부품, 항공기 부품, 산업 기계 등 고가의 내구성 있는 제품 등)에 대해 적용되며, 자원순환은 모든 제품과 소재에 적용된다. 자원순환 정책은 재활용, 재사용, 감소와 같은 광범위한 활동을 포함하는 반면, 재제조 정책은 특히 수리·재생을 통해 제품의 수명을 연장하는 데 중점을 둔다. 이러한 정책적 구분에도 불구하고, 실제로 정책을 적용하는 현

〈표 7-1〉 일본 재제조 정책과 자원순환 정책의 차이

	재제조 정책	자원순환 정책
정책 목적	사용된 제품이나 부품을 신제품과 동일한 품질로 복원	제품의 생애주기 전체에 걸쳐 자원의 효율적 사용과 폐기물 최소화
주요 활동	제품 분해, 세척, 수리, 교환 등을 통해 재생	재활용, 재사용, 감축(3R) 원칙 추진 및 폐기물 자원화 시스템 구축
대상 제품	자동차 부품, 항공기 부품, 산업 기계 등 고가의 내구성 있는 제품	가전제품, 음식물, 건설폐기물, 플라스틱 등 다양한 자원
법적 체계	주로 개별 산업 표준과 지침에 따름	'자원유효이용촉진법', '가전재활용법', '음식물 재활용법' 등 다양한 법규 존재
경제적·환경적 효과	제조 에너지와 자원 절약, 폐기물 감소, 비용 절감, 산업 경쟁력 강화	자원 사용 효율화, 폐기물 발생 최소화, 지속가능한 소비와 생산 실현

자료: 아래 홈페이지 내용을 바탕으로 필자 작성.
經済産業省, "3R政策," https://www.meti.go.jp/policy/recycle/(검색일: 2024년 6월 30일).
環境省, "環境再生·資源循環," https://www.env.go.jp/recycle/(검색일: 2024년 6월 30일).

장에서는 현재까지 이 둘이 정확하게 구분되지 않고 있다. 이는 재제조 산업이 아직 초기 단계에 머물러 있기 때문이다.

재제조 산업 및 자원순환과 관련한 법률로는 '폐기물처리법(廃棄物の処理及び清掃に関する法律)', '자원유효이용촉진법(循環型社会形成推進基本法)', '그린구매법(国等による環境物品等の調達の推進に関する法律)', '가전리사이클법(特定家庭用機器再商品化法)', '자동차리사이클법(使用済自動車の再資源化等に関する法律)', '건설리사이클법(建設工事に係る資材の再資源化等に関する法律)' 등이 있다. 이들 법률은 일본에서 재제조 산업의 발전과 환경보호를 동시에 달성하기 위한 중요한 틀을 제공한다. 일본 정부는 재제조 제품의 품질과 안전성을 보장하며, 지속가능한 사회의 실현을 정책 목표로 제시하고 있다.

2) 재제조 정책 및 자원순환 정책

1999년 경제산업성은 '1999 순환경제 비전(循環経済ビジョン1999)'을 통해 3R[Reduce(감축), Reuse(재사용), Recycle(재활용)] 정책을 처음 도입했다. 이 정

책은 자원의 순환적 사용을 촉진하고 폐기물을 줄여 환경에 미치는 영향을 최소화하려는 정책 목적하에 추진되었다. 순환경제는 제품, 자원, 에너지를 최대한 오래 사용하고 사용 후에도 폐기물로 끝나지 않도록 재활용하는 시스템을 지향한다. 이는 자원의 효율성을 극대화하고 환경 부담을 최소화하는 방식으로 진행된다. 3R 정책 중 첫째, '감축(reduce)'은 폐기물 발생을 원천적으로 줄이는 것을 목표로, 제품 설계 단계에서부터 자원 사용을 최소화하고, 장기적으로 사용할 수 있는 제품을 제작하는 것을 실천방안으로 제시한다. 둘째, '재사용(reuse)'은 폐기물을 재사용함으로써 자원의 낭비를 줄이는 것에 정책 목표를 둔다. 중고 제품의 판매 및 사용, 제품 수리와 재사용 가능성을 높이는 인프라 구축을 통해 정책을 실천한다. 셋째, '재활용(recycle)'은 폐기물을 새로운 자원으로 전환해 다시 사용하는 것을 의미한다. 이는 분리수거를 통해 폐기물을 효율적으로 재활용하고 재활용 기술을 개발 및 보급함으로써 실천한다.[1]

경제산업성의 3R 정책은 각각 구체적인 산업과 품목 지정을 통해 법령화되었다. 대상 품목은 첫째, 전기·전자제품, 둘째, 자동차(배터리), 셋째, 플라스틱에 집중되었다. 경제산업성 내 3R 정책은 '자원 효율성 및 순환경제부, 산업 과학 기술 정책 및 환경국'이, 자동차 재활용 부문은 '자동차부, 제조업국'이, 가전제품리사이클링은 'IT산업과 상무정보정책국'이 담당하고 있다.

이와 관련한 법률로는 '폐기물의 처리 및 청소에 관한 법률(廃棄物の処理及び清掃に関する法律)'(1971년 시행, 2017년 개정), '순환형 사회 형성 추진기본법(循環型社会形成推進基本法)'(2001년 시행, 2012년 개정), '자원유효이용촉진법(3R법)(資源の有効な利用の促進に関する法律)'(1991년 제정, 2001년 개정) 등이 있다.

환경성은 경제산업성과 함께 '순환형 사회 형성 추진기본법'과 '자원유효이용촉진법'을 추진하며, 나아가 '플라스틱 자원순환 촉진법(プラスチック資源循環促

---

1 3R 정책에 관한 설명은 다음의 홈페이지 내용을 정리 요약한 것이다. 経済産業省, "3R政策", https://www.meti.go.jp/english/policy/energy_environment/3r/index.html(검색일: 2024년 6월 30일).

進法)'을 주관하고 있다. '플라스틱 자원순환 촉진법'은 플라스틱의 생애 주기 전반에 걸쳐 3R+Renewable(감축, 재사용, 재활용+재생가능) 이니셔티브를 통해 플라스틱 자원의 순환을 촉진하는 법이다.[2] 이 법은 2022년 4월 1일부터 시행되었으며, 플라스틱 제품 설계부터 폐기물 처리까지 모든 단계에서 자원순환을 강화하려는 정책 목표를 담고 있다.

정부는 플라스틱 제품 설계 지침을 통해 친환경적인 제품 설계를 촉진한다. 환경부는 관련 지침을 마련해 플라스틱 사용량 감소, 과대 포장 억제, 재활용 가능한 디자인 인증제도 운영을 실행하고 있다. 해당 인증제도는 우수한 디자인의 제품을 인증하는 것으로, 정부는 이러한 인증 제품을 우선적으로 구매하도록 한다. 더불어 플라스틱이 포함된 제품의 판매 및 제공 과정에서 판매자는 특정 플라스틱 제품(포크, 스푼, 빨대 등의 12가지 플라스틱 제품)에 대해 소비자의 사용 여부를 묻고, 특정 플라스틱 제품을 사용하지 않을 때에는 포인트를 제공하고 사용할 때에는 요금을 부과하는 등의 조치를 시행하도록 했다. 나아가 플라스틱 제품의 대체 소재로 만든 제품을 제공하도록 권장한다.

지방자치단체는 기존의 플라스틱 용기와 포장재뿐만 아니라 다른 플라스틱 제품 폐기물도 분리수거하고 재활용하도록 유도하고 있다. 제조업체, 소매업체 등은 플라스틱 제품을 수거하고 재활용하는 활동을 쉽게 할 수 있도록 해야 하며, 플라스틱 폐기물의 발생을 줄이고 재활용을 촉진해야 한다.[3] '플라스틱 자원순환 촉진법'은 플라스틱 자원의 효율적 사용과 재활용을 촉진해 지속가능한 사회를 구축하는 것을 목표로 한다. 환경성은 플라스틱 사용이 환경에 미치는 영향을 최소화하고 자원순환경제로 전환하는 정책을 추진하고 있다.

여기서는 주요 재제조 산업 및 자원순환과 관련한 법률 및 규제로 '폐기물처리법', '자원유효이용촉진법', '그린구매법', '가전리사이클법', '자동차리사이클

2 Public Relations Office Government of Japan, "Concerning the Act on Promotion of Resource Circulation for Plastics"(검색일: 2024년 6월 30일).

3 플라스틱 재활용과 관련된 사항은 다음의 홈페이지 내용을 정리 요약한 것이다. 環境省, "プラスチック資源循環", https://plastic-circulation.env.go.jp/(검색일: 2024년 6월 30일).

법', '건설리사이클법'의 6개 법률을 설명하고자 한다.

첫째, '폐기물처리법'은 순환형 사회의 형성을 촉진하기 위해 제정된 법으로, 자원의 유효한 이용과 환경보호를 정책 목적으로 한다. 이 법은 1970년 12월 25일에 제정되었으며, 폐기물의 배출 억제와 적절한 처리를 통해 생활환경의 보전과 공중위생의 향상을 도모하고자 한다.[4] 이후 이 법은 일본에서 폐기물의 적정한 처리 및 환경보호를 위해 제정된 기본적인 법률로 작용해 왔다. 이 법은 폐기물의 발생에서부터 최종 처분까지의 전 과정에서 발생할 수 있는 환경 문제를 예방하고, 적절한 관리를 통해 생활환경을 보호하는 것을 목표로 한다.

둘째, '자원유효이용촉진법'은 제품의 설계, 생산, 유통, 소비, 폐기까지의 모든 단계에서 자원의 효율적 이용을 촉진하는 것을 목표로 한다. 이 법은 자원의 효율적 사용 및 재활용 촉진, 폐기물 발생 억제 및 적정 처분, 재사용 가능한 자원의 재활용 활성화 등을 통해 정책을 실천한다.[5]

셋째, '그린구매법'은 정부 및 공공기관이 환경친화적인 제품과 서비스를 우선적으로 구매하도록 규정한 법이다. 이 법은 환경보호와 지속가능한 소비를 촉진하기 위해 제정되었다. 공공기관에는 환경친화적인 제품과 서비스를 우선 구매하도록 하고 환경 물품의 기준 및 지침을 제공하여 구매 실적 및 계획을 공개하도록 하는 한편, 제조업체와 수입업체에는 재활용 의무를 부여하고 재활용을 위한 인프라를 구축 및 운영하도록 한다.[6] 이와 같이 이 법은 정부와 판매자, 소비자 등 순환경제 전반에 참여하는 이해관계자들에게 각각의 역할과 의무사항을 부여한다.

넷째, '가전리사이클법'은 가정용 전자제품의 재활용을 촉진하기 위해 제정

---

4 環境省, "廃棄物の処理及び清掃に関する法律(廃棄物処理法)", https://www.env.go.jp/recycle/waste/laws.html(검색일: 2024년 6월 30일).

5 環境省, "循環型社会形成推進基本法", https://www.env.go.jp/recycle/circul/recycle.html(검색일: 2024년 6월 30일).

6 e-GOV 法令検索, "国等による環境物品等の調達の推進等に関する法律", https://elaws.e-gov.go.jp/document?lawid=412AC1000000100(검색일: 2024년 6월 30일).

된 법으로, 주로 대형 가전제품(냉장고, 세탁기, 텔레비전, 에어컨 등)을 대상으로 한다.[7]

다섯째, '자동차리사이클법'은 사용 후 폐차되는 자동차의 재활용을 촉진하기 위해 제정된 법이다. 자동차 제조업체는 사용 후 자동차의 재활용 책임을 가지며, 자동차 부품 및 소재의 재활용을 촉진할 의무를 진다. 자동차 소유자는 폐차 시 정해진 절차에 따라 자동차를 처리해야 한다.[8]

여섯째, '건설리사이클법'은 건설 현장에서 발생하는 폐기물의 재활용을 촉진하기 위해 제정된 법이다. 이 법을 통해 정부는 건설폐기물의 재활용 및 재사용을 촉진하고, 건설 현장에서 발생하는 폐기물의 분리수거를 의무화하며, 재활용 목표 및 기준을 설정해 제시한다.[9]

2. 일본의 자원 재활용률

일본 환경성은 재활용률을 "시정촌의 분별 수집이나 중간 처리에 의한 자원화량과 주민 단체 등에 의해 집단 회수되어 자원화되는 것을 합한 양의 총 배출량에 대한 비율"이라 정의한다.[10] 일본의 재활용률은 2020년 기준 20.0%이다.[11] 2021년 기준으로 일본 내 플라스틱 재활용률은 87%인데, 이 중 62%는 열

7 経済産業省, "家電リサイクル法の施行状況(引取実績)及び家電メーカー各社 による家電リサイクル実績をまとめました(令和３年度分)", https://www.meti.go.jp/press/2022/07/20220701001/20220701001.html(검색일: 2024년 6월 30일).

8 e-GOV 法令検索, "使用済自動車の再資源化等に関する法律", https://elaws.e-gov.go.jp/document?lawid=414AC0000000087_20240401_505AC0000000063(검색일: 2024년 6월 30일).

9 e-GOV 法令検索, "建設工事に係る資材の再資源化等に関する法律", https://elaws.e-gov.go.jp/document?lawid=412AC0000000104_20220617_504AC0000000068(검색일: 2024년 6월 30일).

10 環境省, "一般廃棄物の排出量の動向", https://www.env.go.jp/recycle/kosei_press/h000404a/c000404a/c000404a-3.html(검색일: 2024년 6월 30일).

11 環境省, "一般廃棄物の排出及び処理状況等(令和２年度)について", https://www.env.go.jp/press/110813.html(검색일: 2024년 6월 30일).

〈그림 7-1〉 OECD 자원 재활용률 순위(2021년)(단위: %)

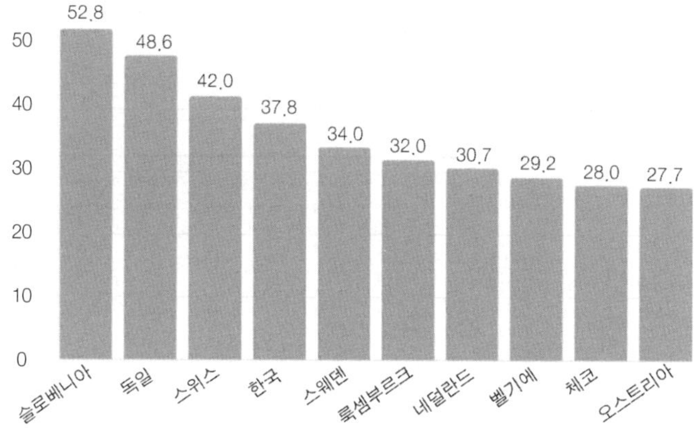

자료: ロスゼロ, "ロスゼロブログ", https://losszero.jp/blogs/column/news_732(검색일: 2024년 6월 30일).

재활용(소각 및 에너지 회수)이며, 물질 재활용과 화학 재활용을 합쳐 25%를 차지한다.[12]

2021년 기준 OECD 회원국의 재활용률 순위는 다음과 같다. 슬로베니아 52.8%, 독일 48.6%, 스위스 42.0%, 한국 37.8%, 스웨덴 34.0%, 룩셈부르크 32.0%, 네덜란드 30.7%, 벨기에 29.2%, 체코 28.0%, 오스트리아 27.7%이다. 10개 국가 중 9개 국가가 유럽 국가인 가운데 한국이 4위를 차지했다(〈그림 7-1〉 참조).

일본 정부는 2000년대 초중반까지 자국이 자원순환과 재활용 측면에서 선진국가라 판단해 왔으나, 최근 재활용률 세계 순위에서 일본의 순위가 점차 저하되고 있는 것에 대해 주의를 기울이고 있다. 이에 일본 정부는 전반적인 순환경제 모델을 통해 환경을 개선하고 새로운 경제 발전 모델을 제시하려 하고 있으며, 일본의 쓰레기 재활용률 목표를 EU의 수치와 비교하면서 자국의 문제점을

12 Japan2earth, "Japan's Plastic Recycling: The Unseen Reality", https://featured.japan-forward.com/japan2earth/2023/09/4195/(검색일: 2024년 6월 30일).

〈표 7-2〉 일본과 EU의 재활용률 비교

자원 종류	연도	일본	EU
플라스틱	2020년	25.9%	30%
종이	2018년	81.5%	71%
캔	2021년	96.6%	75%
페트병	2021년	86.0%	42%

자료: ロスゼロ, "ロスゼロブログ", https://losszero.jp/blogs/column/news_732(검색일: 2024년 6월 30일).

진단하고 개선방향을 제시하고 있다(〈표 7-2〉 참조).

1) 이차전지 자원 재활용

첫째, 자동차 배터리 이외의 이차전지 회수를 전적으로 담당하고 있는 기관은 JBRC(Japan Portable Rechargeable Battery Recycling Center)이다.[13] 자동차 배터리는 각각의 자동차 브랜드 기업에서 직접 회수한다. 2013년부터 2024년 6월까지 JBRC가 회수한 사용 후 배터리 양은 〈그림 7-2〉와 같다. 2013~2019년의 기간 동안 JBRC의 사용 후 배터리 회수량은 연평균 약 1,049.8톤으로 큰 변화가 없는 수준이나, 2020년에는 수치가 확연히 증가했다(김현정, 2023: 274). JBRC가 수거한 사용 후 배터리 회수량은 2020년 1,986톤으로 정점을 기록한 이후, 2021년 1,894톤, 2022년 1,706톤, 2023년 1,737톤을 기록하고 있다(〈그림 7-2〉 참조).

〈표 7-3〉의 배터리별 재자원화율 실적에도 〈그림 7-2〉의 수거량의 결과가 반영된 것으로 나타났다. 재자원화율 실적을 보면 이미 2010년대 이후 니카드전지, 니켈수은전지, 리튬이온전지 등 모든 영역에서 일본 정부가 제시한 법

13 JBRC의 수거 대상 배터리는 니카드전지, 니켈수소전지, 리튬이온전지이며, 품목은 전동 공구·유도등, 비상등·경보 설비, 전동 어시스트 자전거, 노트북, 비디오카메라, 면도기 등이다. JBRC, "「小型充電式電池」の回収から再資源化まで", https://www.jbrc.com/whats_jbrc/business/(검색일: 2024년 7월 1일).

〈그림 7-2〉 JBRC의 사용 후 배터리 회수량(단위: 톤)

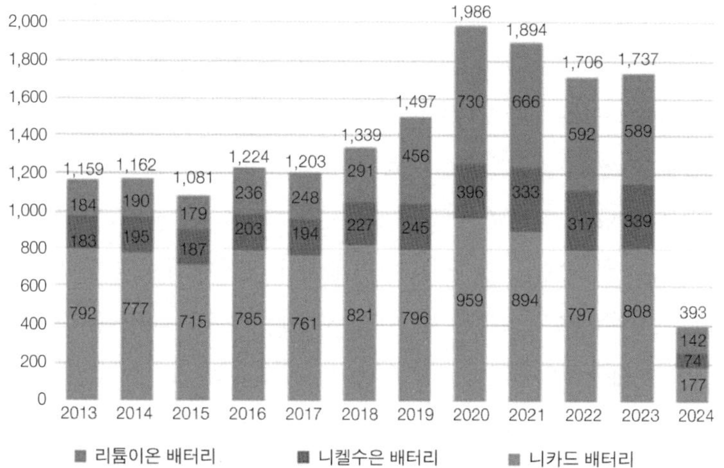

주: 2024년 회수량은 6월까지의 합계임.
자료: JBRC, "回収量グラフ(年次推移)", https://www.jbrc.com/recycle/graph_year/(검색일: 2024년 7월 1일).

〈표 7-3〉 배터리별 재자원화율 실적(단위: %)

배터리 구분	법정 목표치	연도 실적치										
		2013	2014	2015	2016	2017	2018	2019	2020	2021	2022	2023
니카드전지	60	72	71	71	72	72	72	72	74	76	76	76
니켈수은전지	55	77	77	77	77	77	77	77	77	77	77	77
리튬이온전지	30	44	42	39	37	52	52	53	53	53	53	53

주: 재자원화율(%)=재자원화물 중량×금속 원소 함유율/처리 대상 배터리 중량(부속 부품 제외)×100
자료: JBRC, "再資源化率実績表", https://www.jbrc.com/recycle/graph_recycling/(검색일: 2024년 7월 1일).

정목표치(각각 60%, 55%, 30%)를 넘어서고 있다.

2023년 기준 니카드전지 재자원화율 76%, 니켈수은전지 재자원화율 77%, 리튬이온전지 재자원화율 53%로 나타났다. 재자원화율 수치는 2021년 달성 이후 정체된 상태이다.

2) 가전제품 자원 재활용

가전제품을 재활용하는 과정은 다음과 같다. 경제산업성과 환경성은 제조업체 및 기타 사업자가 '특정 가전제품 재활용법'('가전제품 재활용법')에 따라 지정된 수거 장소에서 전국적으로 수거한 네 가지 유형의 폐기 가전제품(에어컨, 텔레비전, 냉장·냉동고, 세탁기) 수를 공표했다. '가전제품 재활용법'은 이 네 가지 유형의 가전제품을 대상으로 한다. 이 법에 따라 네 가지 유형 중 하나의 제품을 폐기하려는 소비자의 요청을 받으면 소매업체는 해당 가전제품을 수거해 제조업체 또는 기타 사업체에 전달해야 하며, 제조업체 또는 사업체는 지정된 수거 장소에서 가전제품을 수거해 가전제품 재활용 공장에서 재활용 또는 재사용해야 한다.[14] 구체적으로 철, 구리, 알루미늄, 유리, 플라스틱과 같은 물질로 만들어진 부품과 재료를 분리하며, 이를 제품의 부품 또는 원자재로 사용할 수 있거나 유료 또는 무료로 이를 수행할 수 있는 당사자에게 이전 가능한 형태로 변환해야 한다. 이때 재활용률에 대한 법적 기준을 충족해야 한다. 재활용률이란 재활용 프로세스에 공급된 네 가지 유형의 폐기 가전제품의 총 중량에서 실제로 재활용된 부품과 재료의 총 중량의 백분율을 나타낸다.

2021년에는 네 가지 유형의 가전제품 약 1,544만 대가 가전제품 재활용 공장으로 반입되어 재활용되었다. 가전제품 네 종의 재활용률은 다음과 같다. 에어컨은 92%로 법정기준 80%를 초과, 브라운관 텔레비전은 72%로 법정기준 55%를 초과, 액정형 또는 플라스마형 텔레비전은 85%로 법정기준 74%를 초과, 냉장고 및 냉동고는 80%로 법정기준 70%를 초과, 세탁기 및 세탁건조기는 92%로 법정기준 82%를 초과했다(〈표 7-4〉 참조).

---

14 経済産業省, "家電リサイクル法の施行状況(引取実績)及び家電メーカー各社 による家電リサイクル実績をまとめました(令和 3 年度分)", https://www.meti.go.jp/press/2022/07/20220701001/20220701001.html(검색일: 2024년 6월 30일).

〈표 7-4〉 가전제품별 재활용률(단위: %)

	2019	2020	2021
에어컨	92	92	92
브라운관 텔레비전	71	72	72
액정형 또는 플라스마형 텔레비전	85	85	85
냉장고 및 냉동고	80	81	80
세탁기 및 세탁건조기	91	92	92

자료: 経済産業省, "家電リサイクル法の施行状況(引取実績)及び家電メーカー各社 による家電リサイクル実績をまとめました(令和３年度分)", https://www.meti.go.jp/press/2022/07/20220701001/20220701001.html(검색일: 2024년 6월 30일).

3) 플라스틱 자원 재활용

플라스틱 재활용률은 다음과 같다. 2022년도 페트병의 판매 개수(수입 제품 포함)는 전년도보다 6억 개 증가한 254억 개로, 분모가 되는 지정 페트병 판매량은 전년도보다 2,000톤 증가한 58만 3,000톤(전년 대비 0.3% 증가), 분자가 되는 재활용량은 국내 재자원화량 41만 4,000톤(전년 대비 9.8% 증가), 해외 재자원화량 9만 2,000톤(전년 대비 24.8% 감소)으로 합계 50만 6,000톤(전년 대비 1.4% 증가)이었다.[15]

플라스틱의 재자원화는 '플라스틱 자원순환 촉진법'을 통해 진행되고 있다. 이 법은 플라스틱 제품의 설계부터 폐기까지 생애주기 전반에 걸쳐 3R(감축, 재사용, 재활용)과 재생가능(Renewable)의 원칙을 따른다. 플라스틱의 재자원화율은 2013년 85.8%에서 2022년 86.9%로 비교적 안정적으로 유지되고 있다. 일본 내 재자원화량은 2013년 25만 8,000톤에서 2022년 41만 4,000톤으로 증가한 데 반해, 해외에서 재활용된 페트병의 양은 2013년 23만 9,000톤에서 2022년 9만 2,000톤으로 감소했다. 따라서 일본은 높은 재활용 비율을 꾸준히 유지하고 있음을 알 수 있다.

---

15 PETボトルリサイクル推進協議会, "2022年度リサイクル率は86.9%", https://www.petbottle-rec.gr.jp/data/calculate.html(검색일: 2024년 6월 30일).

〈그림 7-3〉 일본의 국내 및 해외 플라스틱 재자원화율

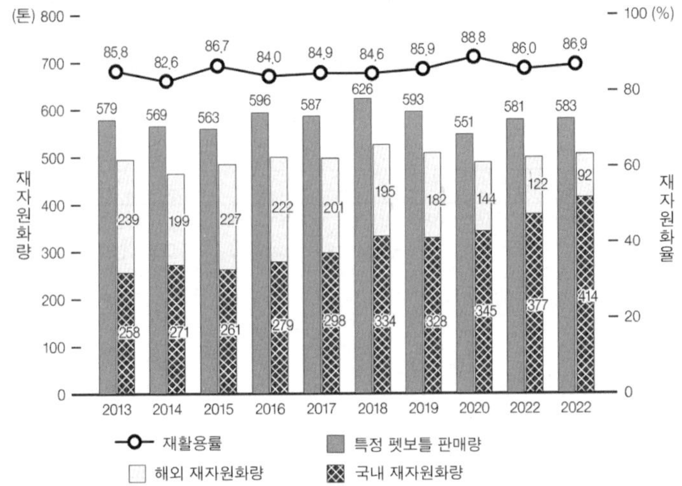

자료: PETボトルリサイクル推進協議会, "2022年度リサイクル率は86.9%", https://www.petbottle-rec.gr.jp/data/calculate.html(검색일: 2024년 6월 30일).

플라스틱 자원을 재활용하는 측면에서 일본은 단연 세계 최고의 수치를 보이고 있다. 일본의 재활용률을 유럽 및 미국과 비교하면 〈표 7-5〉와 같다. 〈표 7-5〉는 2013~2022년 일본, 유럽, 미국의 재활용률, 회수율, 판매량, 회수량, 재자원화량에 대한 데이터이다. 일본에서는 플라스틱 회수율이 91.3~94.4%로 지속적으로 높게 유지되고 있다. 플라스틱 재활용률도 85.8~86.9%로 비교적 높은 수준을 유지하고 있다. 유럽의 경우 플라스틱 회수율은 55.9~56.8%로 소폭 증가하는 추세를 보이고 있다. 재활용률 또한 40.7~42.7%로 증가 추세이다. 반면 미국의 플라스틱 회수율은 31.2~26.6%로 감소하는 추세이다. 재활용률도 22.6~18.0%로 감소하고 있다.

정리하면, 일본은 높은 재활용률과 회수율을 유지하고 있으며, 판매량, 회수량, 재자원화량 모두 증가 추세를 나타내고 있다. 유럽은 플라스틱 재활용률과 회수율이 점진적으로 증가하고 있으며, 판매량, 회수량, 재자원화량 모두 크게 증가하고 있다. 이에 반해 미국의 경우 재활용률과 회수율이 감소하고 있으며,

〈표 7-5〉 일본, 유럽 및 미국의 플라스틱 재활용률 비교

국가	내용	2013	2014	2015	2016	2017	2018	2019	2020	2021	2022
일본	재활용률(%)	85.8	82.6	86.7	84.0	84.9	84.6	85.9	88.8	86.0	86.9
	회수율(%)	91.3	93.5	92.4	88.8	92.2	91.4	93.1	97.0	94.1	94.4
	판매량(1,000톤)	579	569	563	596	587	626	593	551	581	583
	회수량(1,000톤)	529	532	513	529	541	572	552	535	546	550
	재자원화량(1,000톤)	497	470	489	501	498	529	510	490	500	506
유럽	재활용률(%)	40.7	39.3	41.2	41.0	41.8	36.3	39.6	41.0	42.7	-
	회수율(%)	55.9	57.2	59.1	59.8	61.5	56.1	57.5	55.5	56.8	-
	판매량(1,000톤)	2,935	3,062	3,119	3,146	3,207	3,648	3,637	3,757	3,764	-
	회수량(1,000톤)	1,641	1,752	1,842	1,881	1,972	2,047	2,090	2,087	2,138	-
	재자원화량(1,000톤)	1,195	1,204	1,285	1,291	1,340	1,323	1,441	1,540	1,608	-
미국	재활용률(%)	22.6	21.6	21.7	20.1	20.9	20.3	19.7	18.0	-	-
	회수율(%)	31.2	31.0	30.1	28.4	29.2	28.9	27.9	26.6	-	-
	판매량(1,000톤)	2,615	2,653	2,708	2,800	2,682	2,844	2,887	2,962	-	-
	회수량(1,000톤)	816	822	815	795	783	822	805	787	-	-
	재자원화량(1,000톤)	590	572	588	562	561	577	567	532	-	-

자료: PETボトルリサイクル推進協議会, "日米欧のリサイクル状況比較", https://www.petbottle-rec.gr.jp/data/comparison.html(검색일: 2024년 6월 30일).

판매량은 증가했으나 회수량과 재자원화량은 감소하고 있다. 일본과 유럽은 재활용 및 회수에 있어 긍정적인 추세를 보이는 반면, 미국은 개선이 필요하다는 것을 알 수 있다.

3. 재제조 및 자원순환 성공 사례

1) 선도적인 재제조 기업 및 프로젝트

일본 내 선도적인 재제조 산업은 자동차 산업과 가전제품 산업에 집중되어 있다. 여기서는 두 산업 분야에서 선도적인 재제조 실천 기업의 사례를 살펴보고자 한다.

(1) 자동차 산업

2022년 기준 일본은 연간 약 300만 대의 사용 후 자동차를 배출하고 있으며, 국내 재활용률은 무려 96%에 이른다.[16] 일본의 자동차 산업 재제조는 환경보호, 자원 절약 및 경제적 효율성 향상을 목표로 하는 중요한 분야이다. 재제조는 사용된 부품을 새 부품과 같은 수준으로 복원해 다시 사용하는 과정으로, 일반적으로 엔진, 변속기, 터보차저, 얼터네이터, 스타터 모터 등 고가의 주요 부품을 대상으로 한다.[17]

일본 자동차 산업의 주요 재제조 기업은 〈표 7-6〉과 같다. 〈표 7-6〉에서와 같이, 도요타는 엔진 같은 주요 부품을 재제조해 환경친화적이고 경제적인 솔루션을 제공한다. 혼다는 엔진, 변속기, 하이브리드 시스템 등의 재제조를 수행해 품질을 보증하고 있다. 닛산은 전기차 배터리의 재제조에 집중하고 있으며, 이를 통해 자원 절약과 비용 절감을 실현한다. 마쓰다는 엔진, 변속기 등의 부품을 재제조해 고품질의 저렴한 대체품을 제공하며, 미쓰비시는 상업용 차량과 개인용 차량 모두에 재제조 엔진을 공급한다. 후루카와 전기는 전기차 부품의 재제조와 재활용에 중점을 두고 있으며, 히타치는 엔진 제어 장치와 같은 전자 부품의 재제조에 강점을 가지고 있다. 일본 정부는 자원순환과 폐기물 감소를 촉진하기 위해 자동차 산업에서의 재제조를 장려하고 있다. 이를 위해 다양한 법적 규제와 지원 정책을 통해 재제조 산업의 성장을 도모하고 있으며, 이는 전체 자동차 산업의 지속가능성을 높이는 데 중요한 역할을 하고 있다.

유럽과 일본의 자동차 재제조 산업을 비교하면, 유럽은 완성차 업체가 재활

---

16 村川友章·稲辺拓也·松野駿平, “日本の自動車リサイクルの現在地と今後の展望”, https://www.nri.com/jp/knowledge/blog/lst/2024/scs/scs_blog/0520_1(검색일: 2024년 6월 30일).

17 Rortune Business Insights, “部品種類別(エンジン·関連部品、トランスミッション部品、電気·電子系部品、ブレーキ系関連部品、ホイール·サスペンション系関連部品、その他)車種別自動車再生市場規模、シェア、新型コロナウイルス影響分析(乗用車および商用車)、および地域予測、2023~2030年”, https://www.fortunebusinessinsights.com/jp/%E8%87%AA%E5%8B%95%E8%BB%8A%E5%86%8D%E7%94%9F%E5%B8%82%E5%A0%B4-107428(검색일: 2024년 6월 30일).

〈표 7-6〉 일본 자동차 산업의 주요 재제조 기업

기업명	재제조 분야	특징
도요타(Toyota)	산업 장비 부품	환경친화적이고 경제적인 솔루션 제공
혼다(Honda)	엔진, 변속기, 하이브리드 시스템	품질 보증
닛산(Nissan)	전기차 배터리	배터리 재제조 프로그램 운영
마쓰다(Mazda)	엔진, 변속기	고품질의 저렴한 대체품
미쓰비시(Mitsubishi)	엔진	상업용 차량과 개인용 차량 모두에 재제조 엔진 공급
후루카와(Furukawa Electric Co., Ltd)	전기차 구동 모터, 배터리	전기차 부품 재제조 및 재활용 기술력 보유
히타치(Hitachi Automotive Systems)	엔진 제어 장치 및 전자 부품	전자 부품 재제조에 강점

자료: 自動車リサイクル促進センター, "自動車メーカー·輸入業者ごとのリサイクル業務の再資源化量等の実績", https://www.jarc.or.jp/data/makerreport/2022/(검색일: 2024년 6월 30일)를 바탕으로 필자 작성.

용 사업자와 직접 계약하거나 자사 내 재활용 공장을 소유하고 있기 때문에 전방과 후방이 밀접하게 연관되어 있어 정보를 연계하기 쉬운 환경을 갖추었다고 볼 수 있다. 반면 일본 내 자동차 관련 재활용 업체는 소규모 사업자인 경우가 많아 자동차 기업과의 연계가 적다. 이에 경제산업성은 우라노스 에코시스템(ウラノス·エコシステム, Ouranos Ecosystem)을 구축했다.

우라노스 에코시스템이란 소사이어티5.0(Society5.0)을 통해 가상공간과 물리적 공간을 고도로 융합함으로써 경제 발전, 사회적 과제 해결, 산업 발전을 추구하는 것을 뜻한다. 경제산업성에서는 관계 부처나 독립행정법인 정보처리추진기구(IPA)의 디지털아키텍처·디자인센터(DADC), 국립 연구 개발 법인 신에너지·산업기술종합개발기구(NEDO)와 함께 우라노스 에코시스템을 운용 및 관리하고 있다. 우라노스 에코시스템은 첫째, 조직·인력의 에코시스템(에코시스템 내에서의 검토 체제), 둘째, 시스템의 에코시스템(에코시스템으로 정한 표준에 근거하는 시스템)으로 구성된다.[18] 순환경제를 보다 고도로 실현하기 위해서는 제품

18 経済産業省, "Ouranos Ecosystem(ウラノス·エコシステム)", https://www.meti.go.jp/policy/mono_info_service/digital_architecture/ouranos.html(검색일: 2024년 6월 30일).

〈그림 7-4〉 우라노스 에코시스템의 연계 이미지

자료: 経済産業省, "Ouranos Ecosystem(ウラノス·エコシステム)", https://www.meti.go.jp/policy/mono_info_service/digital_architecture/ouranos.html(검색일: 2024년 6월 30일).

개발에서부터 폐기에 이르기까지 모든 프로세스에 걸쳐 부품이나 소재의 정보를 일원적으로 관리하는 것이 필수적이다. 이를 위해 일본 정부는 우라노스 에코시스템 구상을 실현하는 것이 주요한 과제라 할 수 있다.

(2) 가전제품 산업

일본에는 가전제품 분야의 재제조 산업에서 선도적인 역할을 하는 기업이 다수 있다. 〈표 7-7〉에서 보는 바와 같이, 일본 내 소형 가전 분야에서는 재제조 산업이 1990년대부터 시작되었다. 여기서는 이들 기업 중 후지 제록스의 사례를 소개하고자 한다. 후지 제록스는 1995년에 순환형 시스템을 구성했다. 2000년 후지 제록스는 일본 업계에서 최초로 폐기 제로(재자원화율 99.9% 이상)를 달성했으며, 2024년 5월에는 후지필름그룹의 CSR 계획인 '지속가능한 가치 계획(Sustainable Value Plan) 2030(SVP2030)'에서 자원순환에 관한 새로운 목표를 제시했다.[19]

후지 제록스의 기기 회수 및 자원순환 시스템의 주요 과정은 다음과 같다. 첫

〈표 7-7〉 가전 분야 일본 내 선도적 재제조 기업 및 프로젝트

기업명	주요 재제조 제품	프로젝트	특징
후지 제록스 (Fuji Xerox)	복사기	1990년대부터 복사기 재제조 시작. 재사용된 부품으로 구성된 복사기를 신제품과 구별 없이 판매	제품의 약 93%가 재사용된 부품으로 구성. 가격은 신제품의 50~70% 수준으로 저렴
리코(Ricoh)	복사기	2000년대부터 재제조 복사기 판매. 신제품과 동일한 품질을 유지하면서 비용 절감	복사기 부품의 93%를 재사용해 비용을 절감함으로써 재제조 복사기의 수익률을 높임
캐논(Canon)	복사기	재제조 복사기 판매. 신제품과 비교해 가격 저렴, 품질 보장	주요 부품을 재사용해 환경보호와 자원 절약에 기여
신에쓰 덴소 (Shin-Etsu Denso)	자동차 부품	자동차 부품 재제조를 통해 환경보호와 비용 절감 목표	재제조 부품을 사용해 유지 보수 비용 절감, 환경 영향 최소화
엡손(Epson)	프린터 카트리지	프린터 잉크 및 토너 카트리지 재제조, 시장 점유율 증가	재제조 카트리지 판매로 수익성 높임, 재사용 촉진

자료: Mitsutaka and Yasushi(2011)를 바탕으로 필자 작성.

째, 기기 회수 요청 단계에서는 고객이 기기 회수를 요청하면 해당 요청이 기초 시스템에 등록된다. 기초 시스템은 회수 요청을 체계적으로 관리하며, 후속 단계를 위한 데이터를 준비한다. 둘째, 회수 판정 시스템 단계에서는 기초 시스템에서 회수 판정 시스템으로 요청이 전달된다. 회수 판정 시스템은 회수된 기기를 재사용 대상과 재활용 대상으로 자동 구분한다. 이러한 구분은 기기의 상태와 사용 가능성에 따라 이루어진다. 셋째, 회수 지시 단계에서는 회수 판정 시스템에서 발행된 회수 지시에 따라 재사용 대상 기기와 재활용 대상 기기를 각각 지정된 장소로 운송한다. 재사용 대상 기기는 후지필름 로지스틱스(Fujifilm Logistics)에 의해 스즈카 재사용 기계중앙창고(鈴鹿リユース機中央倉庫)로 운송되며, 재활용 대상 기기는 재자원화 협력 회사에 의해 회수되어 재사용 및 재활용 공정으로 이동한다. 추가적으로 영업팀은 기초 시스템과 회수 판정 시스템의 데이터를 활용해 회수 작업을 지원한다. 재활용 추진 부문은 기기 회수 및 리사이클링 과정 전반을 관리하며, 물류 관리 및 계획 부문은 회수된 기기의 이동

19 FUJI Film, "商品における資源循環の取り組み", https://www.fujifilm.com/fb/company/csr/svp2030/environment/recycle.html(검색일: 2024년 6월 30일).

〈표 7-8〉 후지필름의 재활용 요구사항

분류	목적과 의도	재활용을 위한 제품설계 요구사항
분해	불필요한 부품은 제거하지 않음	- 분해하지 않고 청소 가능한 구조 - 교체 부품만 제거하는 구조
	분해 작업을 용이하게 함	- 용접과 접착을 사용하지 않음 - 나사와 스냅핏으로 고정
청소	부품을 더럽히지 않음	- 용지 이송부와 구동부 사이에 벽 설치
	부품의 더러움을 감춤	- 부품 색상을 더러움이 덜 보이는 검은색으로
	청소 작업을 용이하게 함	- 청소 면을 평평하게 - 모서리를 3R 이상으로 - 리브 방향을 한 방향으로
재자원화	재료의 판별을 용이하게 함	- 폰트 크기를 3㎜ 이상으로
	재료의 분리를 용이하게 함	- 용접과 접착을 사용하지 않음 - 나사와 스냅핏으로 고정

자료: 奥村 雄二郎, "富士フイルムビジネスイノベーションのビジネスおよび資源循環の取り組み", https://www.meti.go.jp/shingikai/sankoshin/sangyo_gijutsu/resource_circulation/pdf/005_05_00.pdf(검색일: 2024년 6월 30일).

및 창고 관리를 담당한다. 이러한 통합적인 접근을 통해 효율적인 자원순환과 지속가능한 관리가 가능해진다.[20]

후지필름 기업은 효율적인 재활용을 위해 〈표 7-8〉과 같은 요구사항을 제시한다. 후지필름 기업의 재사용 및 재활용을 위한 설계 접근방식은 다음과 같다. 첫째, 감축(소형 경량화 설계) 전략은 제품의 크기와 무게를 줄여 자원 사용을 최소화한다. 둘째, 재생 재료의 사용은 재생 플라스틱, 재생 철 등의 재료를 활용해 새로운 자원 투입을 줄인다. 셋째, 재사용 및 재활용 설계는 〈표 7-8〉과 같은 구체적인 재활용 요구사항을 추진한다. 이를 위해 수정연장 설계, 분리 설계, 강도 설계, 분해 설계, 재생가능 재료 사용 및 표준화의 설계 지침을 제시한다. 후지필름 기업은 재사용 및 재활용 설계 접근방식을 통해 자원의 효율적인 재사용과 재활용을 촉진하고 환경보호와 경제적 이점을 동시에 달성하는 방

20 후지필름의 재제조 과정에 관한 내용은 다음의 자료 내용을 요약해 작성했다. 奥村 雄二郎, "富士フイルムビジネスイノベーションのビジネスおよび資源循環の取り組み", https://www.meti.go.jp/shingikai/sankoshin/sangyo_gijutsu/resource_circulation/pdf/005_05_00.pdf (검색일: 2024년 6월 30일).

법을 제시한다. 이러한 접근방식은 다른 기업들이 유사한 시스템을 구축하는 데 유용한 모델이 될 수 있다.

2) 지방자치단체의 자원순환 노력

일본 내 여러 지방자치단체는 자원순환을 촉진하고 지속가능한 지역사회를 구축하기 위해 다양한 이니셔티브와 프로젝트를 추진하고 있다. 대표적인 프로젝트가 '에코타운(eco town)'이다. 1997년에 처음 만들어진 에코타운 프로그램은 지역사회에서 환경적으로 조화로운 사회경제를 구축하기 위한 기반으로 제로 이미션(Zero Emission) 콘셉트(산업 부문에서 발생하는 모든 폐기물을 다른 산업 부문의 재료로 전환해 모든 유형의 폐기물을 제거하는 것을 목표로 하는 개념)를 도입했다.[21] 에코타운 프로그램에 참여하는 지역은 2024년 현재 총 23개 지자체이다.

여기서는 주요 사례로 가와사키시(川崎市), 사세보시(佐世保市), 도요타시(豊田市), 오사키정(大崎町)을 제시한다.

가와사키시는 1997년 일본 최초의 생태 도시가 된 이래 순환경제 원칙을 구현하는 데 적극적으로 참여해 왔다. 가와사키시에는 철강, 화학, 석유화학 및 시멘트 산업이 집중되어 있다. 가와사키시의 '에코는 순환이다(Eco-wa-Ring)' 프로젝트는 순환경제가 단순히 재료와 폐기물 생산을 줄이는 것만이 아님을 강조한다. 2021년 6월 18일 가와사키시는 기술과 순환경제 원칙을 결합한 혁신적인 식품 프로젝트에서 회사와의 새로운 협업을 발표했다. 관련 회사는 기술 회사인 덴츠(Dentsu), 음식물 쓰레기 처리 업체인 로컬푸드사이클링(Local Food Cycling), 컨설턴트 회사인 트러스트브리지(Trustbridge)이다. 가와사키시의 사례는 대표적인 순환경제 지자체 모델로 소개되고 있다.[22]

---

21 環境省, "Eco Town Program", https://www.env.go.jp/en/recycle/manage/eco_town/index.html(검색일: 2024년 6월 30일).

〈표 7-9〉 일본의 지속가능한 자원순환 도시 사례

지자체	승인일	주요 재활용 시설	소속 부처
1. 삿포로시	1998.9.10	페트병 재활용 시설	경제산업성
		음식물 쓰레기 재활용 시설	농림수산성
2. 하코다테시	2001.6.30	종이와 건설폐기물 재활용 시설	경제산업성
3. 아오모리시	2002.12.25	폐지와 유리 파편 재활용 시설	경제산업성
4. 아키타시	1999.11.12	페트병, 플라스틱 재활용 시설	경제산업성
5. 가마이시시, 이와테현	2004.8.13	페트병 및 폐플라스틱 재활용 시설	경제산업성
6. 우구이스자와정, 미야기현	1999.11.12	산업폐기물 재활용 시설	경제산업성
7. 도야마시, 도야마현	2002.5.17	페트병, 플라스틱 재활용 시설	경제산업성
8. 치바시, 치바현	1997.6.25	건설폐기물 재활용 시설	경제산업성
9. 도쿄	2003.10.27	혼합 건설폐기물의 첨단 재활용 시설	경제산업성
10. 가와사키시	1997.7.10	- 폐플라스틱 및 슬러지를 아스팔트로 재사용하는 재활용 시설 - 폐지, 유리병, 플라스틱 재활용 시설 - 일반폐기물 재활용 시설 - 산업 공생 센터	경제산업성
11. 이이다시, 나가노현	1997.7.10	폐지 및 음식물 쓰레기 재활용 시설	농림수산성
		플라스틱 재활용 시설	경제산업성
12. 기후시	1997.7.10	- 폐목재 및 플라스틱 재활용 시설 - 건설폐기물 재활용 시설	경제산업성
13. 아이치현	2001.9.28	플라스틱 및 페트병 재활용 시설	경제산업성
14. 스즈카시, 미에현	2004.10.13	건설폐기물 재활용 시설	경제산업성
15. 이세시마	2003.4.25	석고 폐기물 재활용 시설	경제산업성
16. 오카야마시	2004.3.29	폐플라스틱 재활용 시설	경제산업성
17. 나오시마정, 가가와현	2002.3.29	페트병 재활용 시설	경제산업성
18. 고치시, 고치현	2000.12.13	페트병 재활용 시설	경제산업성
		음식물 쓰레기 재활용 시설	농림수산성
19. 히로시마시	2000.12.13	페트병 재활용 시설	경제산업성
		음식물 쓰레기 재활용 시설	농림수산성
20. 야마구치시	2001.5.29	- 폐플라스틱 재활용 시설 - 건설폐기물 재활용 시설	경제산업성
21. 기타큐슈시	1997.7.10	- 페트병 및 플라스틱 재활용 시설 - 건설폐기물 재활용 시설	경제산업성
22. 오무타시, 후쿠오카현	1998.7.13	- 건설폐기물 재활용 시설 - 산업폐기물 재활용 시설	경제산업성
23. 가고시마시, 가고시마현	2001.2.26	폐플라스틱 재활용 시설	경제산업성

22 ICLEI Circulars, "Building new partnerships for circular economy in Kawasaki", https://circulars.iclei.org/update/building-new-partnerships-for-circular-economy-in-kawasaki/ (검색일: 2024년 6월 30일).

자료: 環境省, "Approved Eco Town Program", https://www.env.go.jp/content/900453377.pdf(검색일: 2024년 6월 30일).

사세보시는 '사세보 에코타운' 프로젝트 내에서 다양한 환경 프로그램을 통해 지속가능한 도시 발전을 추구하고 있다. 에너지 효율 가전제품을 구매한 시민에게 '사세보 e에코 포인트'를 제공해 지역 경제를 활성화하고 있으며, 2050년까지 온실가스 배출 제로를 목표로 한 제로카본 시티 추진 활동을 전개하고 있다. 또한 시민들이 환경에 대해 학습하고 실천할 수 있도록 'e환경@사세보' 사이트를 운영하고 있으며, 태양광 발전 시스템 설치를 위한 재정 지원 프로그램도 제공하고 있다.[23]

도요타시 에코타운 프로젝트는 자원 효율성과 환경보호를 목표로 하는 지속가능한 도시 개발 프로그램이다. 이 프로젝트는 자동차 제조 과정에서 발생하는 폐기물의 재활용과 재사용을 촉진하며, 태양광 발전과 같은 재생가능 에너

23 佐世保市, "省エネ家電を購入された方に「させぼeエコポイント」を発行します", https://www.city.sasebo.lg.jp/kankyo/zeroca/saseboeeco.html(검색일: 2024년 6월 30일).

〈표 7-10〉 일본의 지속가능한 자원순환 도시 사례

지자체	이니셔티브	주요 내용	주요 성과
가와사키시	가와사키 에코타운 에코는 순환이다 프로젝트	1997년 일본 최초의 에코타운으로 지정. 철강, 화학, 석유화학 및 시멘트 산업이 협력해 산업 폐기물을 원료 및 에너지로 재사용하는 시스템 구축. '에코는 순환이다(Eco-wa-Ring)' 프로젝트를 통해 가정의 음식물 쓰레기를 퇴비화하고 농작물 재배에 사용	지속가능한 폐기물 관리 및 지역 경제 활성화에 노력. 국내외에서 주목
사세보시	사세보 에코타운 프로젝트	사세보 에코타운 프로젝트 운영. 재활용 센터와 바이오매스 발전소를 통해 지역 자원을 효율적으로 활용	산업폐기물과 생활폐기물의 효과적인 재활용. 지속가능한 지역 사회 구축
도요타시	도요타 에코타운 프로젝트	도요타 에코타운 프로젝트 운영. 자동차 제조 과정에서 발생하는 폐기물의 재활용과 재사용 촉진	자동차 산업에서 발생하는 폐기물의 효과적 관리. 환경 부담 감소에 기여
오사키정	제로웨이스트 타운 프로젝트	일본에서 가장 높은 재활용률 기록. 철저한 분리수거와 재활용 시스템 운영. 주민들의 적극적인 참여와 교육 프로그램을 통해 높은 재활용률 유지	지속가능한 자원순환 모델 구축. 다른 지역에 모범이 됨

자료: ICLEI Circulars, "Building new partnerships for circular economy in Kawasaki", https://circulars.iclei.org/update/building-new-partnerships-for-circular-economy-in-kawasaki/(검색일: 2024년 6월 30일); World Economic Forum, "Global IT outage: The cyber resilience alarm heard around the world", https://www.weforum.org/(검색일: 2024년 6월 30일)를 바탕으로 필자 작성.

지를 활용한다. 도요타시는 또한 지역사회와 협력해 환경 교육과 시민 참여를 장려하고 있다. 이 프로젝트는 도요타시를 지속가능한 발전의 모범 도시로 만들기 위해 다양한 환경친화적 이니셔티브를 실행하고 있다. 도요타시는 에코풀타운(トヨタエコフルタウン) 환경 학습시설을 2012년 5월부터 2024년 3월까지 운영해 왔다.[24]

오사키정의 '제로웨이스트 타운 프로젝트'는 일본 가고시마현(鹿児島県)의 작은 마을 오사키에서 시행 중인 혁신적인 환경보호 이니셔티브 명칭이다. 이 프로젝트의 목표는 마을에서 발생하는 모든 폐기물을 100% 재활용하거나 퇴비화하여 매립지로 보내는 쓰레기를 완전히 없애는 것이다. 오사키정의 제로웨

24 トヨタエコフルタウン, "トヨタエコフルタウン 閉館案内", https://toyota-ecofultown.com/(검색일: 2024년 6월 30일).

〈그림 7-5〉 오사키정 제로웨이스트 타운 프로젝트의 주요 활동

컨테이너 수거장

재활용센터 내 폐기물을 점검하는 활동

주민을 대상으로 한 동네 설명회

오사키 비전 맵

자료: Institute for Studies in Happiness, Economy and Society, ""Circular Village", Osaki Town: The Efforts of Japan's Top-Ranked Recycling Municipality", https://www.ishes.org/en/happy_news/2023/hpy_id003160.html(검색일: 2024년 6월 30일).

이스트 타운 프로젝트는 여러 혁신적인 이니셔티브와 성과를 통해 지속가능한 자원 관리 모델을 구축하고 있다. 첫째, 쓰레기를 45가지 이상의 세부 항목으로 분류하는 철저한 분리수거 시스템을 운영하고 있으며, 주민들은 각기 다른 재활용 카테고리에 맞춰 쓰레기를 철저히 분리·배출하고 있다. 둘째, 지역 주민들의 적극적인 참여를 유도해 제로웨이스트 목표를 달성하고 있다. 주민들은 재활용과 퇴비화 방법에 대한 교육을 받고, 쓰레기를 줄이기 위한 다양한 활동에 참여하고 있다. 셋째, 마을은 재활용 가능한 자원을 지역 내에서 순환시켜 자원의 낭비를 최소화하는 지속가능한 자원순환 모델을 구축했다. 예를 들어, 음식물 쓰레기는 퇴비화되어 지역 농가에서 사용되고 있다. 넷째, 지속적인 교육과 홍보를 통해 주민들에게 제로웨이스트의 중요성을 알리고 있다. 또한 학교 교

육과 지역사회 행사를 통해 쓰레기 문제에 대한 인식을 높이고 있다. 마지막으로, 오사키정의 제로웨이스트 타운 프로젝트는 일본뿐만 아니라 국제적으로도 인정받고 있다. 이 프로젝트는 다른 지역사회에 모범이 되어 지속가능한 발전을 위한 주요 사례로 평가받고 있다.[25]

이 프로젝트는 단순한 폐기물 관리 시스템을 넘어, 경제적·사회적·환경적 이익을 창출하고 있으며, 국제적으로도 그 성과를 인정받고 있다.

3) 재제조 산업 유관 기관의 활동

일본 내 재제조 산업은 경제적·환경적 측면에서 중요성이 증가하고 있으며, 다양한 유관 기관이 재제조 산업의 발전과 규제에 중요한 역할을 하고 있다. 일본의 재제조 산업 유관 기관으로는 일본자동차재활용사업협동조합(日本自動車リサイクル事業協同組合, NGP), 재제조기술개발센터(リマニュファクチャリング技術開発センター), 일본산업기계재제조협회(日本産業機械再製造協会), 일반사단법인 일본전자기기보수협회(一般社団法人 日本電子機器補修協会), JBRC(Japan Portable Rechargeable Battery Recycling Center) 등이 있다.

(1) 자동차 재제조 유관 기관

일본 내 타 산업구조가 그러하듯이, 자동차 재제조 분야에서도 일본은 민관 협력체제를 구축하고 있다. 우선 일본자동차재활용사업협동조합은 자동차 재활용에 기여하기 위한 전국 네트워크 조직이다. 이 조합은 전국에서 연간 약 320만 대 발생하는 사용 후 자동차로부터 재활용 부품을 재활용해 자동차를 생산·공급하고, CO_2 배출 삭감, 에너지 억제, 재자원화 촉진 등 친환경 사업에 종

25 Institute for Studies in Happiness, Economy and Society, ""Circular Village", Osaki Town: The Efforts of Japan's Top-Ranked Recycling Municipality", https://www.ishes.org/en/happy_news/2023/hpy_id003160.html(검색일: 2024년 6월 30일).

사하고 있다. 이 조합은 자동차 재활용 업계에서는 일본 내에서 유일하게 경제산업성 인가를 취득한 사업협동조합이다. 사용 후 자동차의 재활용과 환경보호에 기여하는 주요 기관인 일본자동차재활용사업협동조합은 다음과 같은 성과를 거두었다. 2024년 현재 첫째, 총 66만 50대의 사용 후 자동차를 적정하게 처리해 자원의 효율적 이용과 환경 보존에 크게 기여했다. 둘째, 연간 매출액이 533억 엔에 달한다. 셋째, 132개의 회원사와 160개의 거점을 운영하면서 광범위한 네트워크를 통해 효율적인 자동차 재활용을 실현하고 있다.[26] 이러한 성과는 일본자동차재활용사업협동조합이 일본의 지속가능한 발전 목표를 달성하는 데 중요한 역할을 하고 있음을 시사한다.

이 외에도 일본자동차재활용기구(日本自動車リサイクル機構), 일본자동차재활용부품협의회(日本自動車リサイクル部品協議会), 공익재단법인 자동차재활용촉진센터(公益財団法人 自動車リサイクル促進センター) 등이 자동차 재제조 산업에서 역할을 수행하고 있다.

(2) 이차전지 재제조 유관 기관

일본 내에서 자동차 배터리를 제외한 이차전지의 수거는 JBRC가 담당하고 있다. 2001년 '자원유효이용촉진법'에 근거해, 소형 이차전지 제조업체나 이차전지 사용 기기 업체, 수입 사업자 등등에 소형 이차전지의 회수·재자원화가 의무화되었으며, 2004년 4월 설립된 JBRC는 회원 업체의 소형 이차전지 재활용 활동을 시행하고 있다.[27] JBRC의 수거 대상 배터리는 '자원유효이용촉진법'에서 지정한 대상 범위 내 기기에 한정되어 주로 공구, 자전거, 노트북, 비디오카메라, 면도기 등 소형기기 내 배터리가 주요 대상이며, 배터리의 종류도 니카드전지, 니켈수소전지, 리튬이온전지로 구분된다(김현정, 2023: 271).

---

26 NGP日本自動車リサイクル事業協同組合, "ABOUT NGP", https://www.ngp.gr.jp/(검색일: 2024년 6월 30일).

27 JBRC, "「資源有効利用促進法」に基づき「小型充電式電池」のリサイクル活動を推進", https://www.jbrc.com/whats_jbrc/outline/(검색일: 2024년 6월 30일).

〈표 7-11〉 이차전지 재자원화율(2023년 4월~2024년 3월)

배터리 종류	회수량(톤)	전년 대비(%)	재자원화율(실적값 %)	재자원화율(법정 목표값 %)
니카드	808.0	101	76	60
니켈수소	339.5	107	77	55
리튬이온	589.2	99	53	30
합계	1736.7	102	-	-

자료: JBRC, "自主回収の実施の状況(2023年4月1日~2024年3月31日迄)", https://www.jbrc.com/wp-content/uploads/2024/06/HP-%E5%85%AC%E8%A1%A8%E3%83%BB%E6%B1%BA%E7%AE%97%E5%85%AC%E5%91%8A_2023%E5%B9%B4%E5%BA%A6.pdf(검색일: 2024년 6월 30일).

2023년 4월 1일부터 2024년 3월 31일까지 JBRC는 총 1,736.7톤의 배터리를 회수했으며, 재자원화율은 니카드 배터리가 76%, 니켈수소 배터리가 77%, 리튬이온 배터리가 53%를 기록했다(〈표 7-11〉 참조). JBRC는 일본의 자동차 재활용 및 배터리 재자원화 산업에서 중요한 역할을 하고 있으며, 지속가능한 발전을 위해 다양한 활동을 전개하고 있다.

4. 나가며: 일본 재제조 정책의 쟁점과 한계

일본은 자원순환과 재제조 산업을 활성화하기 위해 다양한 정책과 프로그램을 운영하고 있다. 또한 각 분야 유관 기관과 민관 협력체제를 조직해 소비자, 판매자, 지자체, 제조 기업을 포함한 다양한 이해관계자를 순환경제에 참여시켜 왔다. 하지만 현재까지의 일본 재제조 정책은 기술적·경제적·사회적 한계를 지니고 있다. 현대 제품은 점점 복잡해져 재제조 과정에서 분해, 검사, 수리 및 재조립이 어려워지고 있다. 특히 전자제품의 경우, 미세한 부품과 복잡한 회로는 재제조를 위한 기술적 도전 요소로 작용한다(Mitsutaka and Yasushi, 2011). 또한 재제조 기술의 표준화 부족으로 각 기업마다 다른 절차와 방법을 사용해 효율성이 저해되고 품질의 일관성이 보장되기 어렵다. 이에 제품의 품질 및 안전 기준을 개발하는 기관으로 일본규격협회(日本規格協会)를 설립했다. 재제조 제품이 시장에서 신뢰를 얻기 위해서는 표준화된 품질 기준을 충족해야 하는데, 일본규격협회는 이러한 기준을 마련하고 이를 인증하는 역할을 수행한다. 이러한 문제를 해결하기 위해 정부와 산업계는 협력을 통한 기술 표준 확립 및 교육과 훈련 프로그램을 통한 표준화를 추진하고 있다.

또한 일본이 재제조 산업을 추진하는 데에는 경제적 한계가 존재한다. 재제조 시설의 구축과 운영에는 상당한 초기 투자가 필요하며, 재제조된 제품의 수요가 불확실해 경제적 위험이 크기 때문이다. 재제조를 시작하는 기업은 초기 비용을 회수하기 위한 안정적인 시장을 확보하기 어려운 경우가 많다. 또한 재제조된 제품은 신제품과 경쟁해야 하므로 종종 가격 경쟁력이 부족할 수 있다. 게다가 소비자들은 새 제품을 선호하는 경향이 있다. 따라서 정부 보조금, 세제 혜택 등의 인센티브를 통해 재제조 제품의 가격 경쟁력을 높여야 한다.[28]

재제조 산업은 현재까지 사회적 인식 및 참여가 부족한 실정이라서 다수의 소비자들이 재제조 제품에 대해 충분히 인식하지 못하고 있으며, 품질에 대한 의구심을 가지고 있다. 따라서 재제조 제품이 신제품과 동일한 품질을 제공할 수 있다는 점을 홍보하는 것이 중요하다.[29] 또한 다양한 기업이 재제조의 경제적 이점을 충분히 이해하지 못하거나 재제조의 필요성을 느끼지 못하고 있으므로 성공적인 재제조 사례를 공유하고 기업의 참여를 유도하는 정책이 필요하다.

나아가 재제조 산업과 관련한 정책 및 규제를 개선하는 작업이 필요하다. 폐기물, 제품 표준 및 국경 간 재료 이동에 대한 규정은 의도치 않게 재활용 및 재제조 노력을 방해할 수 있다. 예를 들어, 현재 법률에 따라 '폐기물'로 분류된 특정 재료는 재활용 또는 재제조 목적으로 재사용되거나 운송되는 데서 엄격한

---

28 Ministry of the Environment, "Circular and Ecological Economy", https://www.env.go.jp/en/policy/cee/index.html(검색일: 2024년 6월 30일).

29 ICLEI Circulars, "Building new partnerships for circular economy in Kawasaki", https://circulars.iclei.org/update/building-new-partnerships-for-circular-economy-in-kawasaki/(검색일: 2024년 6월 30일).

통제나 금지에 직면할 수 있다.[30] 일본은 재제조를 장려하는 일관된 정책이 부족해 각 지방자치단체마다 다른 규제를 적용하고 있다. 따라서 중앙정부 차원에서 통일된 정책과 규제를 마련해야 할 것이다.[31] 현재의 법규는 재활용에 초점을 맞추고 있어 재제조를 충분히 장려하지 못하고 있다. 따라서 재제조를 장려하도록 법규를 개정하는 한편, 기업들이 재제조 활동에 참여할 수 있도록 인센티브를 제공해야 한다. 이와 같은 쟁점과 한계는 일본의 재제조 산업이 직면한 주요 과제로, 이를 해결하기 위해 정부, 산업계, 그리고 소비자 모두의 협력이 필요하다.

---

30 World Economic Forum, "For manufacturers, the circular economy strengthens supply chains. Here's how", https://www.weforum.org/agenda/2024/02/how-manufacturers-could-lead-the-way-in-building-the-circular-economy/(검색일: 2024년 6월 30일).

31 ICLEI Circulars, "ICLEI - Local Governments for Sustainability", https://japan.iclei.org/en/(검색일: 2024년 6월 30일).

참고문헌

김현정. 2023. 「일본의 폐배터리 재활용 정책 및 배터리 디지털 이력 제도」. 김연규 외. 『전기차 배터리 순환경제』. 한울아카데미.

ICLEI Circulars. "Building new partnerships for circular economy in Kawasaki." https://circulars.iclei.org/update/building-new-partnerships-for-circular-economy-in-kawasaki/ (검색일: 2024년 6월 30일).

_______. "ICLEI - Local Governments for Sustainability." https://japan.iclei.org/en/(검색일: 2024년 6월 30일).

Institute for Studies in Happiness. Economy and Society. ""Circular Village." Osaki Town: The Efforts of Japan's Top-Ranked Recycling Municipality." https://www.ishes.org/en/happy_news/2023/hpy_id003160.html(검색일: 2024년 6월 30일).

Japan2earth. "Japan's Plastic Recycling: The Unseen Reality." https://featured.japan-forward.com/japan2earth/2023/09/4195/(검색일: 2024년 6월 30일).

Ministry of the Environment. "Circular and Ecological Economy." https://www.env.go.jp/en/policy/cee/index.html(검색일: 2024년 6월 30일).

Mitsutaka Matsumoto and Yasushi Umeda. 2011. "An analysis of remanufacturing practices in Japan." *Journal of Remanufacturing*, Vol.1. No.2.

Public Relations Office Government of Japan. "Concerning the Act on Promotion of Resource Circulation for Plastics."(검색일: 2024년 6월 30일).

World Economic Forum. "For manufacturers. the circular economy strengthens supply chains. Here's how." https://www.weforum.org/agenda/2024/02/how-manufacturers-could-lead-the-way-in-building-the-circular-economy/(검색일: 2024년 6월 30일).

トヨタエコフルタウン. "トヨタエコフルタウン 閉館案内." https://toyota-ecofultown.com/(검색일: 2024년 6월 30일).

経済産業省. "3R政策." https://www.meti.go.jp/english/policy/energy_environment/3r/index.html(검색일: 2024년 6월 30일).

_______. "Ouranos Ecosystem(ウラノス·エコシステム)." https://www.meti.go.jp/policy/mono_info_service/digital_architecture/ouranos.html(검색일: 2024년 6월 30일).

_______. "家電リサイクル法の施行状況(引取実績)及び家電メーカー各社 による家電リサイクル実績をまとめました(令和3年度分)." https://www.meti.go.jp/press/2022/07/20220701001/20220701001.html(검색일: 2024년 6월 30일).

奥村 雄二郎. "富士フイルムビジネスイノベーションのビジネスおよび資源循環の取り組み." https://www.meti.go.jp/shingikai/sankoshin/sangyo_gijutsu/resource_circulation/pdf/005_05_00.pdf(검색일: 2024년 6월 30일).

佐世保市. "省エネ家電を購入された方に「させぼeエコポイント」を発行します." https://www.city.sasebo.lg.jp/kankyo/zeroca/saseboeeco.html(검색일: 2024년 6월 30일).

村川友章·稲辺拓也·松野駿平. "日本の自動車リサイクルの現在地と今後の展望." https://www.nri.com/jp/knowledge/blog/lst/2024/scs/scs_blog/0520_1(검색일: 2024년 6월 30일).

環境省. "Eco Town Program." https://www.env.go.jp/en/recycle/manage/eco_town/index.html(검색일: 2024년 6월 30일).

_______. "プラスチック資源循環." https://plastic-circulation.env.go.jp/(검색일: 2024년 6월 30

일).
________. "循環型社会形成推進基本法." https://www.env.go.jp/recycle/circul/recycle.html(검색일: 2024년 6월 30일).
________. "一般廃棄物の排出量の動向." https://www.env.go.jp/recycle/kosei_press/h000404a/c000404a/c000404a-3.html(검색일: 2024년 6월 30일).
________. "廃棄物の処理及び清掃に関する法律(廃棄物処理法)." https://www.env.go.jp/recycle/waste/laws.html(검색일: 2024년 6월 30일).
e-GOV 法令検索. "建設工事に係る資材の再資源化等に関する法律." https://elaws.e-gov.go.jp/document?lawid=412AC0000000104_20220617_504AC0000000068(검색일: 2024년 6월 30일).
________. "国等による環境物品等の調達の推進等に関する法律." https://elaws.e-gov.go.jp/document?lawid=412AC1000000100(검색일: 2024년 6월 30일).
________. "使用済自動車の再資源化等に関する法律." https://elaws.e-gov.go.jp/document?lawid=414AC0000000087_20240401_505AC0000000063(검색일: 2024년 6월 30일).
FUJI Film. "商品における資源循環の取り組み." https://www.fujifilm.com/fb/company/csr/svp2030/environment/recycle.html(검색일: 2024년 6월 30일).
JBRC(Japan Portable Rechargeable Battery Recycling Center). "「資源有効利用促進法」に基づき「小型充電式電池」のリサイクル活動を推進." https://www.jbrc.com/whats_jbrc/outline/(검색일: 2024년 6월 30일).
________. "「小型充電式電池」の回収から再資源化まで." https://www.jbrc.com/whats_jbrc/business/(검색일: 2024년 7월 1일).
NGP日本自動車リサイクル事業協同組合. "ABOUT NGP." https://www.ngp.gr.jp/(검색일: 2024년 6월 30일).
PETボトルリサイクル推進協議会. "2022年度リサイクル率は86.9%." https://www.petbottle-rec.gr.jp/data/calculate.html(검색일: 2024년 6월 30일).
Rortune Business Insights. "部品種類別(エンジン·関連部品、トランスミッション部品、電気·電子系部品、ブレーキ系関連部品、ホイール·サスペンション系関連部品、その他)車種別自動車再生市場規模、シェア、新型コロナウイルス影響分析(乗用車および商用車)、および地域予測、2023~2030 年." https://www.fortunebusinessinsights.com/jp/%E8%87%AA%E5%8B%95%E8%BB%8A%E5%86%8D%E7%94%9F%E5%B8%82%E5%A0%B4-107428(검색일: 2024년 6월 30일).

지은이(수록 순)

김연규

한양대학교 국제대학원 및 에너지환경연구원 원장이자 한양대학교 국제학부 및 일반대학원 글로벌기후환경학과 교수이다. 산업통산자원부와 에너지기술평가원의 지원을 받아 국제협력을 기반으로 에너지인력양성사업을 진행하고 있다. 현재 지속가능형 산학협력모델인 IC-PBL을 도입해 전기차 배터리, 그린수소, 원자력에너지, 자원순환, 녹색산업, 건축 등의 분야에서 학제 간 경계를 넘어서는 창조적 융복합에너지 및 환경 관련 연구를 수행하고 있다.
주요 저서로는『글로벌 전기차 배터리 전쟁: 기술과 정책』(2022, 공저),『가난한 미국, 부유한 중국』(2022),『전기차 배터리 순환경제』(2023) 등이 있다.

정예지

한양대학교 HY-IEE(에너지환경연구원)이다. 한양대학교에서 주전공으로 건설환경공학과를 전공하고 부전공으로 국제학부를 전공했다. 이후 서울대학교 환경대학원을 졸업했다. 학창 시절부터 환경에 관심을 가져 관련 활동을 꾸준히 해왔으며, 관심 연구 분야는 디지털 탄소 발자국, 폐기물, 수질오염이며, 현재 다학제적인 관점으로 국제 환경 문제에 대해 연구를 수행하고 있다.
주요 논문으로는「디지털 탄소 발자국을 둘러싼 기후 행동과 비행동에 대한 탐색적 연구-기후인식이 높은 디지털 네이티브를 대상으로」(2024) 등이 있다.

목학수

부산대학교 산업공학과 명예교수이다. 1956년 경남 창녕에서 태어나 부산대학교 공과대학을 졸업하고, KAIST에서 석사학위를, 독일 아헨 대학교(RWTH Aachen)에서 공학박사학위를 취득했다. 한국과학기술연구원(KIST) 선임연구원을 거쳤으며, 2010년부터 2012년까지 부산대학교 공과대학 학장을 역임했다. 부산대학교 재직 중 독일 베를린 대학교(1991), 미국 미시간 대학교(2005), 미국 오하이오 대학교(2012)에서 방문교수로 연구를 수행했다. 한국과학기술단체총연합회 제9회 과학기술우수논문상, 부산대학교 공과대학 산학협동상(2003), 국제학회 DAAAM 우수논문상(2008), DAAAM 최우수논문상(2014)을 수상했다.
주요 저서로는『미국 대학의 힘』(2013) 등이 있다.

안상욱

국립부경대학교 국제지역학부 교수이다. 서울대학교 서양사학과를 졸업하고, 파리3대학교에서 유럽지역학 석사학위, 경제학 박사학위를 받았다. 주요 연구 분야는 기후변화 대응과 에너지전환, 전기자동차와 배터리 산업 육성정책 및 핵심광물 공급망 확보이다.
저서로는『신기후체제하 글로벌 에너지 질서 변동과 한국의 에너지 전략』(2017, 공저),『EU 미국 동아시아의 에너지 정책』(2018),『글로벌 전기차 배터리 전쟁: 기술과 정책』(2022, 공저) 등이 있다.

서창배

국립부경대학교 중국학과 교수, 글로벌차이나연구소 소장이다. 경제학과 정치학을 전공했고, 중국 경제·통상, 미·중 전략경쟁, 중국 전략광물·소재 부품 산업, 그리고 한·중 경제관계 등에 관한 연구를 수행하고 있다. 대외경제정책연구원(KIEP)에서 베이징대표처 대표로 활동했으며, 현재 한중사회과학학회(KCSSS) 제13대 회장을 맡고 있다.

주요 저서 및 논문으로는『중국경제론』(2024, 공저), 「중국의 대(對)아프리카 리튬자원개발 진출의 정치·경제적 목적과 리스크 요인 분석」(2024, 공저), 「중국 EV 폐배터리 재활용 산업정책과 무역·경제적 효과 분석」(2023),『환태평양지역 경제통합과 중국의 FTA 정책』(2019) 등이 있다.

강유덕

한국외국어대학교 LT(Language and Trade)학부 교수이다. 국제무역, 유럽통합을 전공했고 관심 연구 분야는 통상정책, 경제통합 및 유럽경제에 관한 비교연구이다. 대외경제정책연구원(KIEP)에서 연구위원/유럽팀장으로 활동했다. 산업통상자원부와 대한무역투자공사(KOTRA), 대한상공회의소 등에 자문활동을 해왔으며, 현재 국제학술지 *Asia-Pacific Journal of EU Studies*의 편집인을 맡고 있다.

Journal of Economic Integration, Journal of European Integration, Journal of Contemporary European Studies, Journal of Economic Development 등 국내외 학술지에 다수의 논문을 게재했다.

김주희

국립부경대학교 정치외교학과 교수이자 지방분권발전연구소 글로벌 다층거버넌스 연구센터장이다. 독일 베를린 자유대학교에서 국제정치경제를 전공했으며, 경제안보 시대 협력을 위한 새로운 다자주의, 유럽의 핵심 산업 전략과 협력 가능성에 관해 연구하고 있다. 현재 한독사회과학회 회장을 맡고 있다.

주요 논문으로는「유럽연합의 순환경제와 경제안보: 배터리 재활용 분야 유럽기업의 대응」(2023), 「공급망 위기의 경제안보: 독일의 반도체 전략을 중심으로」(2022), "Making Multilateralism Matter: Middle Powers in the era of the U.S.-China Competition"(2021) 등이 있다.

김현정

동아대학교 국제전문대학원 부교수이다. 국제학을 전공했으며, 유럽연합, 국제정치경제, 경제안보를 연구하고 있다.

주요 논문으로는「기술발전이 포스트 발전국가에 미치는 영향: 일본 배터리 순환경제 사례를 중심으로」(2023), 「경제안보와 EU의 전략적 주권(strategic sovereignty)에 관한 논의」(2023), 「일본의 반도체 산업 정책 및 전략: 반도체 패권 변화에 관한 역사적 경험을 중심으로」(2022) 등이 있다.

한울아카데미 2552

글로벌 자원순환(재제조) 동향과 쟁점

기획 **글로벌순환경제센터** | 지은이 **김연규 외** | 펴낸이 **김종수** | 펴낸곳 **한울엠플러스(주)** | 편집 **신순남**

초판 1쇄 인쇄 **2024년 11월 20일** | 초판 1쇄 발행 **2024년 12월 1일**

주소 **10881 경기도 파주시 광인사길 153 한울시소빌딩 3층** | 전화 **031-955-0655** | 팩스 **031-955-0656**
홈페이지 **www.hanulmplus.kr** | 등록번호 **제406-2015-000143호**

Printed in Korea.
ISBN 978-89-460-7552-8 93300(양장)
978-89-460-8349-3 93300(무선)
※ 책값은 겉표지에 표시되어 있습니다.

※ 본 도서는 산업통상자원부의 에너지 인력양성사업 '자원순환(재제조)산업 고도화 인력양성'의 지원을 받아 제작되었습니다.
(20214000000520)